科学出版社"十三五"普通高等教育本科规划教材

灰色预测理论及其应用

曾 波 李树良 孟 伟 著

U0174104

科学出版社

北 京

内 容 简 介

本书以建模对象为主线,以经典灰色预测模型为基础,以该领域近年来的研究成果为重点,介绍各类灰色预测模型的适用对象、建模机理、参数估计、时间响应式及模型应用等内容.本书为每个章节设计了应用案例,通过真实案例详细介绍了实际预测问题的研究背景与建模过程.

本书内容精炼、深入浅出、注重方法、讲清案例,可作为高等院校本科生和低年级研究生的专业教材,也可作为政府部门及企事业单位科技工作者的参考书,还可作为具有一定基础的初学者了解和学习灰色预测模型的入门教材.

图书在版编目(CIP)数据

灰色预测理论及其应用/曾波,李树良,孟伟著. —北京:科学出版社,2020.4
科学出版社"十三五"普通高等教育本科规划教材
ISBN 978-7-03-064820-4

Ⅰ.①灰… Ⅱ.①曾… ②李… ③孟… Ⅲ.①灰色预测模型–建立模型–高等学校–教材 Ⅳ.①N949

中国版本图书馆 CIP 数据核字(2020) 第 061670 号

责任编辑:李静科/责任校对:邹慧卿
责任印制:赵 博/封面设计:无极书装

科 学 出 版 社 出版
北京东黄城根北街 16 号
邮政编码: 100717
http://www.sciencep.com
北京中石油彩色印刷有限责任公司印刷
科学出版社发行 各地新华书店经销
*
2020 年 4 月第 一 版 开本:720×1000 1/16
2025 年 1 月第五次印刷 印张:12 插页:1
字数:239 000
定价:78.00 元
(如有印装质量问题,我社负责调换)

序 一

灰色预测模型是灰色系统理论中研究最活跃、成果最丰硕、应用最广泛的一个重要分支. 然而, 目前国内外鲜见系列介绍灰色预测模型及其应用方面的教材, 该书将是此领域一本很好的教材.

该书从建模对象的不同数据特征着手, 以经典灰色预测模型为基础, 以该领域的近年来研究成果为重点, 详细介绍了齐次/非齐次灰色预测模型、饱和状 S 形序列灰色预测模型、多变量灰色预测模型及特殊序列灰色预测模型. 该书最大的特点是经典模型与最新模型相结合, 案例分析与模型应用相结合, 建模方法与 MATLAB 程序相结合, 重基础、有深度、多案例、易入门.

该书作者之一曾波, 2008 年参加了南京航空航天大学开设的暑期灰色系统讲习班, 次年进入南京航空航天大学攻读灰色系统理论研究方向的博士学位, 自此进入灰色系统理论研究领域. 曾波在灰色预测模型的构建与优化、灰色模型建模对象的异构化拓展、灰色模型结构可变性与兼容性等领域取得了一系列前沿性研究成果. 特别是 2013 年, 曾波在 *Journal of the Franklin Institute* 发表论文 *A novel interval grey prediction model considering uncertain information*, 根据当时文献检索发现, 这是第一篇研究面向不确定性时序数据预测模型的英文论文. 另外, 曾波在灰色模型的软件仿真与程序实现等方面的贡献有力推动了灰色理论的应用与普及.

目前, 曾波在国内外重要期刊发表学术论文 100 余篇, 其中 50 余篇论文被 SCI/EI 收录, 20 余篇 SCI 论文发表在中国科学院 TOP 期刊上, 多篇论文成为 ESI 高被引论文. 主持国家自然科学基金面上项目及中国博士后科学基金等国家级/省部级课题 20 余项. 研究成果获省部级一/二等奖及国际优秀学术成果奖近 10 次.

曾波在灰色预测理论研究领域的出色工作和突出贡献, 使其先后两次破格晋升副教授及教授职称, 并于 2016 年入选重庆市管理科学与工程 "巴渝学者" 特聘教授、2018 年成为重庆工商大学学术委员会委员、2019 年入选重庆工商大学特聘教授.

该书另一作者孟伟, 2015 年毕业于南京航空航天大学灰色系统理论研究方向, 获博士学位. 孟伟在分数阶累加生成与累减还原算子的解析表达式与系列性质 (互逆性、交换律、指数律等) 等领域进行了系统研究, 有效提高了灰色预测模型性能.

该规划教材是曾波等近年来在灰色预测理论领域研究成果的集中体现. 在此,

我特向读者推荐这本集科学性、创新性于一体的灰色预测理论专业教材.

刘思峰

国家有突出贡献的中青年专家

国际灰色系统与不确定性分析学会主席

欧盟玛丽·居里国际人才引进行动计划 (Senior Fellow)

南京航空航天大学和英国 De Montfort 大学特聘教授

2019 年 10 月

序　二

预测是科学决策的基础与先决条件, 是管理科学研究的重要组成部分之一, 目前已发展成为一门体系完备的独立学科. 随着物联网、云计算、移动互联及社交网络等新一代信息技术的应用和普及, 各类数据信息成倍增长, 人类已正式进入大数据时代. 与此同时, 各类大数据预测建模技术不断涌现, 大大推动了科技的发展和社会的进步.

然而, 大数据时代并不排斥小数据系统的客观存在. 现实世界中某些情况下数据采集成本高、难度大、周期长且影响因素异常复杂, 导致样本数据不仅 "量小" 且 "不确定". 面对此类数据信息不完整、结构信息不清晰及运行规律不确定的复杂系统, 如何实现科学预测和决策, 同样备受关注.

为了解决 "小数据、不确定性" 系统的分析、预测、决策与控制问题, 华中科技大学邓聚龙教授在 20 世纪 80 年代初创立了灰色系统理论, 并穷其毕生精力从事灰色系统理论的研究和推广工作, 取得了一系列重要研究成果. 灰色预测模型作为灰色系统理论的一个重要分支, 其有效性和实用性已被广泛认可, 成为当前研究小数据系统预测问题的一种重要方法.

随着灰色系统被不断推广与广泛认可, 灰色预测模型随之成为预测科学领域重要的方法之一. 作为灰色预测领域的新生力量, 曾波教授领导的学术团队长期从事灰色预测理论模型与方法研究, 这本书就是他们长期专注灰色预测领域的研究成果. 该书改变了众多灰色系统理论论著中以模型研究为主线的框架结构, 整体内容设计以建模对象为主轴, 符合灰色预测模型的发展历史和应用现状. 各个章节内容深入浅出、循序渐进、案例丰富、深度适中. 配套的 MATLAB 程序有利于模型的推广与应用.

该书作者曾波教授自 2008 年开始从事灰色预测模型及其应用问题的研究, 并在灰色系统的异构化建模方向取得了重要突破, 其研究成果曾获省部级一等奖 1 次、二等奖 2 次; 主持国家自然科学基金项目等国家级/省部级等课题 20 余项, 在国内外重要学术期刊上发表学术论文 100 余篇 (其中被 SCI 检索 50 余篇). 为此, 曾波教授于 2016 年入选重庆市管理科学与工程 "巴渝学者" 特聘教授、2018 年成为重庆工商大学学术委员会委员、2019 年入选重庆工商大学特聘教授, 并兼任国内外多个期刊的编委与客座编辑, 是名副其实的灰色预测领域的新生力量.

　　该书集中了曾波教授领导的学术团队十余年来在灰色预测模型研究领域的主要研究成果, 同时也收集整理了灰色预测模型的前沿性研究内容. 希望这本书的出版能为我国原创理论的推广和传播, 促进其在不同领域的实际应用作出贡献.

余乐安

中国科学院 "百人计划" 特聘教授

国家杰出青年科学基金获得者

2019 年 10 月 1 日于北京

前　　言

2019 年 9 月, 德国总理默克尔在华中科技大学发表演讲, 称赞华中科技大学杰出校友邓聚龙及刘思峰为灰色系统理论所作出的杰出贡献, 体现了国际社会对中国原创理论的高度尊重. 目前, 灰色系统理论以其独有的研究视角和大量的成功应用, 已成为系统科学领域的一种重要研究方法.

灰色预测模型是灰色系统理论中研究最活跃、成果最丰硕、应用最广泛的一个重要分支, 具有建模机理科学性、建模过程简便性及样本量包容性等特点, 目前已成为一种重要的主流预测建模方法. 自邓聚龙先生创立灰色系统理论以来, 各类介绍灰色预测理论的专业书籍大量涌现, 有效推动了灰色预测建模技术的发展与普及.

目前, 介绍灰色预测模型的书籍主要包括两类. 第一类是系统介绍灰色系统理论的专业书籍, 第二类是专门研究某类灰色预测模型的专业书籍. 第一类书籍涉及灰色系统理论各个方面的内容, 所以对灰色预测模型的介绍限于篇幅, 在广度和深度上都难以完全展开. 对于第二类书籍, 书中所介绍的内容只涉及某类灰色预测模型(如离散灰色预测模型、分数阶灰色预测模型、灰色幂模型等), 对灰色预测模型的介绍缺乏系统性和完整性. 而更为重要的是, 上述书籍主要面向专业人士, 在模型推导与应用方面具有较大难度, 不适合初学者, 也不适合用来作为本科生的专业教材.

作者近年来收到全国各地甚至国外朋友发来的电子邮件, 咨询关于灰色预测模型构建、模型选择、数据计算、参数优化、建模程序等内容. 为此, 作者组织力量撰写了一部系统介绍灰色预测模型理论体系的教材. 本书以建模对象为线索, 对各类常用灰色预测模型从定义、参数估计、时间响应函数、模型应用、程序实现等方面进行了详细介绍. 正如刘思峰教授在为本书写的序中所介绍, "该书最大的特点是经典模型与最新模型相结合, 案例分析与模型应用相结合, 建模方法与 MATLAB 程序相结合, 重基础、有深度、多案例、易入门".

全书由曾波总体策划、主要执笔和统一定稿. 其中第 1, 3~5, 7 章由曾波和李树良合作撰写, 第 2, 6, 8, 9 章由孟伟和李树良合作撰写, 书中 MATLAB 程序由曾波与孟伟合作开发. 感谢刘思峰教授与余乐安教授为本书作序; 感谢科学出版社李静科副编审为本书顺利出版所给予的支持和帮助. 另外马新博士、段辉明博士、童明余博士参与了本书有关模型的推导与证明; 内蒙古工业大学时金娜博士为本书提供了部分应用案例; 崔学海、刘岱、周猛、周文浩、李惠、苟小义、张志伟等硕士或博士研究生为本书的撰写查阅了大量的文献资料与案例数据, 在此表示衷心感谢!

另外, 本书得到了国家自然科学基金面上项目 (71771033)、重庆市基础研究与前沿探索专项项目 (CSTC2019jcyj-msxmX0003)、重庆市巴渝学者奖励计划、重庆工商大学工商管理创新团队及重庆工商大学特聘教授基金的资助, 作者在此表示衷心感谢!

本书编制了灰色预测模型的 MATLAB 程序 (可扫描封底二维码下载), 以便于灰色预测模型的应用与计算.

由于作者水平有限, 对灰色理论的认识还比较肤浅, 书中的缺点和疏漏在所难免, 殷切希望有关专家和广大读者批评指正.

作　者

2019 年 10 月

目　　录

第 1 章　灰色系统理论基本概念

1.1　灰色系统理论的产生与发展

计算机分布式处理技术的迅速发展, 使得海量数据的有序快速高效处理成为可能, 并进一步导致了云计算与大数据技术的产生. 大数据技术由于卓越的数据处理与系统预测功能, 目前已被广泛应用于国计民生的诸多领域, 成功解决了生产生活中的大量实际问题. 然而, 现实生活中并非所有反映系统行为规律的数据都是 "海量" 的. 相反, 在某些情况下由于数据采集成本高、难度大、周期长且影响因素异常复杂, 导致样本数据不仅 "量小" 且 "不确定". 譬如通过地质勘探预测油气含量, 其数据采集不仅难度大且成本高; 作物品种改良需要模拟作物生长的各种自然环境, 数据获取周期长且影响因素复杂; 研究自然灾害发生后的物资需求预测问题, 不仅样本量小而且信息不确定. 另外, 即使有时存在大样本数据也不一定存在统计规律. 在这样的情况下, 依靠现有大数据技术或传统数理统计方法, 均难以实现此类 "小数据" 不确定性问题的有效分析、评价及预测.

然而长期以来, 定量预测方法一直被以大样本数据为基础的数理统计方法所主导. 因此, 如何解决 "小数据、不确定性" 系统的分析、预测、决策与控制问题, 曾是学术界普遍关心的问题. 为此, 华中工学院邓聚龙教授在该领域做了一系列开创性的研究工作. 他在 1979 年发表了《参数不完全大系统的最小信息镇定》论文, 在 1981 年于上海召开的中美控制系统学术会议上, 邓聚龙又作了《含未知参数系统的控制问题》的学术报告, 并在发言中首次使用 "灰色系统" 一词, 论述了状态通道中含有灰元的控制问题. 1982 年 1 月, 邓聚龙教授在 *Systems & Control Letters* 杂志上发表了第一篇灰色系统论文 " The control problems of grey systems"; 同年, 邓聚龙教授在《华中工学院学报》发表了第一篇中文灰色系统论文《灰色控制系统》. 这两篇开创性论文的公开发表, 标志着灰色系统理论的诞生.

邓聚龙教授穷其毕生精力从事灰色系统理论的研究、推广和人才培养工作, 并取得了一系列重要研究成果. 他创办了第一本灰色系统专业期刊 *Journal of Grey System* (SCI), 发表了数百篇灰色系统专业领域的学术论文, 培养了数十位灰色系统研究方向的硕博研究生, 推动了灰色系统理论的产业化应用与国际化发展. 为了表彰邓聚龙教授在灰色系统领域的杰出贡献, 在 2007 年首届 IEEE 灰色系统与智能服务国际会议上, 邓聚龙教授荣获灰色系统理论创始人奖; 在 2011 年系统与控制世界组织 (WOSC) 第 15 届年会上, 邓聚龙教授当选系统与控制世界组织荣誉院士.

灰色系统理论研究传统数理统计方法难以解决的 "小数据、贫信息" 不确定性系统的建模问题, 具有建模样本需求量小、建模过程简单、建模结果可靠等优点. 因此, 自灰色系统理论诞生以来, 得到了国内外学术界和广大科技工作者的积极关注、充分肯定和大力支持. 著名科学家钱学森教授, 模糊数学创始人 L.A.Zadeh 教授 (美), 协同学创始人 H. Haken(德), IEEE 总会前学术主席及美国工程院院士 J.M.Tien(美), 系统与控制世界组织主席 R. Valee(法) 和秘书长 A. Andrew(英), 加拿大皇家科学院院长 K.W.Hipel(加), 中国科学院杨叔子院士、熊有伦院士、林群院士、陈达院士、赵淳生院士、胡海岩院士及中国工程院许国志院士、王众托院士、杨善林院士对灰色系统理论研究给予了高度评价. 中国系统工程学会原理事长顾基发教授、中国科学院科技政策与管理科学研究所徐伟宣、李建平研究员等著名学者把灰色系统理论作为管理科学与工程学科领域的新理论和新方法加以肯定. 2019 年 9 月, 德国总理默克尔在华中科技大学演讲的时候, 特别提到了灰色系统理论的创立者邓聚龙教授及刘思峰教授, 称他们是华中科技大学的 "杰出校友" 和 "学界翘楚". 这充分体现了外国领导人对中国原创理论的肯定和尊重.

一大批中青年学者纷纷加入灰色系统理论研究的行列, 以极大的热情开展理论探索以及在不同领域的应用研究工作. 作为邓聚龙教授的博士研究生, 刘思峰教授早在 1983 年就开始学习灰色系统理论, 并为该理论的发展、推广和普及做了大量建设性、原创性、开拓性的工作. 刘思峰教授培养和指导了数以百计灰色系统理论研究方向的硕博研究生、博士后, 出版了数十部灰色系统理论研究领域的中英文专业书籍, 发表了 1000 余篇灰色系统理论与应用的学术论文, 发起并成立了国际灰色系统与不确定性分析学会, 将灰色系统理论推向了国际学术大舞台.

2002 年, 刘思峰教授获系统与控制世界组织奖; 2010 年, 受国际著名出版集团 Emerald 的支持, 刘思峰教授创办国际期刊 *Grey Systems: Theory and Application*, 该期刊目前已成为 WOS 之 ESCI 源刊; 2012 年, 刘思峰教授受邀担任英国 SCI 学术期刊 *Journal of Grey System* 主编; 2013 年, 刘思峰教授入选欧盟委员会第 7 研究框架玛丽·居里国际人才引进行动计划 (Senior Fellow), 在欧洲举办了一系列灰色系统理论学术交流活动, 提升了灰色系统理论的国际影响力. 刘思峰教授在 2017 年欧盟玛丽·居里夫人计划学者奖评审中, 获 "10 位最有为科学家奖"(10 shortlisted promising scientistsin the MSCA 2017 Prizes), 是欧盟玛丽·居里夫人国际人才引进行动计划实施以来首位获奖的中国学者.

作为邓聚龙教授的另一位博士研究生, 武汉理工大学肖新平教授长期致力于灰色系统理论及其应用问题的研究, 尤其在灰色预测与决策领域作出了许多开拓性、原创性的重大贡献, 极大地丰富、发展和完善了灰色系统的理论体系, 有效拓展了灰色系统理论的应用范围并促进了灰色系统理论与现实问题的有效对接. 肖新平教授主持了第一个以灰色系统为研究主题的国家自然科学基金, 发表了大量灰色系统研究领域的重要学术论文, 培养了数以十计灰色系统研究方向的硕博研究生, 推动了灰色系统理论在交通领域的成功应用. 另外, 南京航空航天大学党耀国教授、福州大学张岐山教授、西华师范大学魏勇教授、汕头大学谭学瑞教授、东南大学王文平教授、英国德蒙福特大学 Yingjie Yang 教授、美国宾州滑石大学 Jeffrey Forrest 教授及加拿大皇家科学院院士 Keith Whipel 教授等, 也为丰富、发展和完善灰色系统理论作出了重要贡献.

目前, 全世界有数千种学术期刊刊登灰色系统领域的研究论文; 国内外许多著名大学开设了灰色系统理论课程或招收和培养灰色系统方向的硕博研究生; 世界各国很多硕博研究生运用灰色系统的思想开展科学研究及撰写学位论文. 目前, 已累计超过 100 项灰色系统理论及应用领域的研究课题获得国家自然科学基金及英国皇家学会等国家基金的资助. 一大批新兴边缘学科, 如灰色水文学、灰色地质学、灰色育种学、灰色医学、灰色哲学等应运而生. 全国各地有累计 300 多项灰色系统研究成果获国家或省部级奖励. 许多重要的国际学术会议, 如系统与控制世界组织年会、IEEE"系统、人与控制" 国际会议、系统预测控制国际会议、不确定性系统建模国际会议等将灰色系统理论列为讨论专题.

灰色系统理论在许多领域都得到了广泛应用, 成功地解决了生产、生活和科学研究中的大量实际问题, 如农业领域 (产量预测、种子优选、作物生长因素分析、病虫害预报与防治、栽培技术优化)、环境领域 (环境污染预测、环境发展趋势预测、环境质量评价、环境污染判别)、地质领域 (地质规律分析预测、地球资源分析与保护、地质灾害预报)、化工领域 (液相色谱因素分析、化学反应因素分析仪、试验结果工艺条件选优)、医药卫生领域 (流行病传染病疫情预测、疾病流行趋势分析)、采矿及建筑领域 (瓦斯涌出预测、爆破参数优化、地基沉降预测、建筑结构变形预测、混凝土强度分析)、经管领域 (经济规划、工农业经济预测决策、股市期货预测) 等. 另外, 灰色系统理论在教育科学、图书情报、原子能技术、航空航天技术、电子与信息技术等领域的应用也取得了较好的成效.

目前, 灰色系统理论已逐渐成长为解决 "小数据、不确定性" 问题的一种主流建模方法和重要研究工具.

1.2 灰色系统与灰数

掷硬币, 每一次投掷很难判断硬币哪一面朝上哪一面朝下, 具有随机性. 但是如果多次重复地投掷这枚硬币, 就会越来越清楚地发现硬币朝上和朝下的次数大体相同. 我们把这种由大量同类随机现象所呈现出来的集体规律性, 叫做统计规律性. 概率论和数理统计就是研究大量同类随机现象统计规律性的数学学科.

　　人们对 "高、矮、美、丑、胖、瘦" 的认识, 具有非常大的主观性和模糊性. 每个人都有自己的审美标准, 对自己心目中的美女或帅哥都有清晰的理解和认识. 但是又无法给美女或帅哥一个清晰界限. 模糊数学正是研究这类 "内涵明确, 外延不明确" 的 "认知不确定性" 问题的一种数学方法.

　　小张的身高目测在 168cm 到 171cm 之间, 在没有对小张身高进行准确测量之前, 我们无法知道小张的具体身高. 又如, 预计 2050 年中国人口总数在 13 亿到 16 亿之间, 在人口因素及政策不明朗的前提下, 很难准确预测我国 2050 年的人口规模. 灰色系统理论正是研究这类由于信息匮乏所导致的 "外延明确, 内涵不明确" 不确定性问题的一种数学方法.

　　此处的信息匮乏, 主要指描述系统的数据信息不完整、系统结构信息不清晰及系统运行行为信息不确定三个方面.

　　在控制论中, 人们常用颜色的深浅来表示信息的已知程度. 用 "黑" 表示所有信息未知; 用 "白" 表示所有信息已知; 用介于 "黑" 和 "白" 之间的 "灰" 表示部分信息已知、部分信息未知. 相应地, 信息完全未知的系统称为黑色系统, 信息完全已知的系统称为白色系统, 部分信息已知、部分信息未知的系统称为灰色系统.

　　灰色系统理论, 就是专门用来研究灰色系统问题的一套理论、方法与技术. 灰色系统理论有时直接简称为 "灰色理论". 因此, 灰色理论的研究对象是 "部分信息已知、部分信息未知" 的 "小数据、贫信息" 的不确定性系统.

　　在系统研究中, 人类认知能力、科技水平、研究手段等缺陷, 导致人们很难完整地搜集到反映系统运行状态的准确信息, 而只能获取到系统运行参数的部分信息或变化范围. 在灰色系统理论中, 我们通常把这种只知道取值范围而不知道确切值的不确定数称为灰数. 灰数是灰色系统的基本单元或 "细胞", 用符号 $\otimes$ 表示.

　　我们用身高来举例, 说明灰数的几种常见类型.

　　(a) 小张身高不会低于 170cm;

　　(b) 小张身高不会超过 172cm;

　　(c) 小张身高应该在 169cm 到 173cm 之间;

　　(d) 小张最近测量了 4 次身高, 分别为 170cm, 169cm, 171cm 和 172cm.

　　根据上面四种情况, 灰数主要分为以下类型:

　　(A) 下界灰数: 仅有下界而无上界的灰数称为下界灰数, 记为 $\otimes \in [\underline{a}, \infty)$, 其中 $\underline{a}$ 称为灰数 $\otimes$ 的下界. 对于第 (a) 种情况, 小张的身高可记为灰数 $\otimes \in [170, \infty)$.

　　(B) 上界灰数: 仅有上界而无下界的灰数称为上界灰数, 记为 $\otimes \in (-\infty, \bar{a}]$, 其中 $\bar{a}$ 称为灰数 $\otimes$ 的上界. 对于第 (b) 种情况, 小张的身高可记为灰数 $\otimes \in (-\infty, 172]$.

　　(C) 区间灰数: 既有下界又有上界的灰数称为区间灰数, 记为 $\otimes \in [\underline{a}, \bar{a}]$, 其中 $\underline{a}$ 及 $\bar{a}$ 分别称为灰数的下界和上界, 且 $\underline{a} < \bar{a}$. 对于第 (c) 种情况, 小张身高可记为灰数 $\otimes \in [169, 173]$.

(D) 离散灰数: 在某一区间内取有限个值 $(a_1, a_2, \cdots, a_n)$ 的灰数称为离散灰数, 记为 $\otimes \in \{a_1, a_2, \cdots, a_n\}$, 其中 $a_t\,(t = 1, 2, \cdots, n)$ 称为灰数的元素. 对于第 (d) 种情况, 小张身高可记为灰数 $\otimes \in \{170, 169, 171, 172\}$.

除去上述四种类型的灰数, 还有两种特殊的灰数.

(E) 黑数: 当 $\otimes$ 的上下界均未知时, 称 $\otimes$ 为黑数, 记为 $\otimes \in (-\infty, +\infty)$. 如小张身高信息一无所知, 则称小张身高为黑数, 记为 $\otimes \in (-\infty, +\infty)$.

(F) 白数: 当 $\otimes$ 的上下界相等时, 称 $\otimes$ 为白数, 记为 $\otimes \in [a, a]$. 若科学测量得小张身高为172cm, 则小张身高为白数, 可直接表示为 $\tilde{\otimes} = 172$.

灰数的取值范围称为该灰数的灰域或灰信息覆盖. 区间灰数与区间数形式上雷同, 但是具有本质区别. 区间灰数 $\otimes \in [\underline{a}, \bar{a}]$ 是指在已知信息有限的情况下, 只能确定该灰数的变化范围而无法确定具体的数值, 其本质上代表的是一个数 (如小张的身高); 区间数是位于一个区间的所有数, 其代表的是一个数集, 如某班男生身高集中在169cm 到 173cm 之间.

1.3 灰数的灰度与核

1.3.1 可能度函数

还是以小张的身高为例来介绍可能度函数的概念. 若小张身高为灰数 $\otimes \in [169, 173]$, 但根据观察和比较, 我们认为小张身高很有可能为172cm. 换言之, 小张的真实身高并不是在其灰域内等可能地取值, 而是取 172 这个值的可能性最大. 在灰色系统理论中, 我们用可能度函数来描述一个灰数在其灰域内取不同数值的可能性大小, 或者说用来描述某一具体数值成为灰数真值的可能性大小.

可能度函数与模糊数学中的隶属度函数具有不同的物理含义. 隶属度函数用于描述某一对象属于某一特定集合的程度, 如小张 172cm 的身高属于 "高个子" 这个集合的隶属度为 0.6. 而可能度函数则用来刻画一个灰数取某一数值的可能性大小, 如 172cm 成为小张真实身高的可能性为 1. 注意, 这里可能性为 "1" 并不是说小张身高为 172cm 的可能性为 100%(假如是 100%, 则小张身高就不再是灰数), 而只是认为 172cm 作为小张身高在其灰域内具有相对最大的可能性.

理论上灰数的可能度函数可以多种多样, 但常见的可能度函数包括三角形可能度函数、梯形可能度函数和矩形可能度函数三种. 下面分别对这三种可能度函数所定义的区间灰数 $\otimes \in [a_k, b_k]$ 的取值可能性大小进行介绍.

(i) 对区间灰数 $\otimes \in [a_k, b_k]$, 当其可能度函数为三角形 (图 1.3.1(a)) 时, 表示区间灰数 $\otimes$ 在其灰域 $[a_k, b_k]$ 内, 取 c_k 这个点的可能性最大 $(a_k \leqslant c_k \leqslant b_k)$; 同时, 越远离 c_k, 取值可能性越小, 越靠近 c_k, 取值可能性越大.

(ii) 对区间灰数 $\otimes \in [a_k, b_k]$, 当其可能度函数为梯形 (图 1.3.1(b)) 时, 表示区间灰数 $\otimes$ 在其灰域 $[a_k, b_k]$ 内, 在 $[c_k, d_k]$ 这个范围内取值的可能性最大 ($a_k \leqslant c_k \leqslant d_k \leqslant b_k$); 同时, 越远离区域 $[c_k, d_k]$, 取值可能性越小, 越靠近区域 $[c_k, d_k]$, 取值可能性越大.

(iii) 对区间灰数 $\otimes \in [a_k, b_k]$, 当其可能度函数为矩形 (图 1.3.1(c)) 时, 表示区间灰数 $\otimes$ 在其灰域 $[a_k, b_k]$ 内的任何位置均 "等可能" 地取值, 无大小之分.

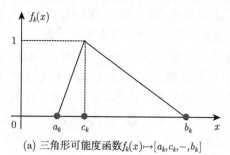

(a) 三角形可能度函数 $f_k(x) \mapsto [a_k, c_k, -, b_k]$

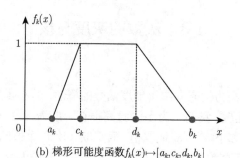

(b) 梯形可能度函数 $f_k(x) \mapsto [a_k, c_k, d_k, b_k]$

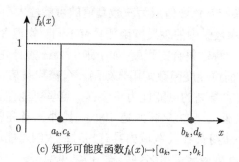

(c) 矩形可能度函数 $f_k(x) \mapsto [a_k, -, -, b_k]$

图 1.3.1　三种常见的可能度函数

可见, 可能度函数越复杂, 需要的已知信息就越多.

1.3.2　灰数的灰度

假设用来描述小张身高的灰数有两个, 分别是 $\otimes_1 \in [169, 173]$ 及 $\otimes_2 \in [165, 175]$,

显然 $\otimes_1$ 的灰域小于 $\otimes_2$ 的灰域. 灰域越大, 表示真值的取值范围就越大, 信息的不确定性就越大. 因此, $\otimes_2$ 所包含的不确定性信息多于 $\otimes_1$.

在灰色系统理论中, 用灰度来描述灰数的不确定性程度或信息量的多少. 关于灰数灰度的概念, 需要特别强调以下三点:

第一, 灰域是影响灰度大小的一个重要指标, 但仅仅通过灰域尚无法确定灰数的灰度. 第二, 灰度并不是一个绝对化指标, 只有同类灰数比较其灰度大小才具有实际意义. 比如, 对身高灰数与体重灰数, 比较它们之间的灰度大小毫无意义. 第三, 灰度的大小与该灰数的 "论域" 有关, 这里的论域是指该灰数的物理背景. 比如, 若灰数 $\otimes_2 \in [165, 175]$ 表达的是中国某成年男子的身高, 由于中国大部分成年男子身高都在 160cm 到 180cm 之间, 因此灰数 $\otimes_2 \in [165, 175]$ 所包含的有效信息相当有限, 灰度较大; 若 $\otimes_2 \in [165, 175]$ 表达的是某成年男子的收缩压 (单位: 毫米汞柱, mmHg), 由于收缩压位于 160mmHg 到 179mmHg 之间即称为 "中度高血压", 因此 $\otimes_2 \in [165, 175]$ 包含的有效信息已能足够说明该成年男子血压有问题, 此时 $\otimes_2 \in [165, 175]$ 所包含的已知信息相当丰富, 其灰度较小. 因此, 灰数的灰度大小与该灰数的实际背景密切相关.

刘思峰教授基于灰数的灰域及论域, 给出了灰数灰度的测度公式.

定义 1.3.1 设灰数 $\otimes_k \in [a_k, b_k]$ 产生的背景或论域为 $\Omega_k \in [\alpha_k, \beta_k]$, 其中 $b_k \geqslant a_k$, $\beta_k \geqslant \alpha_k$, 则称

$$g^{\circ}(\otimes) = \frac{b_k - a_k}{\beta_k - \alpha_k} \tag{1.3.1}$$

为灰数 $\otimes_k \in [a_k, b_k]$ 的灰度.

例 1.3.1 设小张和小王的身高分别为区间灰数: $\otimes_1 \in [169, 173]$, $\otimes_2 \in [160, 180]$, 身高的论域为 $\Omega_1 \in [150, 190]$. 试分别计算和比较灰数 $\otimes_1$ 和 $\otimes_2$ 的灰度.

根据公式 (1.3.1) 可知

$$g^{\circ}(\otimes_1) = \frac{b_k - a_k}{\beta_k - \alpha_k} = \frac{173 - 169}{190 - 150} = 0.1,$$

$$g^{\circ}(\otimes_2) = \frac{b_k - a_k}{\beta_k - \alpha_k} = \frac{180 - 160}{190 - 150} = 0.5.$$

因此, 小张和小王身高的灰度分别为 0.1 和 0.5. 由于 $g^{\circ}(\otimes_1) < g^{\circ}(\otimes_2)$, 因此记录小张身高的区间灰数 $\otimes_1 \in [169, 173]$ 所包含的已知信息多于对应描述小王身高的区间灰数 $\otimes_2 \in [160, 180]$.

区间灰数的论域, 代表该区间灰数的物理背景, 可以理解为该区间灰数最大可能的变化范围. 因此, 根据灰数灰度的测度公式, 可以容易证明以下几个性质.

性质 1.3.1 实数的灰度为 0, 即 $g^{\circ}(\otimes) = 0$.

性质 1.3.2   若区间灰数 $\otimes$ 的灰域与该区间灰数的论域重合, 则该区间灰数的灰度为 1, 即 $g°(\otimes) = 1$.

性质 1.3.3   区间灰数的灰度大于等于 0 小于等于 1, 即 $0 \leqslant g°(\otimes) \leqslant 1$.

根据灰度的计算公式 (1.3.1) 可知, 灰度的计算过程仅考虑了灰数灰域及论域的影响, 而没有考虑可能度函数的作用. 可能度函数描述了一个灰数在其灰域内取不同数值的可能性大小. 换言之, 可能度函数的出现使得灰数已知信息增加; 而已知信息的增加, 又意味着灰数的灰度变小. 因此, 灰数灰度的计算, 不应该忽略可能度函数的作用和影响.

定义 1.3.2   在二维坐标平面上, 区间灰数及其可能度函数所围成封闭几何图形的面积, 称为该区间灰数的可能度函数面积, 简称可能度函数面积, 记作 S_X. 其中 S_X 可以根据实际可能度函数的形状记为 S_R, S_T 及 S_H, 分别代表矩形可能度函数面积、梯形可能度函数面积及三角形可能度函数面积.

下面对三种不同可能度函数作用下的同一灰数所蕴含的已知信息进行比较, 从而探析可能度函数对灰数灰度计算结果的作用和影响.

矩形可能度函数所描述的区间灰数, 表示在该灰数上下界范围 (灰域) 内, 均等可能地取值. 换言之, 矩形可能度函数所定义的区间灰数, 在其灰域内的每个点成为 “真值” 的可能性都是相等的. 由于区间灰数在其灰域内只有一个 “真值”, 而矩形可能度函数并未指明哪些值最有可能成为 “真值”. 因此, 矩形可能度函数的出现并未实质性增加或补充区间灰数的有效信息.

梯形可能度函数描述了区间灰数在其灰域内的 “某一段值” (梯形可能度函数的上底) 最有可能成为真值, 且距离该段 “真值” 越近的数据点成为 “真值” 的可能性越大. 由于梯形可能度函数所描述的区间灰数在灰域内取值不再均等, 而是具有一定的倾向性. 因此其所蕴含的已知信息多于矩形可能度函数所描述的相同区间灰数, 其灰度应该更小.

三角形可能度函数指在区间灰数的取值范围内, 只有一个值最有可能成为 “真值” (三角形可能度函数的顶点), 而非梯形可能度函数中某 “一段值” 都有可能成为 “真值”. 区间灰数最大可能取值从 “一段值” 到一个点的变化, 表示三角形可能度函数所蕴含的已知信息多于梯形可能度函数. 因此, 对于相同区间灰数, 三角形可能度函数所蕴含的已知信息多于对应的梯形可能度函数, 其灰度应更小.

综合前面的分析可知, 对于同一区间灰数, 矩形可能度函数所蕴含的已知信息少于梯形可能度函数, 而后者所蕴含的已知信息又少于三角形可能度函数. 对于相同区间灰数, 其可能度函数 (矩形、梯形、三角形) 均具有相同的底边 (即灰数灰域) 和高 (均为 “1”). 而对于具有相同底边和高的矩形、梯形及三角形而言, 前者的面积最大, 后者面积次之, 三角形面积最小.

我们可以得到如下结论: 对于同一区间灰数, 其可能度函数面积越小, 则该区间灰数所蕴含的信息量就越大, 其灰度就越小. 可见, 灰数的灰度与该灰数可能度函数的面积大小成正比关系, 面积越大则灰度越大, 即

$$S_R > S_T > S_H \Rightarrow g^\circ(\otimes)_R > g^\circ(\otimes)_T > g^\circ(\otimes)_H.$$

然而, 目前灰数灰度的测度公式是基于矩形可能度函数进行定义的 (因为矩形可能度函数的出现并未为灰数增加任何有效信息, 这与定义 1.3.1 一致), 随着已知信息的不断补充, 当可能度函数由矩形演变为梯形或三角形时, 灰数的灰度应在原有基础上有所降低. 现以矩形可能度函数为基础, 对灰数灰度做出如下拓展定义.

定义 1.3.3 设灰数 $\otimes_k \in [a_k, b_k]$ 产生的背景或论域为 $\Omega_k \in [\alpha_k, \beta_k]$, S_R^k 为区间灰数 $\otimes_k \in [a_k, b_k]$ 的矩形可能度函数面积, S_P^k 为区间灰数 $\otimes_k \in [a_k, b_k]$ 的实际可能度函数面积, 则称

$$g^\circ(\otimes_k) = \frac{b_k - a_k}{\beta_k - \alpha_k} \cdot \frac{S_P^k}{S_R^k} = \frac{S_P^k}{\beta_k - \alpha_k} \tag{1.3.2}$$

为可能度函数已知条件下灰数 $\otimes_k \in [a_k, b_k]$ 的灰度.

具体地, 当灰数 $\otimes_k \in [a_k, b_k]$ 的可能度函数分别为矩形、梯形及三角形时, 其灰度的计算公式可以演变为

(A) 当 $\otimes_k \in [a_k, b_k]$ 的可能度函数为矩形时, 根据定义 1.3.3 及矩形的计算公式

$$g^\circ(\otimes_k) = \frac{b_k - a_k}{\beta_k - \alpha_k}. \tag{1.3.3}$$

(B) 当灰数 $\otimes_k \in [a_k, b_k]$ 的可能度函数为梯形时, 根据定义 1.3.3 及梯形面积公式, 得

$$S_P^k = \frac{(d_k - c_k) + (b_k - a_k)}{2} \times 1,$$

$$g^\circ(\otimes_k) = \frac{S_P^k}{\beta_k - \alpha_k} = \frac{(d_k - c_k) + (b_k - a_k)}{2(\beta_k - \alpha_k)}. \tag{1.3.4}$$

(C) 当 $\otimes_k \in [a_k, b_k]$ 的可能度函数为三角形时, 根据定义 1.3.3 及三角形面积公式, 得

$$S_P^k = \frac{(b_k - a_k)}{2} \times 1,$$

$$g^\circ(\otimes_k) = \frac{S_P^k}{\beta_k - \alpha_k} = \frac{b_k - a_k}{2(\beta_k - \alpha_k)}. \tag{1.3.5}$$

例 1.3.2 设小张身高为区间灰数 $\otimes_1 \in [169, 173]$, 论域 $\Omega_1 \in [150, 190]$, 试计算灰数 $\otimes_1$ 的可能度函数分别为梯形、三角形及矩形时的灰度 $g^\circ(\otimes_k)$.

(i) $f_1(x) \mapsto [169, 170, 172, 173]$;

(ii) $f_1(x) \mapsto [169, 171, -, 173]$;

(iii) $f_1(x) \mapsto [169, -, -, 173]$.

根据公式 (1.3.4) 可知, 当 $f_1(x) \mapsto [169, 170, 172, 173]$ 时,

$$
\begin{aligned}
g^\circ(\otimes_1)_{\mathrm{TX}} &= \frac{(d_1 - c_1) + (b_1 - a_1)}{2(\beta_1 - \alpha_1)} \\
&= \frac{(172 - 170) + (173 - 169)}{2(190 - 150)} = 0.075.
\end{aligned}
$$

根据公式 (1.3.5) 可知, 当 $f_1(x) \mapsto [169, 171, -, 173]$ 时,

$$
g^\circ(\otimes_1)_{\mathrm{SJX}} = \frac{b_1 - a_1}{2(\beta_1 - \alpha_1)} = \frac{173 - 169}{2(190 - 150)} = 0.05.
$$

根据公式 (1.3.3) 可知, 当 $f_1(x) \mapsto [169, -, -, 173]$ 时,

$$
g^\circ(\otimes_1)_{\mathrm{JX}} = \frac{b_1 - a_1}{\beta_1 - \alpha_1} = \frac{173 - 169}{190 - 150} = 0.1.
$$

根据上面的计算结果可知, $g^\circ(\otimes_1)_{\mathrm{SJX}} < g^\circ(\otimes_1)_{\mathrm{TX}} < g^\circ(\otimes_1)_{\mathrm{JX}}$. 再一次验证了灰数灰度的大小与该灰数可能度函数的面积成正比这一结论.

1.3.3　灰数的核

区间灰数 $\otimes_k \in [a_k, b_k]$ 的 "核", 是在充分考虑已知信息的条件下, 最有可能代表该区间灰数 "真值" 的实数, 通常用符号 $\tilde{\otimes}_k$ 表示. 区间灰数 $\otimes_k \in [a_k, b_k]$, 当其可能度函数分别为对称性图形时 (矩形、等腰梯形、等腰三角形等), 其核 $\tilde{\otimes}_k$ 应为区间 $[a_k, b_k]$ 之中点, 如图 1.3.2 所示.

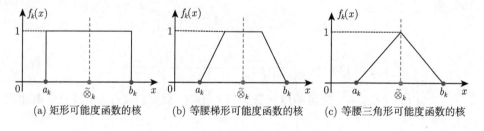

(a) 矩形可能度函数的核　　(b) 等腰梯形可能度函数的核　　(c) 等腰三角形可能度函数的核

图 1.3.2　对称性可能度函数的核

显然, 基于对称性可能度函数的区间灰数核 $\tilde{\otimes}_k$ 的计算, 如下

$$
\tilde{\otimes}_k = \frac{a_k + b_k}{2}. \tag{1.3.6}
$$

现实世界是纷繁复杂的, 区间灰数可能度函数的 "对称结构", 仅仅是一种理想化的特殊情况, 而更多的可能度函数往往表现为非对称性, 此时显然不能直接通过

公式 (1.3.6) 来计算区间灰数的核. 区间灰数的可能度函数, 描述了该区间灰数在其灰域内不同位置的取值可能性大小. 非对称性可能度函数对区间灰数在不同点取值大小的 "倾向性" 定义, 使得区间灰数 "核" 的大小具有朝 "左" 偏或 "右" 偏的倾向性. 如图 1.3.3 所示.

图 1.3.3(a) 和 (b) 中的区间灰数 $\otimes_k \in [a_k, b_k]$, 其可能度函数均为三角形. 若以区间灰数上下界之中点为参照物, 可以发现图 1.3.3(a) 中三角形可能度函数的顶点偏左, 而图 1.3.3(b) 中三角形可能度函数的顶点偏右. 三角形可能度函数的顶点左偏, 意味着区间灰数在其灰域内中点偏左的区域成为 "真值" 的可能性大于中点偏右的区域. 因此, 图 1.3.3(a) 中区间灰数的 "核" 应左偏. 相反地, 图 1.3.3(b) 中区间灰数的 "核" 应右偏.

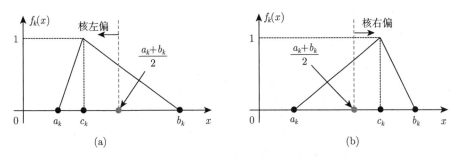

图 1.3.3 非对称性可能度函数核的倾向性

上面仅对区间灰数 $\otimes_k \in [a_k, b_k]$ 可能度函数为非对称三角形时, 其核 $\tilde{\otimes}_k$ 的左偏或右偏情况做了定性分析, 接下来讨论如何定量计算区间灰数核 $\tilde{\otimes}_k$ 之大小.

若区间灰数 $\otimes_k \in [a_k, b_k]$ 在其灰域内某点 x_t 对应的可能度函数 $f_k(x_t)$ 值越大, 则 x_t 成为真值的可能性就越大, 意味着 x_t 与 $\tilde{\otimes}_k$ 越接近. 由于区间灰数的取值范围具有连续性, 因此可能度函数与其所覆盖的区间灰数在 x 轴方向围成一封闭几何图形. 该几何图形可以纵向划分为若干等高小梯形, 梯形面积取决于上底和下底的边长, 而上底和下底的边长对应可能度函数的大小. 因此, 梯形面积越大, 则其上下底对应的可能度函数值就越大, 表示其所覆盖区域成为真值的可能性就越大.

因此, 我们用可能度函数与其所覆盖的区间灰数在 x 轴方向所围成封闭几何图形的重心在 x 轴上的映射点, 来代表该区间灰数的 "核". 可见, 计算区间灰数的 "核" 就转换为了在几何上求解图形的重心: 几何图形 $\rightarrow$ 重心 $\rightarrow$ 横坐标 $\rightarrow$ 核.

首先, 研究区间灰数的可能度函数为非等腰三角形时, 其重心的计算方法. 根据三角形的重心定理: 三角形三条边的中线交于一点, 该点被称作三角形的重心; 在平面直角坐标系中, 重心点的坐标是三角形三个顶点坐标的算术平均值, 如图 1.3.4

所示.

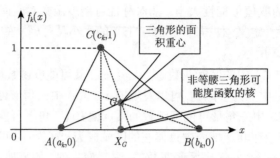

图 1.3.4   非等腰三角形可能度函数的重心与 "核"

在图 1.3.4 中, 三角形三顶点 A, B, C 的坐标分别为: $A(a_k, 0)$, $B(b_k, 0)$, $C(c_k, 1)$, G 点是 $\triangle ABC$ 的重心, 则 G 点的横坐标, 亦即基于三角形可能度函数的区间灰数, 其核 $\tilde{\otimes}_k$ 为

$$\tilde{\otimes}_k = X_G = \frac{a_k + b_k + c_k}{3}. \tag{1.3.7}$$

公式 (1.3.7) 称为可能度函数为非等腰三角形条件下区间灰数核的计算公式. 从图 1.3.4 可以看出, 对基于非等腰三角形可能度函数的区间灰数, 其核并不等于区间灰数的上下界之平均值, 而是向可能度函数取值更大的一侧倾斜.

鉴于目前已有三角形重心定理等相关研究成果, 因此, 对基于非等腰三角形可能度函数的区间灰数核的计算过程并不复杂. 下面讨论基于非等腰梯形可能度函数的区间灰数核的计算方法. 计算同样遵循 "几何图形 → 重心 → 横坐标 → 核" 的思路. 相对于三角形重心的计算而言, 梯形重心的计算过程更加复杂.

梯形的重心定理可以简单描述为, 梯形任意对角线把梯形分成两个三角形, 两三角形重心的连线与梯形中心线的交点称为该梯形的重心. 如图 1.3.5 所示.

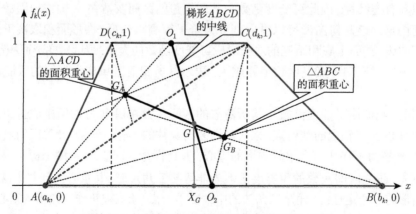

图 1.3.5   非等腰梯形可能度函数的重心及 "核"

在图 1.3.5 中, G_A, G_B 分别是 $\triangle ACD$ 和 $\triangle ABC$ 的重心, O_1, O_2 分别是梯形上、下底的中点, $G_A G_B$ 与 $O_1 O_2$ 交于点 G, 根据梯形的重心定理可知, G 是梯形的重心.

梯形 $ABCD$ 四个顶点及 O_1 的坐标分别为: $A(a_k, 0)$, $B(b_k, 0)$, $C(d_k, 1)$, $D(c_k, 1)$, $O_1(0.5c_k + 0.5d_k, 1)$, 则 AO_1 的直线方程为

$$y = \frac{x - a_k}{0.5c_k + 0.5d_k - a_k}. \tag{1.3.8}$$

根据三角形重心定理可知, $\triangle ACD$ 的重心 G_A 的横坐标 X_{GA} 为

$$X_{GA} = \frac{a_k + c_k + d_k}{3}.$$

把 X_{GA} 代入直线方程 (1.3.8), 则 $\triangle ACD$ 的重心 G_A 的纵坐标 Y_{GA} 为

$$y = \frac{\dfrac{a_k + c_k + d_k}{3} - a_k}{0.5c_k + 0.5d_k - a_k} = \frac{\dfrac{c_k + d_k - 2a_k}{3}}{\dfrac{c_k + d_k - 2a_k}{2}} = \frac{2}{3}.$$

则 $\triangle ACD$ 的重心坐标为: $G_A\left(\dfrac{a_k + c_k + d_k}{3}, \dfrac{2}{3}\right)$. 类似地, 可计算 $\triangle ABC$ 的重心坐标, 得 $G_B\left(\dfrac{a_k + b_k + d_k}{3}, \dfrac{1}{3}\right)$, 则 $\dfrac{G_A}{G_B}$ 所在的直线方程为

$$\frac{x - \dfrac{a_k + c_k + d_k}{3}}{\dfrac{a_k + b_k + d_k}{3} - \dfrac{a_k + c_k + d_k}{3}} = \frac{y - \dfrac{2}{3}}{\dfrac{1}{3} - \dfrac{2}{3}}.$$

整理得

$$y = \frac{x}{c_k - b_k} - \frac{2b_k - c_k + a_k + d_k}{3(c_k - b_k)}. \tag{1.3.9}$$

类似地, 梯形中心线 $O_1 O_2$ 所在的直线方程为

$$y = \frac{2x}{c_k + d_k - a_k - b_k} - \frac{a_k + b_k}{c_k + d_k - a_k - b_k}. \tag{1.3.10}$$

联立方程 (1.3.9) 及 (1.3.10), 可计算得直线 $G_A G_B$ 与直线 $O_1 O_2$ 交点 G 的横坐标 X_G

$$\tilde{\otimes}_k = X_G = \frac{(a_k + b_k)(b_k - c_k) + (2b_k - c_k + a_k + d_k)(c_k + d_k - a_k - b_k)/3}{(b_k - a_k) + (d_k - c_k)}. \tag{1.3.11}$$

根据非等腰梯形的几何特征可知, $(b_k - a_k) + (d_k - c_k) \neq 0$, 故 (1.3.11) 式有意义. 公式 (1.3.11) 称为可能度函数为非等腰梯形条件下区间灰数核的计算公式.

从图 1.3.5 可以看出, 对基于非等腰梯形可能度函数的区间灰数, 其核并不等于区间灰数上下界的平均值, 而是向可能度函数取值更大的一侧倾斜.

例 1.3.3　设区间灰数 $\otimes_1 \in [a_1, b_1]$, 其中 $a_1 = 104$, $b_1 = 130$. 试计算 $\otimes_1$ 的可能度函数分别为图 1.3.6 中的矩形、三角形及梯形时, 区间灰数 $\otimes_1$ 的 "核" $\tilde{\otimes}_1$.

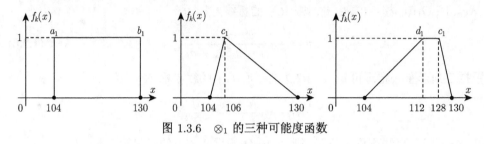

图 1.3.6　$\otimes_1$ 的三种可能度函数

(i) 当 $\otimes_1$ 的可能度函数为矩形时, 根据公式 (1.3.6),

$$\tilde{\otimes}_1 = \frac{a_1 + b_1}{2} = \frac{104 + 130}{2} = 117.0000.$$

(ii) 当 $\otimes_1$ 的可能度函数为三角形时, 根据公式 (1.3.7),

$$\tilde{\otimes}_1 = \frac{a_1 + b_1 + c_1}{3} = \frac{104 + 106 + 130}{3} = 113.3333.$$

(iii) 当 $\otimes_1$ 的可能度函数为梯形时, 根据公式 (1.3.11),

$$
\begin{aligned}
\tilde{\otimes}_1 &= \frac{(a_1 + b_1)(b_1 - d_1) + (2b_1 - d_1 + a_1 + c_1)(d_1 + c_1 - a_1 - b_1)/3}{(b_1 - a_1) + (c_1 - d_1)} \\
&= \frac{(104+130)\times(130-112)+(2\times130-112+104+128)\times(112+128-104-130)/3}{(130-104)+(128-112)} \\
&= \frac{234 \times 18 + 380 \times 2}{26 + 16} \\
&= 118.3810.
\end{aligned}
$$

对于其他不规则可能度函数区间灰数 "核" 的计算, 同样是根据可能度函数与其所覆盖的区间灰数在 x 轴方向所围成几何图形的几何重心来计算, 基本思路仍然是: "几何图形 → 面积重心 → 横坐标 → 核", 此处不再赘述.

1.4　灰色预测模型概述

灰色系统理论经过近 40 年的发展, 现已基本建立起一门新兴学科的结构体系. 其主要内容包括以灰色系统基本原理、核及灰度、灰数运算及灰代数系统、灰色方程及灰色矩阵等为基础的理论体系; 以序列算子生成及灰信息挖掘方法为基础的算子体系; 以灰色关联理论、灰色聚类方法、灰色决策模型为依托的评价模型体系; 以单变量/多变量灰色预测模型为核心的预测模型体系; 以多方法融合创新为特色的模型组合体系, 主要包括: 灰色规划、灰色博弈、灰色控制等. 灰色系统理论的体系结构, 如图 1.4.1 所示.

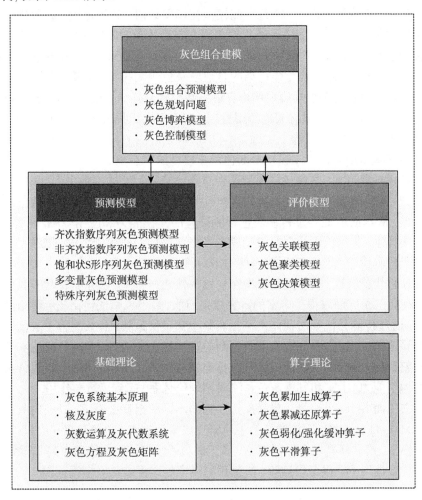

图 1.4.1 灰色系统理论体系结构图

灰色预测模型以 "小数据" 不确定性系统为研究对象, 这是其与回归分析模型、自回归移动平均模型及 BP 神经网络模型等大样本预测模型的一个重要区别. 由于数据量小 (最少为 4 个数据), 难以寻找系统发展演化的统计规律, 灰色预测模型在建模前需要首先对原始序列进行预处理. 序列累加生成来弱化原始序列的随机性进而挖掘系统变化的一般规律; 通过缓冲算子来调节序列变化趋势的陡峭性以解决系统定量预测结果与定性分析结论不相符的问题; 通过平滑算子来改善原始序列光滑度以改善灰色预测模型对非光滑序列模拟精度不高的问题.

灰色预测模型对数据量没有严格的要求和限制, 同时具有建模过程简单等优点, 目前已成为灰色系统理论中研究最活跃、成果最丰硕、应用最广泛的一个重要分支. 在现实需求的推动下, 灰色预测模型在模型结构、适用范围、参数优化等方面涌现了大量研究成果, 促进了灰色预测模型理论体系的发展和完善.

在模型结构方面, 灰色预测模型已经从仅适用于近似齐次指数序列建模的 GM(1, 1) 模型拓展为结构智能可调的自适应灰色预测模型, 该模型结构的动态调整实现了建模对象复杂性与模型结构自适应性的有机统一. 在传统多变量灰色预测模型中引入了线性滞后项与灰色作用量项, 这不仅大大提升了传统 GM(1, N) 模型的建模能力, 而且在结构上实现了与传统 GM(1, N) 模型、GM(0, N) 模型、GM(1, 1) 模型、DGM(1, 1) 模型等灰色预测模型的完全兼容.

在建模对象方面, 灰色预测模型建模对象已经从初期的实数序列, 拓展至区间灰数序列、离散灰数序列, 直至灰色异构数据序列. 建模对象从实数到灰色异构数据的延伸, 从本质上提升了传统灰色预测模型的建模能力和应用范围. 另外, 通过数据变换技术, 灰色预测模型对波动序列及振荡序列的建模能力得到改善, 有效促进了灰色预测模型与实际应用问题的有效对接.

在参数优化方面, 灰色预测模型在初始条件选择、背景值系数优化及累加生成阶数的优化三个方面取得了丰富的研究成果. 通过最小二乘法优化灰色预测模型初始条件, 通过智能寻优算法优化灰色预测模型背景值系数, 有效改善了灰色模型的模拟及预测精度. 特别是分数阶灰色预测模型的提出和构建, 实现了传统灰色模型阶数从整数到分数的跨越, 对探索灰色预测模型内部结构和建模机理, 改善灰色预测模型建模能力, 丰富和发展灰色预测模型理论体系, 起到了重要作用.

本书后面各个章节, 将从建模原始序列的不同数据特征着手, 以经典灰色预测模型 GM(1, 1) 为基础, 以该领域的最新研究成果为重点, 详细介绍齐次/非齐次灰色预测模型、饱和序列灰色预测模型、多变量灰色预测模型及特殊序列 (灰数序列、灰色异构数据序列、振荡序列等) 灰色预测模型的建模方法及应用问题.

1.5　本章小结

灰色系统理论由中国著名学者邓聚龙教授于 20 世纪 80 年代初创立, 是一种专门用于分析和解决灰色不确定性系统建模问题的数学方法. 灰色系统是指部分信息已知部分信息未知的不确定性系统, 具有 “外延明确, 内涵不明确” 的不确定性特征.

(1) 区间灰数和离散灰数是两种常见的灰色数据, 实数是一种特殊的灰数. 可

能度函数 (有些书上称之为白化权函数) 用来描述一个灰数在其灰域内取不同数值的可能性大小. 灰度和核是灰数的两个基本属性, 前者用来描述灰数的不确定性程度, 而后者则是指最有可能代表灰数 "真值" 的实数. 打个形象的比喻, 灰数的灰度和核就类似于鸡蛋的蛋白和蛋黄, 蛋白确定蛋黄的边界, 而蛋黄则是蛋白的中心.

(2) 灰度和核为研究灰数之间的代数运算提供了一种有效的新途径. 传统灰数之间的代数运算存在运算结果灰度被放大的缺陷. 灰度和核在形式上体现为实数, 因此可以将灰数之间的代数运算转变为灰度和核来进行, 从而有效解决了传统灰数运算所导致的运算结果灰度放大问题.

(3) 灰色预测模型是灰色系统理论的重要组成部分, 也是灰色系统理论中成果最丰硕、应用最广泛的一个重要分支. 经过近 40 年的发展, 灰色预测模型在模型结构、建模对象及参数优化等方面均取得了一系列重要研究成果. 灰色预测模型已经发展成为研究和解决小数据系统预测问题的一种重要方法.

第 2 章　灰色数据预处理

灰色预测模型与回归预测模型最大差异, 体现在对建模样本量大小的要求上. 回归预测模型以概率统计为理论基础, 通过挖掘因变量和自变量之间的统计规律来建立因变量和自变量之间的函数关系, 而统计规律的挖掘必然以大样本数据 (至少 30 组样本) 为前提. 灰色预测模型研究的是 "小数据、贫信息" 系统的预测建模问题, 建模样本只要不少于 4 个数据即满足灰色预测模型样本量的基本要求. 显然, 灰色预测模型具有 "小数据" 建模的特点.

灰色预测模型由于样本量小, 无统计规律可以挖掘, 不可能以概率统计为理论基础. 在这样的情况下, 如何确保灰色预测模型的稳定性及预测结果的可靠性, 长期以来备受关注. 在灰色系统理论中, 我们不是直接对原始序列进行建模, 而是依据实际情况首先对建模数据进行预处理, 通过预处理剔除系统受到的干扰, 挖掘系统变化的一般规律, 在此基础上建立灰色预测模型; 然后, 采用一系列模型误差检验方法, 以确保预测模型的有效性与预测结果的可靠性.

灰色系统理论中的数据预处理方法, 按照不同作用可以分为三类: 第一类是原始序列的灰色累加生成算子与累减生成 (累减还原) 算子, 其主要作用是弱化原始序列的随机性; 第二类是灰色弱化/强化缓冲算子, 主要作用是调节原始序列变化趋势的陡峭性, 以弱化冲击扰动的影响; 第三类是灰色平滑算子, 主要作用是改善原始序列的光滑性.

所谓算子, 实际上就是一种数学计算方法. 基于某类算子对原始序列进行数据预处理, 并得到一个新序列, 该过程称为序列 "生成". 因此, 灰色数据的预处理过程, 实际上就是应用某类算子对原始数据进行预处理, 并生成新序列的过程.

灰色数据预处理是建立和优化灰色系统预测模型的基础, 也是影响灰色系统预测模型模拟及预测性能的关键. 本章将对灰色序列三类算子的具体定义、作用过程、新序列特征进行系统梳理和详细介绍.

2.1　灰色累加生成算子与灰色累减生成算子

首先通过生活中一个简单的例子来引出灰色累加生成算子的概念.

一个大学生每天用多少电话费, 这显然具有非常大的随机性. 若分析该大学生每周的电话费情况, 则呈现出一定的规律性; 若统计该大学生每月的电话费, 则规律较为明显. 可见, 大学生电话费按照不同时间单位进行统计, 实现了从无规律性

(每天) 到具有一定规律性 (每周), 再到明显规律性 (每月) 的变化, 其中蕴含了灰色累加生成的基本思想. 灰色累加生成是挖掘不确定性信息演变规律与发展趋势的一种数据处理方法. 通过累加生成, 可以将离乱的原始数据中蕴含的积分特性或规律充分显露出来. 灰色累减生成是灰色累加生成的逆过程, 用来实现对累加生成数据的还原处理或发掘序列数据之间的差异信息.

有一串数据, 如果第一个数据维持不变, 第二个数据是第一个数据与第二个数据之和, 第三个数据是第一个、第二个与第三个数据之和, 以此类推, 这样得到的新序列, 称为灰色累加生成序列.

定义 2.1.1 设 $X^{(0)} = \left(x^{(0)}(1), x^{(0)}(2), \cdots, x^{(0)}(n)\right)$ 为原始数据序列, D 为序列算子; 将 D 作用于序列 $X^{(0)}$ 得新序列 $X^{(0)}D$,

$$X^{(0)}D = \left(x^{(0)}(1)d, x^{(0)}(2)d, \cdots, x^{(0)}(n)d\right),$$

其中

$$x^{(0)}(k)d = \sum_{i=1}^{k} x^{(0)}(i), \quad k = 1, 2, \cdots, n. \tag{2.1.1}$$

则称 D 为原始序列 $X^{(0)}$ 的一次累加生成算子, 记作 1-AGO(accumulating generation operator); 称 $X^{(0)}D$ 为一次累加生成新序列, 记作 $X^{(1)}$. 推广开来, 称 r 阶算子 D^r 为原始序列 $X^{(0)}$ 的 r 次累加生成算子, 记作 r-AGO, 称 $X^{(0)}D^r$ 为 r 次累加生成新序列, 记作 $X^{(r)}$.

$$X^{(0)}D = X^{(1)} = \left(x^{(0)}(1)d, x^{(0)}(2)d, \cdots, x^{(0)}(n)d\right)$$
$$= \left(x^{(1)}(1), x^{(1)}(2), \cdots, x^{(1)}(n)\right),$$
$$X^{(0)}D^r = X^{(r)} = \left(x^{(0)}(1)d^r, x^{(0)}(2)d^r, \cdots, x^{(0)}(n)d^r\right)$$
$$= \left(x^{(r)}(1), x^{(r)}(2), \cdots, x^{(r)}(n)\right),$$

其中

$$x^{(0)}(k)d^r = \sum_{t=1}^{r} \sum_{i=1}^{k} x^{(t-1)}(i), \quad k = 1, 2, \cdots, n, \tag{2.1.2}$$

或

$$x^{(r)}(k) = \sum_{i=1}^{k} x^{(r-1)}(i), \quad k = 1, 2, \cdots, n. \tag{2.1.3}$$

需要特别指出的是, $X^{(0)}D$ 表示一次累加生成算子 D 作用于序列 $X^{(0)}$, 即 $D \to X^{(0)}$, 而非 $X^{(0)}$ 和 D 相乘. 这是灰色算子与数据序列之间关系的一种习惯性表达方式.

将原始序列相邻前后两个数据相减, 所得的数据称为累减生成序列. 累减生成是累加生成的逆过程, 简称为 IAGO(inverse accumulating generation operator). 累减生成可以获得相邻数据之间的差异信息 (或增量信息).

定义 2.1.2   设 $X^{(0)} = \left(x^{(0)}(1), x^{(0)}(2), \cdots, x^{(0)}(n)\right)$ 为原始数据序列, D 为序列算子; 将 D 作用于序列 $X^{(0)}$ 得新序列 $X^{(0)}D$,

$$X^{(0)}D = \left(x^{(0)}(1)d, x^{(0)}(2)d, \cdots, x^{(0)}(n)d\right),$$

其中

$$x^{(0)}(1)d = x^{(0)}(1),$$

$$x^{(0)}(k)d = x^{(1)}(k) - x^{(1)}(k-1), \quad k = 2, 3, \cdots, n. \tag{2.1.4}$$

则称 D 为原始序列 $X^{(0)}$ 的一次累减生成算子, 记作 1-IAGO, 称 $X^{(0)}D$ 为一次累减生成序列, 记作 $\alpha^{(1)}X^{(0)}$. 推广开来, 称 r 阶算子 D^r 为原始序列 $X^{(0)}$ 的 r 次累减生成算子, 记作 r-IAGO, 称 $X^{(0)}D^r$ 为 r 次累减生成新序列, 记作 $\alpha^{(r)}X^{(0)}$.

$$X^{(0)}D = \alpha^{(1)}X^{(0)} = \left(\alpha^{(1)}x^{(0)}(1), \alpha^{(1)}x^{(0)}(2), \cdots, \alpha^{(1)}x^{(0)}(n)\right),$$

$$X^{(0)}D^r = \alpha^{(r)}X^{(0)} = \left(\alpha^{(r)}x^{(0)}(1), \alpha^{(r)}x^{(0)}(2), \cdots, \alpha^{(r)}x^{(0)}(n)\right),$$

其中

$$\alpha^{(r-1)}x^{(0)}(1) = x^{(0)}(1),$$

$$\alpha^{(r)}x^{(0)}(k) = \alpha^{(r-1)}x^{(0)}(k) - \alpha^{(r-1)}x^{(0)}(k-1), \quad k = 2, 3, \cdots, n. \tag{2.1.5}$$

例 2.1.1   设原始序列 $X^{(0)} = \left(x^{(0)}(1), x^{(0)}(2), \cdots, x^{(0)}(7)\right) = (2.1, 3.5, 2.7, 2.8, 3.9, 2.6, 1.5)$, 试分别计算原始序列 $X^{(0)}$ 基于三次累加生成算子 $(D^1, D^2$ 及 $D^3)$ 生成的新序列 $X^{(0)}D^1$, $X^{(0)}D^2$ 及 $X^{(0)}D^3$; 并分别绘制原始序列 $X^{(0)}$ 与三次累加生成新序列的散点折线图.

(i) $X^{(0)}$ 的一次累加生成序列 $X^{(0)}D^1$ 的计算.

根据定义 2.1.1, 当 $k = 1, 2, \cdots, 7$ 时, 序列 $X^{(0)}$ 一次累加生成的计算过程如下:

当 $k = 1$ 时, $x^{(0)}(1)d = x^{(0)}(1) = 2.1$;

当 $k = 2$ 时, $x^{(0)}(2)d = \sum_{i=1}^{2} x^{(0)}(i) = x^{(0)}(1) + x^{(0)}(2) = 5.6$;

当 $k = 3$ 时, $x^{(0)}(3)d = \sum_{i=1}^{3} x^{(0)}(i) = x^{(0)}(1) + x^{(0)}(2) + x^{(0)}(3) = 8.3$;

当 $k = 4$ 时, $x^{(0)}(4)d = \sum\limits_{i=1}^{4} x^{(0)}(i) = x^{(0)}(1) + x^{(0)}(2) + \cdots + x^{(0)}(4) = 11.1$;

当 $k = 5$ 时, $x^{(0)}(5)d = \sum\limits_{i=1}^{5} x^{(0)}(i) = x^{(0)}(1) + x^{(0)}(2) + \cdots + x^{(0)}(5) = 15.0$;

当 $k = 6$ 时, $x^{(0)}(6)d = \sum\limits_{i=1}^{6} x^{(0)}(i) = x^{(0)}(1) + x^{(0)}(2) + \cdots + x^{(0)}(6) = 17.6$;

当 $k = 7$ 时, $x^{(0)}(7)d = \sum\limits_{i=1}^{7} x^{(0)}(i) = x^{(0)}(1) + x^{(0)}(2) + \cdots + x^{(0)}(7) = 19.1$.

(ii)$X^{(0)}$ 的二次累加生成序列 $X^{(0)}D^2$ 的计算.

根据定义 2.1.1, 当 $k = 1, 2, \cdots, 7$ 时, 序列 $X^{(0)}$ 二次累加生成的计算过程如下:

当 $k = 1$ 时, $x^{(0)}(1)d^2 = x^{(0)}(1)d = 2.1$;

当 $k = 2$ 时, $x^{(0)}(2)d^2 = \sum\limits_{i=1}^{2} x^{(0)}(i)d = x^{(0)}(1)d + x^{(0)}(2)d = 7.7$;

当 $k = 3$ 时, $x^{(0)}(3)d^2 = \sum\limits_{i=1}^{3} x^{(0)}(i)d = x^{(0)}(1)d + x^{(0)}(2)d + x^{(0)}(3)d = 16.0$;

当 $k = 4$ 时, $x^{(0)}(4)d^2 = \sum\limits_{i=1}^{4} x^{(0)}(i)d = x^{(0)}(1)d + x^{(0)}(2)d + \cdots + x^{(0)}(4)d = 27.1$;

当 $k = 5$ 时, $x^{(0)}(5)d^2 = \sum\limits_{i=1}^{5} x^{(0)}(i)d = x^{(0)}(1)d + x^{(0)}(2)d + \cdots + x^{(0)}(5)d = 42.1$;

当 $k = 6$ 时, $x^{(0)}(6)d^2 = \sum\limits_{i=1}^{6} x^{(0)}(i)d = x^{(0)}(1)d + x^{(0)}(2)d + \cdots + x^{(0)}(6)d = 59.7$;

当 $k = 7$ 时, $x^{(0)}(7)d^2 = \sum\limits_{i=1}^{7} x^{(0)}(i)d = x^{(0)}(1)d + x^{(0)}(2)d + \cdots + x^{(0)}(7)d = 78.8$.

(iii) $X^{(0)}$ 的三次累加生成序列 $X^{(0)}D^3$ 的计算.

根据定义 2.1.1, 当 $k = 1, 2, \cdots, 7$ 时, 序列 $X^{(0)}$ 三次累加生成的计算过程如下:

当 $k = 1$ 时, $x^{(0)}(1)d^3 = x^{(0)}(1) = 2.1$;

当 $k = 2$ 时, $x^{(0)}(2)d^3 = \sum\limits_{i=1}^{2} x^{(0)}(i)d^2 = x^{(0)}(1)d^2 + x^{(0)}(2)d^2 = 9.8$;

当 $k = 3$ 时,

$$x^{(0)}(3)\,d^3 = \sum_{i=1}^{3} x^{(0)}(i)d^2 = x^{(0)}(1)\,d^2 + x^{(0)}(2)\,d^2 + x^{(0)}(3)\,d^2 = 25.8;$$

当 $k = 4$ 时,

$$x^{(0)}(4)\,d^3 = \sum_{i=1}^{4} x^{(0)}(i)d^2 = x^{(0)}(1)\,d^2 + x^{(0)}(2)\,d^2 + \cdots + x^{(0)}(4)\,d^2 = 52.9;$$

当 $k = 5$ 时,

$$x^{(0)}(5)\,d^3 = \sum_{i=1}^{5} x^{(0)}(i)d^2 = x^{(0)}(1)\,d^2 + x^{(0)}(2)\,d^2 + \cdots + x^{(0)}(5)\,d^2 = 95.0;$$

当 $k = 6$ 时,

$$x^{(0)}(6)\,d^3 = \sum_{i=1}^{6} x^{(0)}(i)d^2 = x^{(0)}(1)\,d^2 + x^{(0)}(2)\,d^2 + \cdots + x^{(0)}(6)\,d^2 = 154.7;$$

当 $k = 7$ 时,

$$x^{(0)}(7)\,d^3 = \sum_{i=1}^{7} x^{(0)}(i)\,d^2 = x^{(0)}(1)\,d^2 + x^{(0)}(2)\,d^2 + \cdots + x^{(0)}(7)\,d^2 = 233.5.$$

根据上面的计算结果, 得表 2.1.1 如下.

表 2.1.1　原始序列及其累加生成序列

序列	数据 1	数据 2	数据 3	数据 4	数据 5	数据 6	数据 7
$X^{(0)}$	2.1	3.5	2.7	2.8	3.9	2.6	1.5
$X^{(0)}D^1$	2.1	5.6	8.3	11.1	15.0	17.6	19.1
$X^{(0)}D^2$	2.1	7.7	16.0	27.1	42.1	59.7	78.8
$X^{(0)}D^3$	2.1	9.8	25.8	52.9	95.0	154.7	233.5

为比较原始序列与三种累加生成序列的不同趋势, 绘制表 2.1.1 中数据的散点折线图, 如图 2.1.1 所示.

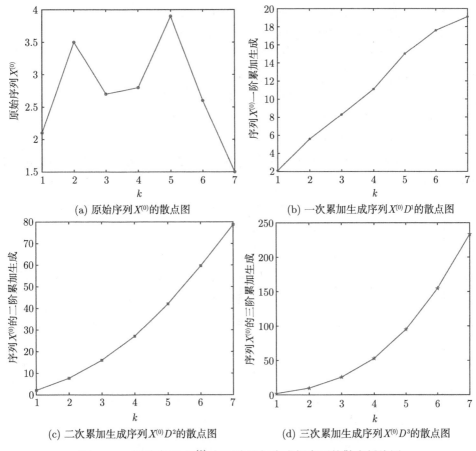

(a) 原始序列 $X^{(0)}$ 的散点图

(b) 一次累加生成序列 $X^{(0)}D^1$ 的散点图

(c) 二次累加生成序列 $X^{(0)}D^2$ 的散点图

(d) 三次累加生成序列 $X^{(0)}D^3$ 的散点图

图 2.1.1　原始序列 $X^{(0)}$ 与三次累加生成新序列的散点折线图

由图 2.1.1 中子图 (a) 可以看出, 原始序列 $X^{(0)}$ 是随机振荡的, 没有规律可循. 由子图 (b) 可以看出原始序列经过一次累加后, 得到的新序列 $X^{(0)}D^1$ 是单调递增的, 但是序列不光滑. 由子图 (c) 可以看出, 原始序列经过二次累加后得到的新序列 $X^{(0)}D^2$ 单调递增, 是一条较光滑曲线. 由子图 (d) 可以看出, 原始序列经过三次累加后得到的新序列 $X^{(0)}D^3$ 单调递增, 且是一条非常光滑的近指数曲线.

综上可知, 累加生成算子可以实现非负序列从无规律到明显规律的变化. 通过累加生成, 可以挖掘规律性差的原始序列中存在的内在规律.

例 2.1.2　设原始序列 $X^{(0)} = \left(x^{(0)}(1), x^{(0)}(2), \cdots, x^{(0)}(7)\right) = (2.1, 5.6, 8.3, 11.1, 15.0, 17.6, 19.1)$, 试分别计算原始序列 $X^{(0)}$ 基于一次累减生成算子生成的新序列 $\alpha^{(1)}X^{(0)}$; 并分别绘制原始序列 $X^{(0)}$ 与 1-IAGO 序列 $\alpha^{(1)}X^{(0)}$ 的散点折线图.

根据定义 2.1.2, 原始序列 $X^{(0)}$ 基于一次累减生成算子生成的新序列 $\alpha^{(1)}X^{(0)}$ 的计算步骤如下:

当 $k = 7$ 时, $\alpha^{(1)}x^{(0)}(7) = x^{(1)}(7) - x^{(0)}(6) = 1.5$;

当 $k = 6$ 时, $\alpha^{(1)}x^{(0)}(6) = x^{(0)}(6) - x^{(0)}(5) = 2.6$;

当 $k = 5$ 时, $\alpha^{(1)}x^{(0)}(5) = x^{(0)}(5) - x^{(0)}(4) = 3.9$;

当 $k = 4$ 时, $\alpha^{(1)}x^{(0)}(4) = x^{(0)}(4) - x^{(0)}(3) = 2.8$;

当 $k = 3$ 时, $\alpha^{(1)}x^{(0)}(3) = x^{(0)}(3) - x^{(0)}(2) = 2.7$;

当 $k = 2$ 时, $\alpha^{(1)}x^{(0)}(2) = x^{(0)}(2) - x^{(0)}(1) = 3.5$;

当 $k = 1$ 时, $\alpha^{(1)}x^{(0)}(1) = x^{(0)}(1) = 2.1$.

根据原始序列 $X^{(0)}$ 和一次累减生成序列 $\alpha^{(1)}X^{(0)}$, 可绘制其散点折线图, 如图 2.1.2 所示.

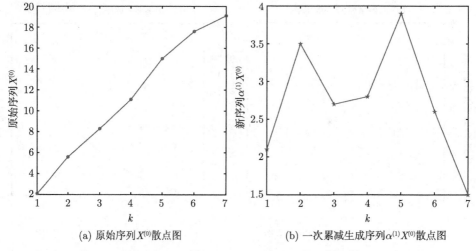

(a) 原始序列 $X^{(0)}$ 散点图　　　　　　　(b) 一次累减生成序列 $\alpha^{(1)}X^{(0)}$ 散点图

图 2.1.2　原始序列 $X^{(0)}$ 和一次累减生成序列 $\alpha^{(1)}X^{(0)}$ 散点图

2.2　灰色弱化与强化缓冲算子

原始数据的有效性与准确性是科学建立系统预测模型的前提和基础. 然而, 有时候尽管我们获得了能客观反映系统发展趋势的精确数据, 同时基于该数据所构建的预测模型具有非常优良的模拟精度, 但是其实际预测结果却非常糟糕. 在数据真实可靠且模型性能良好的情况下, 是什么因素导致了预测结果的不理想?

原始数据只能反映系统阶段性的历史状态, 这个状态与系统未来的发展趋势可能存在偏差. 因此, 以原始数据为基础所建立的预测模型, 其预测结果可能与系统实际发展趋势相背离. 这就是在数据真实可靠且模型性能优良情况下, 实际预测结果仍不理想的根本原因. 刘思峰教授早期提出的灰色缓冲算子理论, 通过对原始序列进行数据处理, 强化或弱化系统的发展趋势, 从而将定性分析结果反馈到系统未来发展趋势之中, 在较大程度上解决了模型预测结果与定性分析结论相悖的问题.

灰色缓冲算子实际上是一种将系统未来发展趋势的定性分析结果作用到建模原始序列的一种数学变换方法, 是连接和沟通系统定性分析结论与建模原始序列定量化修正的桥梁. 通过缓冲算子强化或弱化原始序列的发展趋势, 进而达到调节系统未来发展趋势的目的, 从而避免建模时完全依赖原始数据的不足. 另外, 模型定量预测结果与定性分析结论的一致性程度, 是检验预测模型性能的重要指标. 通常模型的模拟性能与该模型的预测精度具有一定的正相关关系, 但是并不绝对. 模型模拟精度高并不能确保模型预测精度好. 完全依赖模型预测结果而缺乏对系统发展趋势进行定性分析, 就可能进入就模型而模型的误区, 导致预测结果与实际情况 "南辕北辙".

定义 2.2.1 设原始序列 $X = (x(1), x(2), \cdots, x(n))$, D 为灰色缓冲算子, XD 为缓冲新序列, 则当 X 分别为增长序列、衰减序列或振荡序列时:

(a) 若缓冲新序列 XD 比原始序列 X 的增长速度 (或衰减速度) 减缓或振幅减小, 则称缓冲算子 D 为灰色弱化缓冲算子.

(b) 若缓冲新序列 XD 比原始序列 X 的增长速度 (或衰减速度) 加快或振幅增大, 则称缓冲算子 D 为灰色强化缓冲算子.

下面将介绍几种常用的灰色弱化缓冲算子及灰色强化缓冲算子.

定义 2.2.2 设原始序列 $X = (x(1), x(2), \cdots, x(n))$, $W = (w_1, w_2, \cdots, w_n)$ 为对应数据的权重向量, $w_i > 0$, $i = 1, 2, \cdots, n$, 灰色缓冲算子 D 作用于序列 X, 得缓冲序列 XD, 即

$$XD = (x(1)d, x(2)d, \cdots, x(n)d).$$

(a) 当 $k = 1, 2, \cdots, n$

$$x(k)d = \frac{1}{n-k+1}[x(k) + x(k+1) + \cdots + x(n)] \tag{2.2.1}$$

时, 称 D 为序列 X 的平均弱化缓冲算子;

(b) 当 $k = 1, 2, \cdots, n$,

$$x(k)d = \frac{w_k x(k) + w_{k+1} x(k+1) + \cdots + w_n x(n)}{w_k + w_{k+1} + \cdots + w_n} \tag{2.2.2}$$

时, 称 D 为序列 X 的加权平均弱化缓冲算子;

(c) 当 $k = 1, 2, \cdots, n$,

$$x(k)d = [x(k)^{w_k} \cdot x(k+1)^{w_{k+1}} \cdot \cdots \cdot x(n)^{w_n}]^{\frac{1}{w_k + w_{k+1} + \cdots + w_n}} \tag{2.2.3}$$

时, 称 D 为序列 X 的加权几何平均弱化缓冲算子.

定义 2.2.3   设原始序列 $X = (x(1), x(2), \cdots, x(n))$, $W = (w_1, w_2, \cdots, w_n)$ 为对应数据的权重向量, $w_i > 0$, $i = 1, 2, \cdots, n$, 灰色缓冲算子 D 作用于序列 X, 得缓冲序列 XD, 即

$$XD = (x(1)d, x(2)d, \cdots, x(n)d).$$

(a) 当 $k = 1, 2, \cdots, n-1$,

$$x(k)d = \frac{x(1) + x(2) + \cdots + x(k-1) + kx(k)}{2k-1}, \quad x(n)d = x(n) \tag{2.2.4}$$

时, 称 D 为序列 X 的一般强化缓冲算子;

(b) 当 $k = 1, 2, \cdots, n$,

$$x(k)d = \frac{[x(k) + x(k+1) + \cdots + x(n)]x(k)}{x(n)(n-k+1)} \tag{2.2.5}$$

时, 称 D 为序列 X 的平均强化缓冲算子;

(c) 当 $k = 1, 2, \cdots, n$,

$$x(k)d = \frac{(w_k + w_{k+1} + \cdots + w_n)(x(k))^2}{w_k x(k) + w_{k+1} x(k+1) + \cdots + w_n x(n)} \tag{2.2.6}$$

时, 称 D 为序列 X 的加权几何平均强化缓冲算子.

本书只介绍了三种常用的灰色弱化及强化缓冲算子. 近年来, 研究人员根据实际问题的研究需要, 构造了大量形式各异的灰色缓冲算子. 这些灰色缓冲算子的构造和应用, 对丰富和完善灰色缓冲算子理论体系具有积极意义. 但是, 缓冲算子的构造需要满足一定的规则, 刘思峰教授提出的缓冲算子三公理, 就是构造灰色缓冲算子时需要遵守的规则, 其主要内容如下.

灰色缓冲算子之不动点公理   设 $X^{(0)} = \left(x^{(0)}(1), x^{(0)}(2), \cdots, x^{(0)}(n)\right)$ 为原始序列, D 为序列算子, 则 D 满足 $x^{(0)}(n)d = x^{(0)}(n)$.

灰色缓冲算子之信息依据公理   算子作用要以现有系统行为数据 $X^{(0)}$ 为依据, 系统行为数据序列 $X^{(0)}$ 中的每一个数据 $x^{(0)}(k)$, $k = 1, 2, \cdots, n$ 都应充分参与算子作用的全过程.

灰色缓冲算子之解析表达公理   任意的 $x^{(0)}(k)$, $k = 1, 2, \cdots, n$, 皆可由一个统一的 $x^{(0)}(1)$, $x^{(0)}(2)$, $\cdots$, $x^{(0)}(n)$ 的初等解析式表达.

满足缓冲算子三公理的算子即为灰色缓冲算子; 通过缓冲算子作用生成的序列称为缓冲序列; 原始序列经缓冲算子的作用生成缓冲序列的过程, 称为灰色趋势生成.

根据定义 2.2.1 可知, 灰色弱化缓冲算子使原始序列的增长速度 (或衰减速度) 减缓或振幅减小; 反之, 灰色强化缓冲算子使原始序列的增长速度 (或衰减速度) 加

快或振幅增大. 建模前, 我们通常可以根据历史规律或先验知识对系统未来发展趋势进行定性分析. 若系统未来增速将趋于平缓 (以现有增速为参照物), 则我们可以用灰色弱化缓冲算子来减缓原始序列的高增速趋势, 从而得到增速更接近于系统未来发展趋势的弱化缓冲新序列; 反之, 我们则可以使用灰色强化缓冲算子来提高原始序列增速, 以确保缓冲算子作用后的新序列之增速更接近于系统未来之发展趋势. 当然, 具体到选择何种灰色弱化或强化缓冲算子以及缓冲算子的作用阶数, 则完全依据实际情况来确定, 不存在任何固定范式.

例 2.2.1 设中国 2012~2017 年页岩气产量 (单位: 亿立方米) 构成序列 $X^{(0)}$,

$$X^{(0)} = \left(x^{(0)}(1), x^{(0)}(2), \cdots, x^{(0)}(6) \right) = (0.25, 2.00, 13.00, 44.71, 78.00, 92.00).$$

序列 $X^{(0)}$ 中对应数据的权重向量 $w = (w_1, w_2, \cdots, w_6) = (0.05, 0.05, 0.15, 0.20, 0.25, 0.30)$. 试分别用 (i) 平均弱化缓冲算子; (ii) 加权平均弱化缓冲算子; (iii) 加权几何平均弱化缓冲算子对序列 $X^{(0)}$ 进行处理, 并分别绘制序列 $X^{(0)}$ 与三种新序列的散点折线图.

(i) 根据定义 2.2.2(a), 应用平均弱化缓冲算子对序列 $X^{(0)}$ 进行处理, 如下:

$$x(k)d = \frac{1}{n-k+1} [x(k) + x(k+1) + \cdots + x(n)], \quad k = 1, 2, \cdots, n.$$

则

$$\begin{aligned}
x(1)d &= \frac{1}{6-1+1} [x(1) + x(2) + \cdots + x(6)] \\
&= \frac{1}{6-1+1} (0.25 + 2 + 13 + 44.71 + 78 + 92) = 38.33.
\end{aligned}$$

类似地,

$$x(2)d = \frac{1}{6-2+1} [x(2) + x(3) + \cdots + x(6)] = \frac{1}{5} (2 + 13 + 44.71 + 78 + 92) = 45.94,$$

$$x(3)d = \frac{1}{6-3+1} [x(3) + x(4) + \cdots + x(6)] = \frac{1}{4} (13 + 44.71 + 78 + 92) = 56.93,$$

$$x(4)d = \frac{1}{6-4+1} [x(4) + x(5) + x(6)] = \frac{1}{3} (44.71 + 78 + 92) = 71.57,$$

$$x(5)d = \frac{1}{6-5+1} [x(5) + x(6)] = \frac{1}{2} (78 + 92) = 85,$$

$$x(6)d = 92.$$

(ii) 根据定义 2.2.2(b), 应用加权平均弱化缓冲算子对序列 $X^{(0)}$ 进行处理, 得

$$x(k)d = \frac{w_k x(k) + w_{k+1} x(k+1) + \cdots + w_n x(n)}{w_k + w_{k+1} + \cdots + w_n}, \quad k = 1, 2, \cdots, n.$$

则

$$x\left(1\right)d = \frac{0.05x\left(1\right) + 0.05x\left(2\right) + \cdots + 0.3x\left(6\right)}{0.05 + 0.05 + \cdots + 0.3}$$

$$= \frac{0.05 \times 0.25 + 0.05 \times 2 + \cdots + 0.3 \times 92}{0.05 + 0.05 + 0.15 + 0.2 + 0.25 + 0.3} = 58.10.$$

类似地,

$$x\left(2\right)d = \frac{0.05x\left(2\right) + 0.15x\left(3\right) + \cdots + 0.3x\left(6\right)}{0.05 + 0.15 + \cdots + 0.3}$$

$$= \frac{0.05 \times 2 + 0.15 \times 13 + \cdots + 0.3 \times 92}{0.05 + 0.15 + \cdots + 0.3} = 61.15,$$

$$x\left(3\right)d = \frac{0.15x\left(3\right) + 0.2x\left(4\right) + 0.25x(5) + 0.3x\left(6\right)}{0.15 + 0.2 + 0.25 + 0.3}$$

$$= \frac{0.15 \times 13 + 0.2 \times 44.71 + 0.25 \times 78 + 0.3 \times 92}{0.15 + 0.2 + 0.25 + 0.3} = 64.44,$$

$$x\left(4\right)d = \frac{0.2x\left(4\right) + 0.25x\left(5\right) + 0.3x\left(6\right)}{0.2 + 0.25 + 0.3}$$

$$= \frac{0.2 \times 44.71 + 0.25 \times 78 + 0.3 \times 92}{0.2 + 0.25 + 0.3} = 74.72,$$

$$x\left(5\right)d = \frac{0.25x\left(5\right) + 0.3x\left(6\right)}{0.25 + 0.3} = \frac{0.25 \times 78 + 0.3 \times 92}{0.25 + 0.3} = 85.64,$$

$$x\left(6\right)d = x\left(6\right) = 92.$$

(iii) 根据定义 2.2.2(c), 应用加权几何平均弱化缓冲算子对序列 $X^{(0)}$ 进行处理, 得

$$x\left(k\right)d = \left[x\left(k\right)^{w_k} \cdot x\left(k+1\right)^{w_{k+1}} \cdot \cdots \cdot x\left(n\right)^{w_n}\right]^{\frac{1}{w_k + w_{k+1} + \cdots + w_n}}, \quad k = 1, 2, \cdots, n.$$

则

$$x\left(1\right)d = \left[x\left(1\right)^{0.05} \cdot x\left(2\right)^{0.05} \cdot \cdots \cdot x\left(6\right)^{0.3}\right]^{\frac{1}{0.05 + 0.05 + \cdots + 0.3}}$$

$$= \left[0.25^{0.05} \cdot 2^{0.05} \cdot 13^{0.15} \cdot 44.71^{0.2} \cdot 78^{0.25} \cdot 92^{0.3}\right]^{\frac{1}{0.05 + 0.05 + 0.15 + 0.2 + 0.25 + 0.3}}$$

$$= 35.02.$$

类似地,

$$x\left(2\right)d = \left[x\left(2\right)^{0.05} \cdot x\left(3\right)^{0.15} \cdot \cdots \cdot x\left(6\right)^{0.3}\right]^{\frac{1}{0.05 + 0.15 + \cdots + 0.3}}$$

$$= \left(2^{0.05} \cdot 13^{0.15} \cdot 44.71^{0.2} \cdot 78^{0.25} \cdot 92^{0.3}\right)^{\frac{1}{0.05 + 0.15 + 0.2 + 0.25 + 0.3}} = 45.42,$$

$$x(3)d = \left[x(3)^{0.15} \cdot x(4)^{0.2} \cdot x(5)^{0.25} \cdot x(6)^{0.3}\right]^{\frac{1}{0.15+0.2+0.25+0.3}}$$

$$= \left(13^{0.15} \cdot 44.71^{0.2} \cdot 78^{0.25} \cdot 92^{0.3}\right)^{\frac{1}{0.15+0.2+0.25+0.3}} = 54.02,$$

$$x(4)d = \left[x(4)^{0.2} \cdot x(5)^{0.25} \cdot x(6)^{0.3}\right]^{\frac{1}{0.2+0.25+0.3}}$$

$$= \left(44.71^{0.2} \cdot 78^{0.25} \cdot 92^{0.3}\right)^{\frac{1}{0.2+0.25+0.3}} = 71.83,$$

$$x(5)d = \left[x(5)^{0.25} \cdot x(6)^{0.3}\right]^{\frac{1}{0.25+0.3}} = \left(78^{0.25} \cdot 92^{0.3}\right)^{\frac{1}{0.25+0.3}} = 85.35,$$

$$x(6)d = x(6) = 92.$$

根据上面的计算结果, 得表 2.2.1 如下.

表 2.2.1   原始序列及三种缓冲序列

序列	数据 1	数据 2	数据 3	数据 4	数据 5	数据 6
原始数据序列	0.25	2.00	13.00	44.71	78.00	92.00
平均弱化缓冲序列	38.33	45.94	56.93	71.57	85.00	92.00
加权平均弱化缓冲序列	58.10	61.15	64.44	74.72	85.64	92.00
加权几何平均弱化缓冲序列	35.02	45.42	54.02	71.83	85.35	92.00

为比较原始序列与三种缓冲序列的不同趋势, 绘制序列 $X^{(0)}$ 与三种新序列的散点折线图, 如图 2.2.1 所示.

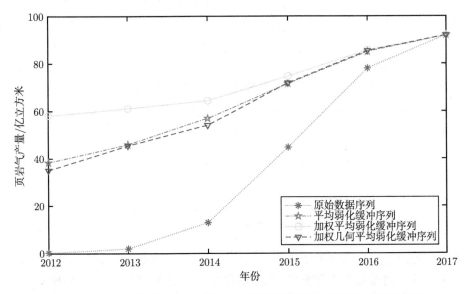

图 2.2.1   中国页岩气序列 $X^{(0)}$ 与三种新序列的散点折线图 (后附彩图)

由图 2.2.1 可以看出, 原始序列 $X^{(0)}$ 经灰色弱化缓冲算子处理后, 序列增长速度变慢, 序列折线变得更加平缓. 相反, 若灰色强化缓冲算子作用于原始序列 $X^{(0)}$, 则处理后得到的新序列增长速度将变快, 序列折线将变得更加陡峭.

2.3　灰色平滑算子

灰色模型的模拟及预测精度与建模序列光滑度正相关, 建模序列光滑度越高, 则灰色模型精度就越高. 因此, 近年来, 科研人员围绕如何有效改善和提高建模序列光滑性, 做了大量研究. 这些研究主要通过数据变换方法来改善建模序列的光滑性. 所谓数据变换, 就是将原始数据通过某种运算变换为新数据以提高序列的光滑性, 从而为高精度灰色预测模型的构造提供数据支撑.

常用的数据变换方法包括: 均值化变换、初值化变换、区间值化变换、倒数化变换、对数变换、幂函数变换、指数函数变换、方根变换、对数-幂函数变换、三角函数变换、傅里叶变换、拉普拉斯变换等.

定义 2.3.1　设序列 $X = (x(1), x(2), \cdots, x(n))$ 与序列 $Y = (y(1), y(2), \cdots, y(n))$ 满足映射关系 $f : x \to y$, 则称 $f(x(k)) \mapsto y(k)$, $k = 1, 2, \cdots, n$ 为序列 X 到序列 Y 的数据变换.

定义 2.3.2　设序列 $X = (x(1), x(2), \cdots, x(n))$, 其中 $x(k) \geqslant 0$, $k = 1, 2, \cdots, n$, 则称

$$\rho(k) = \frac{x(k)}{\sum\limits_{i=1}^{k-1} x(i)}, \quad k = 2, 3, \cdots, n$$

为序列 X 的光滑比.

序列 X 的数据变化越平稳, 其光滑比 $\rho(k)$ 就越小.

定义 2.3.3　设序列 $X^{(0)} = \left(x^{(0)}(1), x^{(0)}(2), \cdots, x^{(0)}(n)\right)$, $x^{(0)}(k) > 1$, $\forall k \in K = \{1, 2, \cdots, n\}$; D 为序列算子; 将 D 作用于序列 $X^{(0)}$ 得新序列 $X^{(0)}D$,

$$X^{(0)}D = \left(x^{(0)}(1)d, x^{(0)}(2)d, \cdots, x^{(0)}(n)d\right),$$

其中

$$x^{(0)}(k)d = \ln\left(x^{(0)}(k)\right).$$

则称 D 为序列 $X^{(0)}$ 的对数生成算子; 称 $X^{(0)}D$ 为一次对数生成新序列. 类似地, 还可以定义三角函数生成新序列、指数函数生成新序列、均值化生成新序列等.

关于灰色平滑算子, 需要强调以下三点.

(i) 灰色平滑算子 D 作用于原始序列 $X^{(0)}$, 得新序列 $X^{(0)}D$. $X^{(0)}D$ 比原始序列 $X^{(0)}$ 光滑, 因此基于 $X^{(0)}D$ 所构建的灰色预测模型精度优于基于原始序列 $X^{(0)}$ 所构建的灰色预测模型精度. 然而, $X^{(0)}$ 才是需模拟之数据, 因此需通过算子 D 的逆运算实现 $X^{(0)}D \rightarrow X^{(0)}$ 的还原. 在该过程中, 还原误差的产生及其可能导致的误差累积效应, 使得 $X^{(0)}$ 的模拟误差被放大, 甚至可能超过直接基于 $X^{(0)}$ 所构建灰色预测模型的模拟误差.

(ii) 数据变换类型的多样性大大丰富了灰色平滑算子 D 的种类. 然而, 不同的灰色平滑算子通常只适用于具有某类数据特征的建模序列. 因此, 灰色平滑算子的通用性较差, 这在一定程度上影响了灰色平滑算子的推广和应用.

(iii) 灰色缓冲算子及灰色平滑算子, 都能在一定程度上改善原始序列的光滑性. 但是由于定义和角色不同, 这类算子具有严格的使用界限. 灰色缓冲算子解决的是灰色预测模型定量预测结果与定性分析结论不相符的问题, 所以原始序列通过灰色缓冲算子处理后直接建模, 所得模拟结果不需再进行灰色缓冲算子的逆处理. 而灰色平滑算子仅仅用于改善原始序列光滑度, 因此模拟数据还需要进行逆运算处理.

例 2.3.1 设某油田 1972~1979 年 A 油藏综合含水量构成序列 $X^{(0)}$,

$$X^{(0)} = \left(x^{(0)}(1), x^{(0)}(2), \cdots, x^{(0)}(8)\right) = (31.8, 39.1, 43.2, 48.6, 49.8, 53.3, 58.6, 61.7).$$

试计算序列 $X^{(0)}$ 的一次对数生成新序列 $X^{(0)}D$ 并比较序列 $X^{(0)}$ 与序列 $X^{(0)}D$ 的光滑比.

根据定义 2.3.3, 可计算序列 $X^{(0)}$ 的一次对数生成新序列 $X^{(0)}D$, 如下:

$$x^{(0)}(1)d = \ln\left(x^{(0)}(1)\right) = \ln(31.8) = 3.46,$$

$$x^{(0)}(2)d = \ln\left(x^{(0)}(2)\right) = \ln(39.1) = 3.67,$$

$$x^{(0)}(3)d = \ln\left(x^{(0)}(3)\right) = \ln(43.2) = 3.77,$$

$$x^{(0)}(4)d = \ln\left(x^{(0)}(4)\right) = \ln(48.6) = 3.88,$$

$$x^{(0)}(5)d = \ln\left(x^{(0)}(5)\right) = \ln(49.8) = 3.91,$$

$$x^{(0)}(6)d = \ln\left(x^{(0)}(6)\right) = \ln(53.3) = 3.98,$$

$$x^{(0)}(7)d = \ln\left(x^{(0)}(7)\right) = \ln(58.6) = 4.07,$$

$$x^{(0)}(8)d = \ln\left(x^{(0)}(8)\right) = \ln(61.7) = 4.12.$$

故序列 $X^{(0)}D = (3.46, 3.67, 3.77, 3.88, 3.91, 3.98, 4.07, 4.12)$. 根据定义 2.3.2, 可计算

序列 $X^{(0)}$ 的光滑比, 如下:

$$\rho\,(2) = \frac{x^{(0)}\,(2)}{\displaystyle\sum_{i=1}^{1} x^{(0)}\,(i)} = \frac{39.1}{31.8} = 1.23,$$

$$\rho\,(3) = \frac{x^{(0)}\,(3)}{\displaystyle\sum_{i=1}^{2} x^{(0)}\,(i)} = \frac{43.2}{31.8 + 39.1} = 0.61,$$

$$\rho\,(4) = \frac{x^{(0)}\,(4)}{\displaystyle\sum_{i=1}^{3} x^{(0)}\,(i)} = \frac{48.6}{31.8 + 39.1 + 43.2} = 0.43,$$

$$\rho\,(5) = \frac{x^{(0)}\,(5)}{\displaystyle\sum_{i=1}^{4} x^{(0)}\,(i)} = \frac{49.8}{31.8 + 39.1 + 43.2 + 48.6} = 0.31,$$

$$\rho\,(6) = \frac{x^{(0)}\,(6)}{\displaystyle\sum_{i=1}^{5} x^{(0)}\,(i)} = \frac{53.3}{31.8 + 39.1 + 43.2 + 48.6 + 49.8} = 0.25,$$

$$\rho\,(7) = \frac{x^{(0)}\,(7)}{\displaystyle\sum_{i=1}^{6} x^{(0)}\,(i)} = \frac{58.6}{31.8 + 39.1 + 43.2 + 48.6 + 49.8 + 53.3} = 0.22,$$

$$\rho\,(8) = \frac{x^{(0)}\,(8)}{\displaystyle\sum_{i=1}^{7} x^{(0)}\,(i)} = \frac{61.7}{31.8 + 39.1 + 43.2 + 48.6 + 49.8 + 53.3 + 58.6} = 0.19.$$

类似地, 可计算新序列 $X^{(0)}D$ 的光滑比. $X^{(0)}$ 与 $X^{(0)}D$ 的光滑比, 如表 2.3.1 所示.

表 2.3.1 序列 $X^{(0)}$ 与序列 $X^{(0)}D$ 的光滑比

光滑比	$\rho\,(2)$	$\rho\,(3)$	$\rho\,(4)$	$\rho\,(5)$	$\rho\,(6)$	$\rho\,(7)$	$\rho\,(8)$
序列 $X^{(0)}$ 光滑比	1.23	0.61	0.43	0.31	0.25	0.22	0.19
序列 $X^{(0)}D$ 光滑比	1.06	0.53	0.36	0.26	0.21	0.18	0.15

为直观比较原始序列及其平滑序列的光滑比, 根据表 2.3.1 中的数据, 绘制了对应序列的散点折线图, 如图 2.3.1 所示.

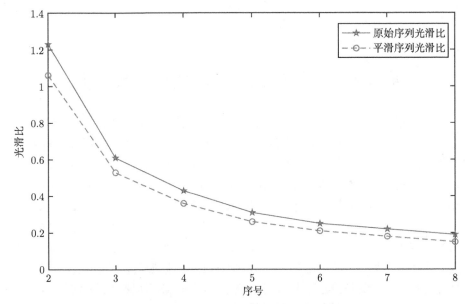

图 2.3.1 原始序列光滑比与平滑序列光滑比的散点折线图

由表 2.3.1 及图 2.3.1 可以看出, 原始序列 $X^{(0)}$ 经过对数变换得到的新序列 $X^{(0)}D$, 其光滑比小于原始序列 $X^{(0)}$ 的光滑比, 说明对数变换方法可使原始序列更加光滑.

2.4 本章小结

在灰色系统理论中, 通过特殊的数据预处理方法来挖掘系统变化的一般规律, 以解决样本量小预测结果可靠性难以保证的问题, 这是灰色系统建模方法区别于其他方法的一个重要标志. 建模原始序列经过某种预处理方法变成新序列的过程, 称为序列生成, 而灰色预处理方法就是灰色算子. 灰色算子按照不同作用可分为灰色累加/累减生成算子、灰色弱化/强化缓冲算子及灰色平滑算子, 这三类算子分别用来解决原始序列的随机性、陡峭性和光滑性问题, 从而为构建合理的高精度灰色预测模型提供数据支撑.

灰色算子与灰色序列生成, 是灰色系统理论的一个重要组成部分, 是科学构建灰色系统模型的前提和基础. 目前, 灰色算子在算法构造与优化、拓展与应用等领域已经涌现出了大量高质量的研究成果, 而本章只是介绍了几种最常见和常用的灰色算子. 有兴趣的读者可查阅本书所附的相关参考文献.

第 3 章　齐次指数序列灰色预测模型

　　预测是指在掌握现有信息的基础上, 依照一定的方法和规律对系统未来发展趋势进行推算, 以预先了解事情发展的过程与结果, 从而为系统决策提供科学依据. 常见的预测方法包括: 回归分析 (regression analysis) 预测模型、灰色 (grey) 预测模型、自回归移动平均模型 (ARIMA)、马尔可夫 (Markov) 预测模型、神经网络 (neural network) 预测模型、支持向量机 (support vector machine, SVM) 等.

　　尽管各类预测模型自成体系、机理各异、形式多样, 但是本质上它们的建模与预测过程基本一致. 首先, 根据既有信息或数据挖掘系统内在的演变规律 (又称作模拟、学习或训练); 然后, 通过一系列检验标准对所挖掘规律的合理性、有效性与可靠性进行判断 (误差检验), 并假定系统未来将按照既有规律发展演化; 最后, 基于该规律对系统未来发展趋势进行外推预测.

　　所有的预测实际上都包括一个重要假设, 即某系统的未来发展趋势将与通过先验知识所推导形成的该系统发展规律相一致. 因此, 预测主要面向常态化环境, 是系统发展规律与演化趋势的自然延伸, 面对突发事件或极端情况, 之前的预测结果可能变得毫无意义. 举例来说, 我们可以通过一个有效的数学模型来预测美国 2030 年国内生产总值 (GDP) 的大概区间, 并且我们认为按照美国经济的现有水平和发展趋势, 这个预测结果是可靠合理的. 然而, 假如在此期间美国发生了大规模内战或者由于美国总统更迭产生剧烈的社会动荡, 这个时候之前关于美国 2030 年 GDP 预测值与实际情况将难以相符.

　　回归分析预测模型、自回归移动平均模型及神经网络预测模型等, 都是建立在大样本基础之上的预测建模方法, 而灰色预测模型则是以 "小数据" 不确定性系统为研究对象. GM(1, 1) 是邓聚龙教授最先提出的具有预测功能的单变量灰色预测模型, 当前大部分灰色预测模型都来自对 GM(1, 1) 的拓展和优化.

3.1　单变量灰色预测模型概述

　　按照变量个数, 灰色预测模型可以分为单变量灰色预测模型和多变量灰色预测模型. 单变量灰色预测模型最大特点是单序列 (变量) 建模, 不用考虑系统发展受到哪些因素的影响及其影响程度. 灰色理论认为, 一个不确定性系统的发展与演化, 受到诸多复杂外部环境与内部因素的影响 (灰因), 在这样的情况下, 我们很难建立一个确定的因变量和自变量之间的函数关系去分析和预测系统的未来发展趋势. 但是, 系统在诸多因素的影响和制约下, 其运行结果是确定的 (白果). 换言之, 系统运行结果即是该系统在诸多因素影响和作用下的最终表现形式, 能综合体现这些因素共同作用下系统的演变趋势与发展规律.

举例来说, 某城市的 GDP 受到生产因素、消费因素、投资因素、进出口因素及价格因素等多种因素的影响 (灰因), 难以穷尽; 但是该城市每年 GDP 所体现出的则是一个确定的数值 (统计年鉴可查, 白果). 因此, 我们完全可以通过分析该城市 GDP 的数据规律与变化特征去预测该城市未来 GDP 的发展趋势. 这是一种对不确定性问题 "就数据找数据" 的研究方法, 体现了在要素信息、结构信息不完备条件下的灰色理论建模思想. 而灰色理论则通过 "灰色序列生成" 为该方法提供了一套科学的实施途径.

单变量灰色预测模型是一种面向时间序列的预测建模方法. 时间序列, 或称时序数据, 是用来反映系统随时间变化的一组特征数据. 时间序列按照变化特征或演化趋势, 可以分为四类. 第一类是单调性时间序列 (简称单调序列); 第二类是具有饱和状的 S 形序列 (简称饱和序列); 第三类是具有周期波动的序列 (简称波动序列); 第四类是随机振荡序列 (简称随机序列). 本书第 3, 4 章主要讨论面向单调序列的灰色预测模型; 第 5 章讨论面向饱和序列的灰色预测模型; 面向周期波动序列及随机振荡序列等特殊建模对象的灰色预测模型等内容放到第 8 章进行介绍.

3.2 GM(1, 1) 模型建模机理与模型推导

单变量灰色系统中, 变量描述了系统的演化规律, 是系统特征数据, 是确定性数据, 是系统在诸多复杂外部因素共同作用下的结果, 如某城市的 GDP. 系统发展的影响因素是 "因"; 系统所体现出的变化结果是 "果". 在控制论中, 前者称为输入, 后者称为输出. 对单变量灰色预测模型而言, 由于影响因素 (输入) 未知, 故用参数 b 来代表系统发展所受到的所有影响因素. 因此, 参数 b 被称为灰色作用量, 代表了影响系统发展的所有灰信息 (灰信息覆盖).

GM(1, 1) 模型是含一阶差分方程一个变量的灰色模型的简称, 是邓聚龙教授最先提出的单变量灰色预测模型. 在 GM(1, 1) 模型中, 输入参数 b 与系统输出结果 $x^{(0)}(k)$(系统特征变量) 之间的关系, 用框图 3.2.1 表示如下.

在图 3.2.1 中, 输入变量 b 是灰因, 输出变量 $x^{(0)}(k)$ 是白果. $x^{(0)}(k)$ 通过 AGO(累加生成、弱化随机性) 及 MEAN(紧邻均值生成、改善平滑性) 来调整灰因 b. AGO 及 MEAN 的作用主要是为了弱化原始数据中的极端值对输入变量 b 的影响. 图 3.2.1 中, 反馈系数 a 被称为发展系数, 其大小和符号反映 $x^{(0)}(k)$ 的发展态势.

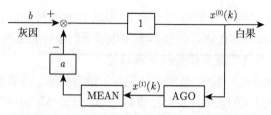

图 3.2.1 单变量灰色预测模型输入输出框图

根据系统输入、输出与反馈关系, 可得 $b - a \cdot \mathrm{MEAN} = x^{(0)}(k)$. 下面对单变量灰色预测模型基本形式进行定义.

定义 3.2.1   设序列 $X^{(0)} = \left(x^{(0)}(1), x^{(0)}(2), \cdots, x^{(0)}(n)\right)$, 其中 $x^{(0)}(k) \geqslant 0$, $k = 1, 2, \cdots, n$, 则称 $X^{(1)} = \left(x^{(1)}(1), x^{(1)}(2), \cdots, x^{(1)}(n)\right)$ 为序列 $X^{(0)}$ 的一次累加生成序列 (1-AGO), 其中

$$x^{(1)}(k) = \sum_{i=1}^{k} x^{(0)}(k), \quad k = 1, 2, \cdots, n,$$

称 $Z^{(1)}$ 为 $X^{(1)}$ 的紧邻均值生成序列, 其中

$$z^{(1)}(k) = 0.5 \times \left(x^{(1)}(k) + x^{(1)}(k-1)\right), \quad k = 2, 3, \cdots, n.$$

定义 3.2.2   设序列 $X^{(0)}, X^{(1)}$ 及 $Z^{(1)}$ 如定义 3.2.1 所示, 则称

$$x^{(0)}(k) + az^{(1)}(k) = b \tag{3.2.1}$$

为 GM(1, 1) 模型的基本形式.

实际上, GM(1, 1) 模型基本形式是根据图 3.2.1 推导而来的, 即

$$b - a \cdot \mathrm{MEAN} = x^{(0)}(k) \Rightarrow b - az^{(1)}(k) = x^{(0)}(k) \Rightarrow x^{(0)}(k) + az^{(1)}(k) = b.$$

现有的大部分灰色预测模型, 均是在 GM(1, 1) 模型基础上的延伸与拓展. 下面介绍 GM(1, 1) 模型的参数估计与模型推导.

定理 3.2.1   设序列 $X^{(0)}, X^{(1)}$ 及 $Z^{(1)}$ 如定义 3.2.1 所示, $\hat{a} = (a, b)^{\mathrm{T}}$ 为参数列, 且

$$Y = \begin{bmatrix} x^{(0)}(2) \\ x^{(0)}(3) \\ \vdots \\ x^{(0)}(n) \end{bmatrix}, \quad B = \begin{bmatrix} -z^{(1)}(2) & 1 \\ -z^{(1)}(3) & 1 \\ \vdots & \vdots \\ -z^{(1)}(n) & 1 \end{bmatrix},$$

则 GM(1, 1) 模型 $x^{(0)}(k) + az^{(1)}(k) = b$ 的最小二乘估计参数列满足

$$\hat{a} = \left(B^{\mathrm{T}}B\right)^{-1} B^{\mathrm{T}}Y.$$

定义 3.2.3 设序列 $X^{(0)}, X^{(1)}, Z^{(1)}$ 及 $\hat{a} = (a,b)^{\mathrm{T}}$ 分别如定义 3.2.1 及定理 3.2.1 所述, 则称

$$\frac{\mathrm{d}\,x^{(1)}}{\mathrm{d}t} + a\,x^{(1)} = b \tag{3.2.2}$$

为 GM(1, 1) 模型 $x^{(0)}(k) + az^{(1)}(k) = b$ 的白化方程, 也叫影子方程.

定理 3.2.2 设 $B, Y, \hat{a}$ 如定理 3.2.1 所述, 则

$1°$ 白化方程 $\dfrac{\mathrm{d}\,x^{(1)}}{\mathrm{d}t} + a\,x^{(1)} = b$ 的解也称时间响应函数为

$$x^{(1)}(t) = \left(x^{(1)}(1) - \frac{b}{a}\right)\mathrm{e}^{-a(t-1)} + \frac{b}{a}; \tag{3.2.3}$$

$2°$ GM(1, 1) 模型 $x^{(0)}(k) + az^{(1)}(k) = b$ 的时间响应式为

$$\hat{x}^{(1)}(k+1) = \left(x^{(0)}(1) - \frac{b}{a}\right)\mathrm{e}^{-ak} + \frac{b}{a}, \quad k = 1, 2, \cdots, n; \tag{3.2.4}$$

$3°$ GM(1, 1) 模型的最终还原式为

$$\hat{x}^{(0)}(k+1) = \hat{x}^{(1)}(k+1) - \hat{x}^{(1)}(k) = (1-\mathrm{e}^a)\left(x^{(0)}(1) - \frac{b}{a}\right)\mathrm{e}^{-ak}, \quad k = 1, 2, \cdots, n. \tag{3.2.5}$$

在公式 (3.2.5) 中, 令

$$A = (1-\mathrm{e}^a)\left(x^{(0)}(1) - \frac{b}{a}\right),$$

则公式 (3.2.5) 可简化为

$$\hat{x}^{(0)}(k+1) = A\mathrm{e}^{-ak}, \quad k = 1, 2, \cdots, n. \tag{3.2.6}$$

在 A 的表达式中, $\mathrm{e}, a, b, x^{(0)}(1)$ 均为常数, 故 A 也为常数. 因此, GM(1, 1) 模型的最终还原式为一个严格齐次指数函数, 故称 GM(1, 1) 为齐次指数序列灰色预测模型.

3.3 GM(1, 1) 模型性能检验方法

如何判定一个预测模型性能的优劣, 模型精度在何种情况下才可用于预测. 本小节将介绍灰色预测模型性能检验方法. 预测模型的性能包括模拟性能及预测性能两个方面. 通常情况下, 一个预测模型只有当其模拟性能及预测性能均通过相关检验的情况下, 才能用于预测. 灰色预测模型主要通过模拟/预测结果的平均相对百分误差来检验模型性能及划分模型等级.

定义 3.3.1   设原始序列 $X^{(0)}$

$$X^{(0)} = \left(x^{(0)}(1), x^{(0)}(2), \cdots, x^{(0)}(n), x^{(0)}(n+1), \cdots, x^{(0)}(n+t) \right).$$

将序列 $X^{(0)}$ 前 n 个元素组成的序列建立灰色预测模型, 相应的模拟序列为 $\hat{S}^{(0)}$:

$$\hat{S}^{(0)} = \left(\hat{x}^{(0)}(1), \hat{x}^{(0)}(2), \cdots, \hat{x}^{(0)}(n) \right).$$

基于该灰色模型预测的后 t 步数据组成的预测序列记为 $\hat{F}^{(0)}$:

$$\hat{F}^{(0)} = \left(\hat{x}^{(0)}(n+1), \hat{x}^{(0)}(n+2), \cdots, \hat{x}^{(0)}(n+t) \right).$$

模拟序列 $\hat{S}^{(0)}$ 及预测序列 $\hat{F}^{(0)}$ 的残差序列分别为 ε_S 及 ε_F, 即

$$\varepsilon_S = (\varepsilon_S(1), \varepsilon_S(2), \cdots, \varepsilon_S(n)), \quad \varepsilon_F = (\varepsilon_F(n+1), \varepsilon_F(n+2), \cdots, \varepsilon_F(n+t)),$$

其中

$$\varepsilon_S(u) = x^{(0)}(u) - \hat{x}^{(0)}(u), \quad u = 1, 2, \cdots, n,$$

$$\varepsilon_F(v) = x^{(0)}(v) - \hat{x}^{(0)}(v), \quad v = n+1, n+2, \cdots, n+t.$$

模拟序列 $\hat{S}^{(0)}$ 的相对模拟百分误差 (relative simulation percentage error, RSPE) 序列记为 Δ_S, 即

$$\Delta_S = (\Delta_S(1), \Delta_S(2), \cdots, \Delta_S(n)),$$

其中

$$\Delta_S(u) = \left| \frac{\varepsilon_S(u)}{x^{(0)}(u)} \times 100\% \right|, \quad u = 1, 2, \cdots, n.$$

$\bar{\Delta}_S$ 为模拟序列的平均相对模拟百分误差 (mean relative simulation percentage error, MRSPE):

$$\bar{\Delta}_S = \frac{1}{n} \sum_{u=1}^{n} \Delta_S(u).$$

类似地, 预测序列 $\hat{F}^{(0)}$ 的相对预测百分误差 (relative fore casting percentage error, RFPE) 序列分别记作 Δ_F, 即

$$\Delta_F = (\Delta_F(n+1), \Delta_F(n+2), \cdots, \Delta_F(n+t)),$$

其中

$$\Delta_F(v) = \left| \frac{\varepsilon_F(v)}{x^{(0)}(v)} \times 100\% \right|, \quad v = n+1, n+2, \cdots, n+t.$$

$\bar{\Delta}_F$ 为模拟序列的平均相对预测百分误差 (mean relative forecasting percentage error, MRFPE):

$$\bar{\Delta}_F = \frac{1}{t} \sum_{v=n+1}^{n+t} \Delta_F(v).$$

模型的综合平均相对百分误差 (CMRPE) 记为 Δ, 即

$$\Delta = \frac{n \cdot \bar{\Delta}_S + t \cdot \bar{\Delta}_F}{n+t}.$$

对给定的 α, β, 当 $\bar{\Delta}_S < \alpha$ 且 $\bar{\Delta}_F < \beta$ 成立时, 称该模型为模拟及预测残差合格模型. 当建模数据量比较小的时候, 无法将原始序列分割为 "模拟子序列" 及 "预测子序列", 此时只能对模型的模拟误差进行检验, 而不再检验模型预测误差.

实际上, 灰色预测模型性检验方法除去残差检验外, 还包括灰色关联度检验、均方差检验及小误差概率检验三种. 由于平时检验模型性能主要采用残差检验法, 因此对灰色预测模型其他三种检验方法不再作详细介绍. 有兴趣的读者可以参考刘思峰著《灰色系统理论及其应用》(第 8 版) 相关章节内容.

3.4 模型应用：高速公路经济效益后评价

3.4.1 研究背景

高速公路经济效益后评价是反映高速公路建成运营两三年后, 对所覆盖区域的经济效益进行全面的跟踪、调查、分析和评价, 其目的在于通过全面的总结, 从项目完成过程中吸取经验教训, 不断提高高速公路建设项目决策、设计、施工和管理水平, 为合理利用资金、提高投资效益、改进管理、制定相关政策和优化高速公路网规划等提供科学依据. 目前, 国内外学者对高速公路后评价采用的评价方法主要包括: 有无对比法、投入产出分析法、计量经济学分析法、系统动力学模型分析法、DEA 模型法、模糊综合评价法、三标度法、神经网络分析法、结构方程模型法等.

灰色预测模型也是高速公路项目后评价的常用方法之一, 其主要思路是: 首先根据高速公路修建前的历史数据建立 GM(1, 1) 模型, 并利用该模型预测得到一组指标值; 然后与高速公路修建后的实际数据进行对比, 根据对比结果对高速公路经济效益进行评价, 如图 3.4.1(a) 所示.

高速公路作为一种现代化的公路运输通道, 它的建成对沿线交通物流、资源开发、招商引资、产业优化等方面将起到积极的促进作用, 对拉动所覆盖区域的 GDP 发展意义重大. 因此, 通过高速公路修建前的 GDP 数据建立 GM(1, 1) 模型, 在满足模型精度要求的条件下, 其预测值应低于高速公路修建后 GDP 的实际数据, 反映了高速公路修建后对区域 GDP 发展所起到的拉动作用. 然而, 基于这种思路所建立的高速公路后评价模型, 有时可能出现预测值大于实际值的情况, 其经济含义

解释为高速公路修建后的 GDP 比不修高速公路按照历史趋势发展的 GDP 更低, 体现了高速公路修建后对区域经济的发展具有抑制作用, 如图 3.4.1(b) 所示.

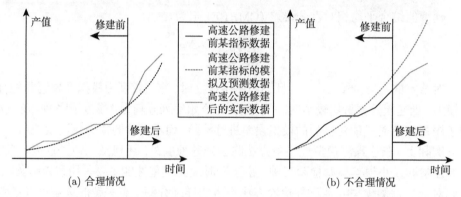

图 3.4.1　基于灰色系统模型的高速公路项目后评价方法 (后附彩图)

　　GM(1, 1) 模型的最终还原式为齐次指数函数, 当建模数据基数较小的时候, 序列数据级比较大、指数函数趋于陡峭, 这就导致了灰色模型预测值高于高速公路修建后的实际数据. 因此, 需要弱化高速公路修建前建模序列的增长趋势, 更加合理地对高速公路修建后的经济效益进行评价. 刘思峰教授所构建的灰色缓冲算子概念和公理体系, 可以实现对原始序列发展趋势的调节, 进而提高了灰色模型预测结果的合理性.

　　本小节将应用灰色缓冲算子技术对高速公路修建前的建模数据进行预处理, 在此基础上应用 GM(1, 1) 模型对高速公路修建前经济指标进行预测, 从而构建高速公路经济效益后评价模型, 以实现高速公路经济效益的有效评价.

3.4.2　高速公路经济效益后评价模型的建模步骤

　　步骤 1　经济指标选择. 选择能够代表高速公路对地方经济拉动效应的典型经济指标, 如地区生产总值、规模以上工业企业利润、社会消费量零售总额、进出口贸易总额等. 经济指标通常以年份为单位, 同时为便于建立有效的灰色系统预测模型, 每一指标序列中应不少于五组连续的样本数据, 构成建模原始序列 $X^{(0)}$.

　　步骤 2　原始数据缓冲处理. 观察指标序列的数据特征、发展规律与演化趋势, 基于实际情况应用灰色缓冲算子强化或弱化原始序列的发展趋势, 进而达到调节 GM(1, 1) 模型预测结果之目的, 避免建模时完全依赖原始数据可能导致的定性分析结果与定量预测数据相悖的问题, 以提高预测结果的科学性与合理性.

　　步骤 3　GM(1, 1) 模型构建. 在步骤 1 和步骤 2 的基础上, 构建 (缓冲) 序列的 GM(1, 1) 模型. 主要内容包括: 矩阵构造、参数估计、模型推导、数据模拟、误差计算、性能判断等. 需要补充说明的是, 若 GM(1, 1) 模型预测结果不合理, 需要再次执行步骤 2 重新对原始指标序列进行缓冲处理, 以得到合理的预测结果.

步骤 4 高速公路经济效益后评价. 基于 GM(1, 1) 模型的某经济指标预测结果记为 $\hat{x}^{(0)}(k)$, 代表在未修建高速公路的情况下, 未来某年份该经济指标数据的可能值. $\hat{x}^{(0)}(k)$ 与修建高速公路后该经济指标的实际数据 $x^{(0)}(k)$ 进行比较, 就可实现高速公路对地方经济拉动效应的后评价.

3.4.3 应用举例

渝长高速公路起点为重庆沙坪坝区上桥, 终点为长寿区桃花街, 全长 85 千米, 该项目 1997 年开工, 2000 年全线建成通车. 试对渝长高速公路的经济效益进行后评价.

步骤 1 经济指标选择.

地区生产总值 (地区 GDP) 是指本地区所有常驻单位在一定时期内生产活动的最终成果, 等于各产业增加值之和, 是国民经济核算的核心指标. 因此, 渝长高速公路经济效益后评价的选择 “地区生产总值” 作为核心经济指标. 表 3.4.1 是渝长高速公路所覆盖区域 1995~2000 年的地区生产总值.

表 3.4.1 渝长高速公路所覆盖区域 1995~2000 年的地区生产总值 (单位: 万元)

年份	1995	1996	1997	1998	1999	2000
地区生产总值	257951	313372	365735	400976	450110	506050

数据来源: 重庆统计年鉴 (1995~2000 年)

步骤 2 原始数据缓冲处理.

根据表 3.4.1 可知原始序列 $X^{(0)}$:

$$X^{(0)} = \left(x^{(0)}(1), x^{(0)}(2), \cdots, x^{(0)}(6) \right)$$
$$= (257951, 313372, 365735, 400976, 450110, 506050).$$

直接基于序列 $X^{(0)}$ 建立 GM(1, 1) 模型, 其 2001~2006 年的预测值大于渝长高速公路所覆盖区域 2001~2006 年的实际地区生产总值 (表 3.4.4). 这意味着高速公路修建后的地区生产总值比不修高速公路按照历史趋势发展的地区生产总值更低. 体现了高速公路修建后对区域经济的发展具有抑制作用, 这显然是不合理的. 其主要原因是重庆直辖前该地区的经济较为落后, 地区生产总值较低. 重庆直辖后经济高速发展, 由于基数低所以导致增速快, 因此基于这段时间的历史数据所构建的 GM(1, 1) 模型, 也具有非常高的增速, 并进一步导致 GM(1, 1) 模型的预测结果高于修建高速公路后对应年份的地区生产总值. 因此需要应用灰色弱化缓冲算子对序列 $X^{(0)}$ 进行弱化处理, 以减弱基数低所导致的高增速问题, 其本质就是让序列曲线走势变得相对平缓.

应用公式 (2.2.1) 对原始序列 $X^{(0)}$ 进行缓冲算子处理, 得新序列 $S^{(0)}$:

$$S^{(0)} = \left(s^{(0)}(1), s^{(0)}(2), \cdots, s^{(0)}(6)\right) = \left(x^{(0)}(1)d, x^{(0)}(2)d, \cdots, x^{(0)}(6)d\right)$$
$$= (382366, 407249, 430718, 452379, 478080, 506050),$$

其中

$$s^{(0)}(k) = x^{(0)}(k)d = \frac{1}{n-k+1}\left[x^{(0)}(k) + x^{(0)}(k+1) + \cdots + x^{(0)}(n)\right],$$
$$k = 1, 2, \cdots, 6.$$

步骤 3　GM(1, 1) 模型构建.

建立序列 $S^{(0)}$ 的 GM(1, 1) 模型, 主要包括如下六个步骤.

(a) 计算序列 $S^{(0)}$ 的 1-AGO 生成序列 $S^{(1)}$.

根据本章对一次累加生成序列的定义 3.2.1, 有如下公式:

$$s^{(1)}(k) = \sum_{i=1}^{k} s^{(0)}(k), \quad k = 1, 2, \cdots, n.$$

可计算序列 $S^{(0)}$ 的 1-AGO 生成序列 $S^{(1)}$,

$$S^{(1)} = \left(s^{(1)}(1), s^{(1)}(2), \cdots, s^{(1)}(6)\right)$$
$$= (382366, 789615, 1220333, 1672712, 2150792, 2656842).$$

(b) 计算序列 $S^{(1)}$ 的紧邻均值生成序列 $Z^{(1)}$.

根据定义 3.2.1,

$$z^{(1)}(k) = 0.5 \times \left(s^{(1)}(k) + s^{(1)}(k-1)\right), \quad k = 2, 3, \cdots, n.$$

可计算 $S^{(1)}$ 的紧邻均值生成序列 $Z^{(1)}$,

$$Z^{(1)} = \left(z^{(1)}(2), z^{(1)}(3), \cdots, z^{(1)}(6)\right)$$
$$= (585990.5, 1004974.0, 1446522.5, 1911752.0, 2403817.0).$$

(c) 构造矩阵 B 和 Y, 计算模型参数 a 和 b.

根据定理 3.2.1 及原始序列 $S^{(0)}$ 与紧邻均值序列 $Z^{(1)}$, 可构造矩阵 B 和 Y:

$$Y = \begin{bmatrix} s^{(0)}(2) \\ s^{(0)}(3) \\ \vdots \\ s^{(0)}(6) \end{bmatrix} = \begin{bmatrix} 407249 \\ 430718 \\ \vdots \\ 506050 \end{bmatrix}, \quad B = \begin{bmatrix} -z^{(1)}(2) & 1 \\ -z^{(1)}(3) & 1 \\ \vdots & \vdots \\ -z^{(1)}(6) & 1 \end{bmatrix} = \begin{bmatrix} -585990.5 & 1 \\ -1004974.0 & 1 \\ \vdots & \vdots \\ -2403817.0 & 1 \end{bmatrix}.$$

根据定理 3.2.1, 可计算模型参数 a, b.

$$\hat{a} = (a, b)^{\mathrm{T}} = (B^{\mathrm{T}}B)^{-1} B^{\mathrm{T}} Y = \begin{bmatrix} -0.0540 \\ 375553.6026 \end{bmatrix}.$$

(d) 构建 GM(1, 1) 模型.

根据 GM(1, 1) 模型参数 a, b, 可得出 GM(1, 1) 模型的时间响应式

$$\begin{aligned}
\hat{s}^{(1)}(k+1) &= \left(\hat{s}^{(0)}(1) - \frac{b}{a} \right) \mathrm{e}^{-ak} + \frac{b}{a} \\
&= \left(382366 + \frac{375553.6026}{0.0540} \right) \mathrm{e}^{0.0540k} - \frac{375553.6026}{0.0540}.
\end{aligned}$$

进一步, 得到其还原式为

$$\hat{s}^{(0)}(k+1) = \hat{s}^{(1)}(k+1) - \hat{s}^{(1)}(k) = A\mathrm{e}^{-ak}, \quad k = 1, 2, \cdots, n, \tag{3.4.1}$$

其中参数 A:

$$A = (1 - \mathrm{e}^{a}) \left(s^{(0)}(1) - \frac{b}{a} \right) = 385685.1174.$$

则可得到 GM(1, 1) 模型时间响应函数, 如下

$$\hat{s}^{(0)}(k+1) = 385685.1174 \times \mathrm{e}^{0.0540 \times k}, \quad k = 1, 2, \cdots, n. \tag{3.4.2}$$

(e) 计算模拟数据 $\hat{s}^{(0)}(k), k = 1, 2, \cdots, 6$.

根据公式 (3.4.2), 当 $k = 1, 2, \cdots, 5$ 时, 可计算 GM(1, 1) 模型的模拟数据 $\hat{s}^{(0)}(k)$ 及其残差、相对误差及平均相对模拟误差, 如表 3.4.2 所示.

表 3.4.2　基于 GM(1, 1) 模型的高速公路经济效益模拟值及误差

序号 (年份)	实际数据 $s^{(0)}(k)$	模拟数据 $\hat{s}^{(0)}(k)$	残差 $\varepsilon(k) = \hat{s}^{(0)}(k) - s^{(0)}(k)$	相对误差/% $\Delta_k = \lvert \varepsilon(k) \rvert / s^{(0)}(k)$
$k = 1$ (1996)	407249.0000	407064.9366	-184.0634	0.0452
$k = 2$ (1997)	430718.0000	429629.9110	-1088.0890	0.2526
$k = 3$ (1998)	452379.0000	453445.7375	1066.7375	0.2358
$k = 4$ (1999)	478080.0000	478581.7551	501.7551	0.1050
$k = 5$ (2000)	506050.0000	505111.1465	-938.8535	0.1855

平均相对模拟百分误差 $\Delta_S = \dfrac{1}{5} \sum\limits_{k=1}^{5} \Delta_k = 0.1648\%$

根据表 3.4.2, 计算得出模型的模拟精度为 0.1648%, 查阅灰色系统模型误差参照表 [13] 可知, 该模型的模拟精度为 I 级, 可以用于预测.

(f) 应用 GM(1, 1) 模型对未来进行预测.

预测结果如表 3.4.3 所示.

表 3.4.3　　基于 GM(1, 1) 模型的高速公路经济效益预测值

序号 (年份)	预测值 $\hat{s}^{(0)}(k)$	序号 (年份)	预测值 $\hat{s}^{(0)}(k)$
$k = 6\,(2001)$	533111.1510	$k = 11\,(2006)$	698187.1288
$k = 7\,(2002)$	562663.2897	$k = 12\,(2007)$	736890.9824
$k = 8\,(2003)$	593853.6024	$k = 13\,(2008)$	777738.2649
$k = 9\,(2004)$	626772.8988	$k = 14\,(2009)$	820851.9047
$k = 10\,(2005)$	661517.0222	$k = 15\,(2010)$	8663534227

步骤 4　　高速公路经济效益后评价.

表 3.4.4　　渝长高速公路所覆盖区域 2001~2010 年地区生产总值的
实际值与预测值　　　　　　　　　　（单位：万元）

年份	实际数据	直接基于实际数据的 GM(1, 1) 模型			实际数据经缓冲处理的 GM(1, 1) 模型		
		预测值 1	贡献值 1	贡献率 1	预测值 2	贡献值 2	贡献率 2
2001	554600	567424	−12824	−2.26%	533111	21489	4.03%
2002	620000	636852	−16852	−2.65%	562663	57337	10.19%
2003	668778	714776	−45998	−6.44%	593854	74924	12.62%
2004	746427	802234	−55807	−6.96%	626773	119654	19.09%
2005	870234	900393	−30159	−3.35%	661517	208717	31.55%
2006	1000518	1010562	−10044	−0.99%	698187	302331	43.30%
2007	1252640	1134212	118428	10.44%	736890	515750	69.99%
2008	1556500	1272990	283510	22.27%	777738	778762	100.13%
2009	1763812	1428750	335062	23.45%	820851	942961	114.88%
2010	2286417	1603568	682849	42.58%	866353	1420064	163.91%

注:表 3.4.4 中 "实际数据" 来自重庆统计年鉴 (2001~2010 年)

表 3.4.4 中, "实际数据" 表示该区域 2001~2010 年地区生产总值的真实值; 预测值 1 表示未使用缓冲算子处理所建立的灰色预测模型的预测值; 预测值 2 表示使用了缓冲算子处理所建立的灰色预测模型的预测值. 从表 3.4.4 不难发现, 未使用缓冲算子在 2007 年之前的预测值大于实际值, 表明修建高速公路之后的地区生产总值不仅不能按照既有速度发展, 反而下降了, 这显然与实际情况不符; 使用缓冲算子后所预测的数据能更加客观地反映高速公路对地区生产总值的拉动效应, 更具合理性.

为了简化计算, 本书开发了构建 GM(1, 1) 模型的 MATLAB 程序 "GM11.m",

运行该程序的时候, 只需输入原始数据等基本信息即可实现序列生成 (累加生成、紧邻均值生成)、矩阵构造与参数计算、数据模拟及预测等 GM(1, 1) 模型的全过程. 应用 "GM11.m" 分别建立原始序列 $X^{(0)}$ 及经灰色弱化缓冲算子作用后的新序列 $S^{(0)}$ 的 GM(1, 1) 模型, 结果如图 3.4.2 及图 3.4.3 所示.

```
————————————————————————————【数据输入】————————————————————————————
原始序列: 257951, 313372, 365735, 400976, 450110, 506050,
数据个数: 共[6]个数据
模拟序列: 前[6]个数据
预测序列: 后[0]个数据
预测步长: 共[10]个数据

————————————————————————————【参数计算】————————————————————————————
GM(1,1)模型参数:
a=-0.11543
b=270794.5431

————————————————————————————【计算模拟值、残差及相对误差】————————————————————————————
Simulation =

    No     Raw_data      Simulated_data        Residual_error          Percentage_error

    2      313372        318604.848204641      5232.84820464143        1.66985187082491
    3      365735        357588.414541823      -8146.58545817737       2.22745579673189
    4      400976        401341.89713398       365.897133979655        0.0912516295188878
    5      450110        450448.929117257      338.929117257358        0.07529917514771
    6      506050        505564.555287754      -485.444712246011       0.0959282110949534

The mean relative simulation percentage error =0.83196

————————————————————————————【应用GM(1,1)模型进行预测】————————————————————————————
Prediction_steps =

    No     Predicted_data

    ——     ——————————————

    7      567423.969825378
    8      636852.323140285
    9      714775.728656641
    10     802233.616354558
    11     900392.597855641
    12     1010562.02800024
    13     1134211.47049422
    14     1272990.30060168
    15     1428749.70636634
    16     1603567.3818387

————————————————————————————【建模结束】————————————————————————————
>>
```

图 3.4.2 原始序列 $X^{(0)}$ 的 GM(1, 1) 模型运行结果

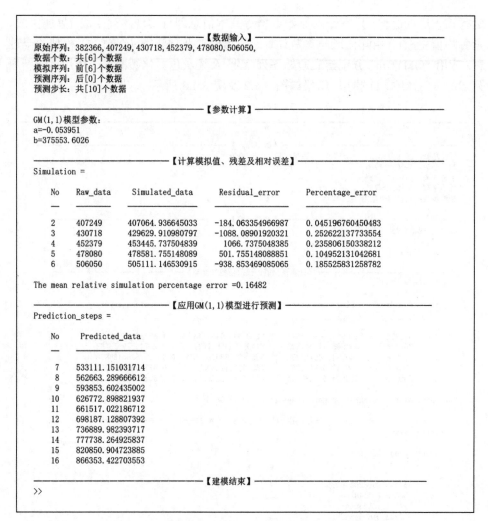

————————————————【数据输入】————————————————
原始序列: 382366, 407249, 430718, 452379, 478080, 506050,
数据个数: 共[6]个数据
模拟序列: 前[6]个数据
预测序列: 后[0]个数据
预测步长: 共[10]个数据

————————————————【参数计算】————————————————
GM(1,1)模型参数:
a=-0.053951
b=375553.6026

————————————【计算模拟值、残差及相对误差】————————————
Simulation =

No	Raw_data	Simulated_data	Residual_error	Percentage_error
2	407249	407064.936645033	-184.063354966987	0.045196760450483
3	430718	429629.910980797	-1088.08901920321	0.252622137733554
4	452379	453445.737504839	1066.7375048385	0.235806150338212
5	478080	478581.755148089	501.755148088851	0.104952131042681
6	506050	505111.146530915	-938.853469085065	0.185525831258782

The mean relative simulation percentage error =0.16482

————————————【应用GM(1,1)模型进行预测】————————————
Prediction_steps =

No	Predicted_data
7	533111.151031714
8	562663.289666612
9	593853.602435002
10	626772.898821937
11	661517.022186712
12	698187.128807392
13	736889.982393717
14	777738.264925837
15	820850.904723885
16	866353.422703553

————————————————【建模结束】————————————————
>>

图 3.4.3 缓冲序列 $S^{(0)}$ 的 GM(1, 1) 模型运行结果

关于如何使用基于 MATLAB 工具所开发的灰色预测模型建模程序, 本书在第 9 章作了详细介绍, 此处不再赘述.

3.5 本 章 小 结

GM(1, 1) 是邓聚龙教授最早提出的单变量灰色预测模型, 也是灰色预测模型中研究成果最多、关注度最高、应用最广的经典灰色预测模型, 主要用来对具有近似指数增长规律的序列进行建模和预测. 现有的大部分单变量灰色预测模型, 都是在 GM(1, 1) 基础上通过模型机理优化、结构拓展、参数优化或建模对象拓展等角度衍生而来.

　　本章系统介绍了 GM(1, 1) 模型的建模机理、参数估计方法、时间响应式、最终还原式及误差检验方法, 开发和编制了运行 GM(1, 1) 模型的 MATLAB 程序. 最后, 通过高速公路经济效益后评价来对 GM(1, 1) 的建模过程进行了梳理和总结.

　　GM(1, 1) 只是一种最常见的单变量灰色预测模型, 除此之外, 还有一些单变量灰色预测模型, 如离散灰色预测模型 DGM(1, 1)、均值差分 GM(1, 1) 模型、原始差分 GM(1, 1) 模型、无偏 GM(1, 1) 模型等, 有兴趣的读者可以查阅相关参考文献.

第4章 非齐次指数序列灰色预测模型

GM(1, 1) 模型的最终还原式表现为齐次指数形式. 因此, 当建模序列具有近齐次指数增长特征时, GM(1, 1) 具有较好的模拟及预测性能. 然而现实世界充满了复杂性和不确定性, 具有近齐次指数增长特征的序列只是一种理想状态下的特殊情况, 而更多的系统行为序列呈现出近似非齐次指数增长特征. 在这样的情况下, 若使用 GM(1, 1) 模型对近似非齐次指数增长序列进行建模, 其固有的建模机理与模型结构将导致我们很难获得一个满意的模拟及预测精度.

近年来, 围绕近似非齐次指数序列的灰色建模, 已经取得了一系列重要的创新性研究成果. 这些研究成果按照不同的建模思路, 可以分为以下三类.

(1) 从优化模型结构的角度, 对 GM(1, 1) 模型的基本形式 $x^{(0)}(k) + az^{(1)}(k) = b$ 进行拓展, 以确保模型最终累减生成式中包含常数项, 从而实现灰色预测模型建模对象从齐次指数序列到非齐次指数序列的拓展.

(2) 从建模对象适应性改造的角度, 将近似非齐次指数序列转换为近似齐次指数序列, 以确保转换后的新序列满足 GM(1, 1) 模型对建模序列的 "齐次性" 要求. 通过序列累减, 可实现非齐次指数序列到齐次指数序列的转换, 从而满足 GM(1, 1) 模型的建模要求.

(3) 从优化模型建模过程的角度, 若原始序列本身已具备指数增长特征, 就不必对该序列进行累加生成处理, 而是直接建立灰色模型. 由于不存在累加生成与累减生成, 因此模型最终表达式中包含常数项, 可实现对近似非齐次指数序列的建模.

本章主要介绍第 (1) 类非齐次指数序列的灰色预测模型的推导过程、参数求解及模型性质. 因为这类模型具有更好的模型性质与建模能力. 其他两类非齐次指数序列的灰色预测模型建模方法, 可查阅有关文献.

4.1 三参数离散灰色预测模型

经典 GM(1, 1) 模型中包含参数 a 和 b, 前者称为发展系数, 后者称为灰色作用量. 因此经典 GM(1, 1) 模型可称作双参数灰色预测模型. GM(1, 1) 是一个齐次指数模型, 其基本形式为 $x^{(0)}(k) + az^{(1)}(k) = b$. 为了实现 GM(1, 1) 从齐次指数模型到非齐次指数模型的拓展, 应在 GM(1, 1) 最终还原式基础上增加常数项. 为此, 需对传统 GM(1, 1) 模型基本形式进行改造, 以实现其还原式中常数项的增加.

4.1.1 三参数离散灰色预测模型的基本形式

定义 4.1.1 设序列 $X^{(0)} = \left(x^{(0)}(1), x^{(0)}(2), \cdots, x^{(0)}(n)\right)$, 其中 $x^{(0)}(k) \geqslant 0, k = 1, 2, \cdots, n$; $X^{(1)}$ 为 $X^{(0)}$ 的一次累加生成序列, 即

$$X^{(1)} = \left(x^{(1)}(1), x^{(1)}(2), \cdots, x^{(1)}(n)\right),$$

其中 $x^{(1)}(k) = \sum_{i=1}^{k} x^{(0)}(i)$, $k = 1, 2, \cdots, n$; $Z^{(1)}$ 为 $X^{(1)}$ 的紧邻均值生成序列, 即

$$Z^{(1)} = \left(z^{(1)}(2), z^{(1)}(3), \cdots, z^{(1)}(n)\right),$$

其中 $z^{(1)}(k) = 0.5 \times \left[x^{(1)}(k) + x^{(1)}(k-1)\right]$, $k = 2, 3, \cdots, n$, 则

$$x^{(0)}(k) + az^{(1)}(k) = kb + c. \tag{4.1.1}$$

公式 (4.1.1) 中同时包括参数 a, b, c, 故称其为三参数离散灰色预测模型 (three-parameter discrete grey model) 的基本形式. 这是含一阶导数及一个变量的差分方程. 仿照 GM(1, 1) 模型的命名方式, 公式 (4.1.1) 可简称为 TDGM(1, 1) 模型基本形式. TDGM(1, 1) 的网络模型, 如图 4.1.1 所示.

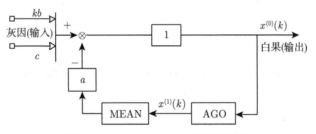

图 4.1.1 TDGM(1, 1) 的网络模型

TDGM(1, 1) 网络模型的输入输出原理与 GM(1, 1) 模型类似, 此处不再赘述.

TDGM(1, 1) 模型中, 参数 a 称为发展系数, 其大小反映了系统特征变量 $x^{(0)}(k)$ 的发展态势; 参数 b 称为灰色作用量, 用来代表影响系统发展的所有灰信息 (灰信息覆盖), kb 则表示灰作用量 b 的大小与时点 k 线性相关; 参数 c 称为随机扰动项或随机误差项, 用来代表主要变量以外的具有偶然性或微弱因素影响的信息.

4.1.2 三参数离散灰色预测模型的参数估计

参数估计是构建灰色预测模型的主要步骤之一, 其基本思路是以原始序列的模拟误差平方和最小为条件, 通过最小二乘法对 TDGM(1, 1) 模型的参数 a, b, c 进行估计.

定理 4.1.1   设序列 $X^{(0)}, X^{(1)}$ 及 $Z^{(1)}$ 如定义 4.1.1 所示, $\hat{p} = (a, b, c)^{\mathrm{T}}$ 为参数列, 且

$$
Y = \begin{bmatrix} x^{(0)}(2) \\ x^{(0)}(3) \\ \vdots \\ x^{(0)}(n) \end{bmatrix}, \quad B = \begin{bmatrix} -z^{(1)}(2) & 2 & 1 \\ -z^{(1)}(3) & 3 & 1 \\ \vdots & \vdots & \vdots \\ -z^{(1)}(n) & n & 1 \end{bmatrix},
$$

则 TDGM(1, 1) 模型 $x^{(0)}(k) + az^{(1)}(k) = kb + c$ 的最小二乘估计参数列满足

$$
\hat{p} = (a, b, c)^{\mathrm{T}} = \left(B^{\mathrm{T}}B\right)^{-1} B^{\mathrm{T}}Y.
$$

证明   将数据 $X^{(0)}, X^{(1)}$ 及 $Z^{(1)}$ 代入 TDGM(1, 1) 模型 $x^{(0)}(k) + az^{(1)}(k) = kb + c$, 可得

$$
\begin{cases} x^{(0)}(2) + az^{(1)}(2) = 2b + c, \\ x^{(0)}(3) + az^{(1)}(3) = 3b + c, \\ \quad \cdots\cdots \\ x^{(0)}(n) + az^{(1)}(n) = nb + c. \end{cases} \tag{4.1.2}
$$

方程组 (4.1.2) 可以表示为矩阵形式, 即

$$
Y = B\hat{p}. \tag{4.1.3}
$$

用 $-az^{(1)}(k) + kb + c$ 代替 $x^{(0)}(k)$, $k = 2, 3, \cdots, n$, 可得误差序列

$$
\varepsilon = Y - B\hat{p}. \tag{4.1.4}
$$

设

$$
s = \varepsilon^{\mathrm{T}}\varepsilon = (Y - B\hat{p})^{\mathrm{T}}(Y - B\hat{p}) = \sum_{k=2}^{n} \left[x^{(0)}(k) + az^{(1)}(k) - kb - c \right]^2.
$$

使 s 最小的参数列 $\hat{p} = (a, b, c)^{\mathrm{T}}$ 应满足

$$
\begin{cases} \dfrac{\partial s}{\partial a} = 2 \sum_{k=2}^{n} \left[x^{(0)}(k) + az^{(1)}(k) - kb - c \right] z^{(1)}(k) = 0, \\ \dfrac{\partial s}{\partial b} = -2 \sum_{k=2}^{n} \left[x^{(0)}(k) + az^{(1)}(k) - kb - c \right] k = 0, \\ \dfrac{\partial s}{\partial c} = -2 \sum_{k=2}^{n} \left[x^{(0)}(k) + az^{(1)}(k) - kb - c \right] = 0. \end{cases}
$$

整理得

$$
\begin{cases}
\displaystyle\sum_{k=2}^{n}\left[x^{(0)}(k)+az^{(1)}(k)-kb-c\right]z^{(1)}(k)=0, \\
\displaystyle\sum_{k=2}^{n}\left[x^{(0)}(k)+az^{(1)}(k)-kb-c\right]k=0, \\
\displaystyle\sum_{k=2}^{n}\left[x^{(0)}(k)+az^{(1)}(k)-kb-c\right]=0.
\end{cases}
\tag{4.1.5}
$$

根据方程组 (4.1.5) 可得

$$
B^{\mathrm{T}}\varepsilon=0\Rightarrow B^{\mathrm{T}}\left(Y-B\hat{p}\right)=0\Rightarrow B^{\mathrm{T}}Y-B^{\mathrm{T}}B\hat{p}=0\Rightarrow\hat{p}=\left(B^{\mathrm{T}}B\right)^{-1}B^{\mathrm{T}}Y.
$$

证明结束.

4.1.3 三参数离散灰色预测模型的时间响应函数

参数估计是构建灰色预测模型的第一步. 显然, 仅仅根据三参数离散灰色预测模型的基本形式 $x^{(0)}(k)+az^{(1)}(k)=kb+c$ 尚无法实现对系统发展特征变量 $\hat{x}^{(0)}(k)$ 的预测, 还需要建立三参数离散灰色预测模型的时间响应函数, 即系统特征变量 $\hat{x}^{(0)}(k)$ 与时间 k 的函数关系, 才能实现不同时点 k 对应 $\hat{x}^{(0)}(k)$ 大小的计算.

根据定义 4.1.1 可知

$$
x^{(1)}(k)=\sum_{i=1}^{k}x^{(0)}(k),\quad k=1,2,\cdots,n,
$$

则

$$
x^{(0)}(k)=x^{(1)}(k)-x^{(1)}(k-1),\quad k=2,3,\cdots,n.
\tag{4.1.6}
$$

又因为

$$
z^{(1)}(k)=0.5\times\left[x^{(1)}(k)+x^{(1)}(k-1)\right],\quad k=2,3,\cdots,n.
\tag{4.1.7}
$$

把公式 (4.1.6) 及 (4.1.7) 代入三参数灰色预测模型基本形式, 当 $k=2,3,\cdots,n$ 时, 可得

$$
x^{(0)}(k)+az^{(1)}(k)=kb+c
$$
$$
\rightarrow x^{(1)}(k)-x^{(1)}(k-1)+0.5a\times\left[x^{(1)}(k)+x^{(1)}(k-1)\right]=kb+c.
$$

整理得

$$
x^{(1)}(k)=\frac{1-0.5a}{1+0.5a}x^{(1)}(k-1)+\frac{b}{1+0.5a}k+\frac{c}{1+0.5a}.
\tag{4.1.8}
$$

在公式 (4.1.8) 中, 尽管 $\hat{p}=(a,b,c)^{\mathrm{T}}$ 已知, 但由于 $x^{(1)}(k-1)$ 未知, 故无法计算 $x^{(1)}(k)$. 因此, 需进一步分析当 $k=2,3,\cdots,n$ 时, 公式 (4.1.8) 的变化规律, 从而找到能直接计算 $x^{(1)}(k)$ 的时间响应函数.

根据公式 (4.1.8), 当 $k = 2$ 或 3 时, 可得如下等式

$$\hat{x}^{(1)}(2) = \frac{1-0.5a}{1+0.5a}x^{(1)}(1) + 2 \cdot \frac{b}{1+0.5a} + \frac{c}{1+0.5a}, \tag{4.1.9}$$

$$\hat{x}^{(1)}(3) = \frac{1-0.5a}{1+0.5a}\hat{x}^{(1)}(2) + 3 \cdot \frac{b}{1+0.5a} + \frac{c}{1+0.5a}. \tag{4.1.10}$$

把公式 (4.1.9) 代入 (4.1.10), 整理得

$$\hat{x}^{(1)}(3) = \left(\frac{1-0.5a}{1+0.5a}\right)^2 x^{(1)}(1) + \frac{1-0.5a}{1+0.5a}\left(2 \cdot \frac{b}{1+0.5a} + \frac{c}{1+0.5a}\right)$$
$$+ \left(3 \cdot \frac{b}{1+0.5a} + \frac{c}{1+0.5a}\right). \tag{4.1.11}$$

当 $k = 4$ 时,

$$\hat{x}^{(1)}(4) = \frac{1-0.5a}{1+0.5a}\hat{x}^{(1)}(3) + 4 \cdot \frac{b}{1+0.5a} + \frac{c}{1+0.5a}. \tag{4.1.12}$$

类似地, 把公式 (4.1.11) 代入 (4.1.12), 整理得

$$\hat{x}^{(1)}(4) = \left(\frac{1-0.5a}{1+0.5a}\right)^3 x^{(1)}(1) + \left(\frac{1-0.5a}{1+0.5a}\right)^2\left(2 \cdot \frac{b}{1+0.5a} + \frac{c}{1+0.5a}\right)$$
$$+ \frac{1-0.5a}{1+0.5a}\left(3 \cdot \frac{b}{1+0.5a} + \frac{c}{1+0.5a}\right) + \left(4 \cdot \frac{b}{1+0.5a} + \frac{c}{1+0.5a}\right).$$
$$\cdots\cdots \tag{4.1.13}$$

当 $k = u$ 时, $u = 2, 3, \cdots, n$, 将 $\hat{x}^{(1)}(u-1)$ 的表达式代入 $\hat{x}^{(1)}(u)$, 可得

$$\hat{x}^{(1)}(u) = \frac{1-0.5a}{1+0.5a}\hat{x}^{(1)}(u-1) + u \cdot \frac{b}{1+0.5a} + \frac{c}{1+0.5a}. \tag{4.1.14}$$

将公式 (4.1.14) 展开、合并及整理, 得

$$\hat{x}^{(1)}(u) = \left(\frac{1-0.5a}{1+0.5a}\right)^{u-1} x^{(1)}(1) + \left(\frac{1-0.5a}{1+0.5a}\right)^{u-2}\left(2 \cdot \frac{b}{1+0.5a} + \frac{c}{1+0.5a}\right)$$
$$+ \left(\frac{1-0.5a}{1+0.5a}\right)^{u-3}\left(3 \cdot \frac{b}{1+0.5a} + \frac{c}{1+0.5a}\right) + \cdots + \left(\frac{1-0.5a}{1+0.5a}\right)^1$$
$$\times \left[(u-1) \cdot \frac{b}{1+0.5a} + \frac{c}{1+0.5a}\right] + \left(\frac{1-0.5a}{1+0.5a}\right)^0\left(u \cdot \frac{b}{1+0.5a} + \frac{c}{1+0.5a}\right). \tag{4.1.15}$$

公式 (4.1.15) 可简化为

$$\hat{x}^{(1)}(u) = x^{(1)}(1) \cdot \left(\frac{1-0.5a}{1+0.5a}\right)^{u-1} + \sum_{g=0}^{u-2}\left[(u-g) \cdot \frac{b}{1+0.5a} + \frac{c}{1+0.5a}\right]\left(\frac{1-0.5a}{1+0.5a}\right)^g. \tag{4.1.16}$$

根据定义 4.1.1 可知 $\hat{x}^{(0)}(k) = \hat{x}^{(1)}(k) - \hat{x}^{(1)}(k-1)$, 故

$$
\begin{aligned}
\hat{x}^{(0)}(k) = & x^{(1)}(1) \cdot \left(\frac{1-0.5a}{1+0.5a}\right)^{(k-1)} + \sum_{g=0}^{k-2}\left[(k-g)\cdot\frac{b}{1+0.5a}+\frac{c}{1+0.5a}\right]\left(\frac{1-0.5a}{1+0.5a}\right)^{g} \\
& - x^{(1)}(1)\left(\frac{1-0.5a}{1+0.5a}\right)^{(k-2)} - \sum_{g=0}^{k-3}\left[(k-g-1)\cdot\frac{b}{1+0.5a}\right. \\
& \left. + \frac{c}{1+0.5a}\right]\left(\frac{1-0.5a}{1+0.5a}\right)^{g}.
\end{aligned}
\tag{4.1.17}
$$

整理公式 (4.1.17) 可得

$$
\begin{aligned}
\hat{x}^{(0)}(k) = & \left[x^{(0)}(1)\left(\frac{1-0.5a}{1+0.5a}-1\right)+\left(2\cdot\frac{b}{1+0.5a}+\frac{c}{1+0.5a}\right)\right]\left(\frac{1-0.5a}{1+0.5a}\right)^{(k-2)} \\
& + \sum_{g=0}^{k-3}\frac{b}{1+0.5a}\left(\frac{1-0.5a}{1+0.5a}\right)^{(g)}.
\end{aligned}
\tag{4.1.18}
$$

令

$$
\alpha = x^{(0)}(1)\left(\frac{1-0.5a}{1+0.5a}-1\right)+\left(2\cdot\frac{b}{1+0.5a}+\frac{c}{1+0.5a}\right),
$$

$$
\beta = \frac{1-0.5a}{1+0.5a}, \quad \gamma = \frac{b}{1+0.5a}.
$$

则公式 (4.1.18) 可简化为

$$
\hat{x}^{(0)}(k) = \alpha\beta^{k-2} + \sum_{g=0}^{k-3}\gamma\beta^{g}.
\tag{4.1.19}
$$

公式 (4.1.19) 即为基于三参数离散灰色预测模型 TDGM(1, 1) 的时间响应函数, 其中 $k = 2, 3, \cdots, n, \cdots$. 当 $k = 2, 3, \cdots, n$ 时, $\hat{x}^{(0)}(k)$ 称为模拟值; 当 $k = n+1, n+2, \cdots$ 时, $\hat{x}^{(0)}(k)$ 称为预测值.

4.2 三参数白化灰色预测模型

三参数离散灰色预测模型直接基于 $x^{(0)}(k) + az^{(1)}(k) = kb + c$ 推导 $\hat{x}^{(0)}(k)$ 与 k 的函数关系. 另外, 可以按照经典 GM(1, 1) 模型时间响应函数的推导过程, 通过建立三参数灰色预测模型的白化方程 (影子方程), 然后通过解微分方程来推导 $\hat{x}^{(0)}(k)$ 与 k 的函数关系. 该模型称为三参数白化灰色预测模型 (three-parameter whitenization grey model), 简称 TWGM(1, 1) 模型.

4.2.1　TWGM(1, 1) 模型的白化方程与基本形式

定义 4.2.1　设序列 $X^{(0)}$ 及 $X^{(1)}$ 如定义 4.1.1 所示, 则称

$$\frac{\mathrm{d}\,x^{(1)}}{\mathrm{d}t} + a\,x^{(1)} = bt + c \tag{4.2.1}$$

为 TWGM(1, 1) 模型的白化微分方程.

对公式 (4.2.1) 两端在区间 $[k-1, k]$ 上进行积分, 可得

$$\int_{k-1}^{k} \mathrm{d}\,x^{(1)}\,(t) + a\int_{k-1}^{k} x^{(1)}\,(t)\,\mathrm{d}t = \int_{k-1}^{k} bt\mathrm{d}t + \int_{k-1}^{k} c\mathrm{d}t.$$

因为

$$\int_{k-1}^{k} \mathrm{d}\,x^{(1)}\,(t) = x^{(1)}\,(k) - x^{(1)}\,(k-1) = x^{(0)}\,(k)\,,$$

$$\int_{k-1}^{k} bt\mathrm{d}t = 0.5\,(2k-1)\,b,$$

$$\int_{k-1}^{k} c\mathrm{d}t = c.$$

故公式 (4.2.1) 可以转化为

$$x^{(0)}\,(k) + a\int_{k-1}^{k} x^{(1)}\,(t)\,\mathrm{d}t = 0.5\,(2k-1)\,b + c. \tag{4.2.2}$$

比较公式 (4.2.2) 及公式 (4.1.1), 不难发现公式 (4.1.1) 中背景值是通过梯形公式的面积来近似替代 $z^{(1)}\,(k)$, 即

$$z^{(1)}\,(k) = \int_{k-1}^{k} x^{(1)}\,(t)\,\mathrm{d}t \approx 0.5 \times \left[x^{(1)}\,(k) + x^{(1)}\,(k-1)\right].$$

故公式 (4.2.2) 可转换为

$$x^{(0)}\,(k) + a\,z^{(1)}\,(k) = 0.5\,(2k-1)\,b + c. \tag{4.2.3}$$

公式 (4.2.3) 称为 TWGM(1, 1) 模型的基本形式.

按照 GM(1, 1) 模型的建模思路, 通过 TWGM(1, 1) 模型的基本形式 (4.2.3) 估计模型参数 a, b, c, 通过解微分方程 (4.2.1) 得 TWGM(1, 1) 模型的时间响应函数.

4.2.2 TWGM(1, 1) 模型的参数估计与时间响应函数

定理 4.2.1 设序列 $X^{(0)}, X^{(1)}$ 及 $Z^{(1)}$ 如定义 4.1.1 所示, $\hat{p} = (a, b, c)^{\mathrm{T}}$ 为参数列, 且

$$
Y = \begin{bmatrix} x^{(0)}(2) \\ x^{(0)}(3) \\ \vdots \\ x^{(0)}(n) \end{bmatrix}, \quad B = \begin{bmatrix} -z^{(1)}(2) & 3/2 & 1 \\ -z^{(1)}(3) & 5/2 & 1 \\ \vdots & \vdots & \vdots \\ -z^{(1)}(n) & (2n-1)/2 & 1 \end{bmatrix},
$$

则 TWGM(1, 1) 模型 $x^{(0)}(k) + z^{(1)}(k) = 0.5(2k - 1)b + c$ 的最小二乘估计参数列满足

$$
\hat{p} = (a, b, c)^{\mathrm{T}} = \left(B^{\mathrm{T}}B\right)^{-1} B^{\mathrm{T}} Y.
$$

证明过程与定理 4.1.1 类似, 此处略.

现求解白化微分方程的时间响应函数, 根据公式 (4.2.1) 可知, 其对应的齐次方程为

$$
\frac{\mathrm{d}x^{(1)}(t)}{\mathrm{d}t} + a x^{(1)}(t) = 0 \Rightarrow \frac{\mathrm{d}x^{(1)}(t)}{\mathrm{d}t} = -a x^{(1)}(t), \tag{4.2.4}
$$

则有

$$
\ln |x^{(1)}| = -at + \ln |C_1|.
$$

齐次方程 (4.2.4) 的通解为

$$
x^{(1)}(t) = C_1 \mathrm{e}^{-at}. \tag{4.2.5}
$$

用常数变易法, 把 (4.2.5) 式 C_1 换成 $u(t)$, 并令

$$
x^{(1)}(t) = u(t)\, \mathrm{e}^{-at}, \tag{4.2.6}
$$

对 (4.2.6) 式两端对 t 求导得

$$
\frac{\mathrm{d}x^{(1)}(t)}{\mathrm{d}t} = u'(t)\, \mathrm{e}^{-at} - a u(t)\, \mathrm{e}^{-at}. \tag{4.2.7}
$$

将 (4.2.7) 代入 (4.2.1) 得

$$
u'(t)\, \mathrm{e}^{-at} - a u(t)\, \mathrm{e}^{-at} = bt + c - a x^{(1)}(t).
$$

因为 $u'(t) = (bt + c)\, \mathrm{e}^{at}$, 故

$$
u(t) = \int (bt + c)\mathrm{e}^{at}\mathrm{d}t = b \int t\mathrm{e}^{at}\mathrm{d}t + c \int \mathrm{e}^{at}\mathrm{d}t,
$$

即

$$u(t) = \frac{b}{a}\left(te^{at} - \frac{1}{a}e^{at}\right) + \frac{c}{a}e^{at} + C = \frac{b}{a}te^{at} - \frac{b}{a^2}e^{at} + \frac{c}{a}e^{at} + C. \tag{4.2.8}$$

把 (4.2.8) 代入 (4.2.6) 得

$$x^{(1)}(t) = \left(\frac{b}{a}te^{at} - \frac{b}{a^2}e^{at} + \frac{c}{a}e^{at} + C\right)e^{-at}, \tag{4.2.9}$$

整理得

$$x^{(1)}(t) = \frac{b}{a}t - \frac{b}{a^2} + \frac{c}{a} + Ce^{-at}. \tag{4.2.10}$$

当 $t = 1$ 时, 可得

$$x^{(1)}(1) = Ce^{-a} + \frac{b}{a} - \frac{b}{a^2} + \frac{c}{a}. \tag{4.2.11}$$

解得

$$C = \frac{x^{(1)}(1) - \dfrac{b}{a} + \dfrac{b}{a^2} - \dfrac{c}{a}}{e^{-a}}. \tag{4.2.12}$$

把公式 (4.2.12) 代入公式 (4.2.10), 得

$$x^{(1)}(t) = \left(x^{(1)}(1) - \frac{b}{a} + \frac{b}{a^2} - \frac{c}{a}\right)e^{-a(t-1)} + \frac{b}{a}t - \frac{b}{a^2} + \frac{c}{a}. \tag{4.2.13}$$

公式 (4.2.13) 的最终还原式为

$$\hat{x}^{(0)}(t) = \hat{x}^{(1)}(t) - \hat{x}^{(1)}(t-1) = (1 - e^a)\left[x^{(0)}(1) - \frac{b}{a} + \frac{b}{a^2} - \frac{c}{a}\right]e^{-a(t-1)} + \frac{b}{a}. \tag{4.2.14}$$

令

$$\alpha = (1 - e^a)\left[x^{(0)}(1) - \frac{b}{a} + \frac{b}{a^2} - \frac{c}{a}\right], \quad \beta = \frac{b}{a}.$$

则公式 (4.2.14) 可简化为

$$\hat{x}^{(0)}(k) = \alpha e^{-a(k-1)} + \beta. \tag{4.2.15}$$

公式 (4.2.15) 即为基于 TWGM(1, 1) 模型的时间响应函数, 其中 $k = 2, 3, \cdots,$ $n, \cdots$. 当 $k = 2, 3, \cdots, n$ 时, $\hat{x}^{(0)}(k)$ 称为模拟值; 当 $t = n + 1, n + 2, \cdots$ 时, $\hat{x}^{(0)}(k)$ 称为预测值.

4.2.3　TWGM(1, 1) 模型的建模步骤

构建 TWGM(1, 1) 模型, 首先是搜集能反映系统运行行为特征的序列数据, 在此基础上按照以下步骤来进行建模、预测和分析.

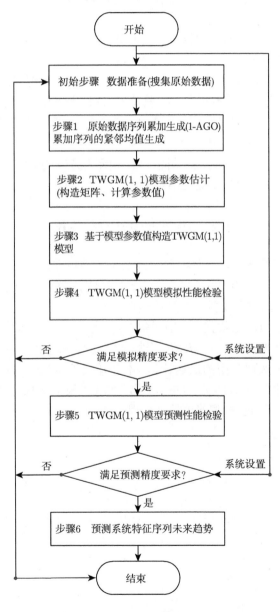

图 4.2.1　TWGM(1, 1) 模型的建模流程图

步骤 1　建模原始序列预处理. 根据定义 4.1.1, 计算原始数据序列的一次累加生成序列 $X^{(1)}$ 及 $X^{(1)}$ 紧邻均值生成序列 $Z^{(1)}$.

步骤 2　矩阵构造与参数估计. 根据定理 4.2.1, 构造矩阵 B 以及 Y, 并估计 TWGM(1, 1) 模型参数 a, b, c.

步骤 3　模型构建. 根据公式 (4.2.15) 及参数 a, b, c, 可构建 TWGM(1, 1) 模型.

步骤 4　模拟数据计算. 根据所构建的 TWGM(1, 1) 模型, 可计算模拟值、残差及平均相对模拟误差.

步骤 5　预测数据计算. 若 TWGM(1, 1) 模拟精度满足要求, 则应用 TWGM(1, 1) 模型进行预测, 并计算预测数据、残差及平均相对预测误差.

步骤 6　系统未来趋势预测. 若 TWGM(1,1) 满足预测精度要求, 则应用 TWGM(1, 1) 对未来进行趋势预测.

TWGM(1, 1) 的建模流程图, 如图 4.2.1 所示. 另外, TDGM(1, 1) 的建模流程用户 TWGM(1, 1) 模型类似, 此处不再赘述.

4.3　模型性能比较分析

第 3 章介绍了经典灰色预测模型 GM(1, 1) 模型, 本章介绍了两个三参数灰色预测模型: TDGM(1, 1) 及 TWGM(1, 1). 下面, 分别通过五个代表性序列来比较和分析上述三个模型面对不同类型序列的建模能力.

每个序列共有 15 组数据, 分别用每个序列的前 10 组数据建立 GM(1, 1), TDGM(1, 1) 及 TWGM(1, 1) 模型, 用每个序列对应的后 5 组数据来计算模型的预测误差. 为了实现模型的快速计算, 本书开发了 GM(1, 1), TDGM(1, 1) 及 TWGM(1, 1) 模型的 MATLAB 程序, 该程序实现了模型参数计算、数据模拟与预测、模型误差计算等灰色模型建模的全过程.

4.3.1　齐次指数序列

$$X_1 : x_1^{(0)}(k) = 0.8 \times 1.5^k, \quad k = 1, 2, \cdots, 15,$$

$$X_1 = \left(x_1^{(0)}(1), x_1^{(0)}(2), \cdots, x_1^{(0)}(15) \right) = (1.2, 1.8, \cdots, 350.3151).$$

如表 4.3.1 所示,

表 4.3.1 GM(1, 1), TDGM(1, 1) 及 TWGM(1, 1) 模型对齐次指数序列的
模拟及预测结果

k	实际数据 $x_1^{(0)}(k)$	GM(1, 1) 模型 $a=-0.4000;$ $b=-0.9600$		TDGM(1, 1) 模型 $a=-0.4000; b=0.0000;$ $c=0.9600$		TWGM(1, 1) $a=-0.4000; b=0.0000;$ $c=0.9600$	
		模拟值 $\hat{x}_1^{(0)}(k)$	模拟误差 $\Delta_k/\%$	模拟值 $\hat{x}_1^{(0)}(k)$	模拟误差 $\Delta_k/\%$	模拟值 $\hat{x}_1^{(0)}(k)$	模拟误差 $\Delta_k/\%$
模拟数据							
$k=1$	1.2000	1.2000	0.0000	1.2000	0.0000	1.2000	0.0000
$k=2$	1.8000	1.7706	1.6346	1.8000	0.0000	1.7706	1.6353
$k=3$	2.7000	2.6414	2.1707	2.7000	0.0000	2.6414	2.1712
$k=4$	4.0500	3.9405	2.7040	4.0500	0.0000	3.9405	2.7043
$k=5$	6.0750	5.8785	3.2343	6.0750	0.0000	5.8785	3.2345
$k=6$	9.1125	8.7697	3.7617	9.1125	0.0000	8.7697	3.7619
$k=7$	13.6688	13.0829	4.2866	13.6688	0.0000	13.0828	4.2868
$k=8$	20.5031	19.5173	4.8078	20.5031	0.0000	19.5173	4.8080
$k=9$	30.7547	29.1165	5.3268	30.7547	0.0000	29.1164	5.3271
$k=10$	46.1320	43.4366	5.8428	46.1320	0.0000	43.4365	5.8430
平均相对模拟误差			3.75%		0.00%		3.75%
预测数据							
		预测值 $\hat{x}_5^{(0)}(k)$	预测误差 $\Delta_k/\%$	预测值 $\hat{x}_5^{(0)}(k)$	预测误差 $\Delta_k/\%$	预测值 $\hat{x}_5^{(0)}(k)$	预测误差 $\Delta_k/\%$
$k=11$	69.1980	64.7998	6.3560	69.1979	0.0000	64.7996	6.3562
$k=12$	103.7971	96.6699	6.8665	103.7968	0.0000	96.6696	6.8667
$k=13$	155.6956	144.2145	7.3741	155.6952	0.0000	144.2140	7.3744
$k=14$	233.5434	215.1427	7.8789	233.5426	0.0000	215.1419	7.8793
$k=15$	350.3151	320.9551	8.3810	350.3136	0.0000	320.9538	8.3814
平均相对预测误差			7.37%		0.00%		7.37%

4.3.2 非齐次指数序列

$$X_2 : x_2^{(0)}(k) = 1.3 \times 1.8^k + 3.5, \quad k = 1, 2, \cdots, 15,$$

$$X_2 = \left(x_2^{(0)}(1), x_2^{(0)}(2), \cdots, x_2^{(0)}(15)\right) = (5.840, 7.7120, \cdots, 8774.1328).$$

如表 4.3.2 所示.

表 4.3.2　GM(1, 1), TDGM(1, 1) 及 TWGM(1, 1) 模型对非齐次指数序列的模拟及预测结果

k	实际数据 $x_2^{(0)}(k)$	GM(1, 1) 模型 $a=-0.5544;$ $b=-2.1191$		TDGM(1, 1) 模型 $a=-0.5714;b=-2.000;$ $c=6.1714$		TWGM(1, 1) $a=-0.5714;b=-2.000;$ $c=5.1714$	
		模拟值 $\hat{x}_2^{(0)}(k)$	模拟误差 $\Delta_k/\%$	模拟值 $\hat{x}_2^{(0)}(k)$	模拟误差 $\Delta_k/\%$	模拟值 $\hat{x}_2^{(0)}(k)$	模拟误差 $\Delta_k/\%$
模拟数据							
$k=1$	5.8400	5.8400	0.0000	5.8400	0.0000	5.8400	0.0000
$k=2$	7.7120	1.4953	80.6108	7.7120	0.0000	7.5582	1.9938
$k=3$	11.0816	2.6033	76.5083	11.0816	0.0000	10.6863	3.5671
$k=4$	17.1469	4.5322	73.5685	17.1469	0.0000	16.2255	5.3737
$k=5$	28.0644	7.8904	71.8847	28.0644	0.0000	26.0342	7.2341
$k=6$	47.7159	13.7369	71.2110	47.7159	0.0000	43.4035	9.0378
$k=7$	83.0886	23.9155	71.2168	83.0886	0.0000	74.1608	10.7449
$k=8$	146.7595	41.6362	71.6296	146.7595	0.0000	128.6258	12.3560
$k=9$	261.3671	72.4873	72.2661	261.3671	0.0000	225.0722	13.8866
$k=10$	467.6607	126.1981	73.0150	467.6607	0.0000	395.8588	15.3534
平均相对模拟误差			73.55%		0.00%		8.84%
预测数据							
		预测值 $\hat{x}_5^{(0)}(k)$	预测误差 $\Delta_k/\%$	预测值 $\hat{x}_5^{(0)}(k)$	预测误差 $\Delta_k/\%$	预测值 $\hat{x}_5^{(0)}(k)$	预测误差 $\Delta_k/\%$
$k=11$	838.9893	219.7069	73.8129	838.9892	0.0000	698.2870	16.7705
$k=12$	1507.3808	382.5026	74.6247	1507.3805	0.0000	1233.8252	18.1477
$k=13$	2710.4854	665.9249	75.4315	2710.4846	0.0000	2182.1536	19.4921
$k=14$	4876.0738	1159.3540	76.2236	4876.0720	0.0000	3861.4485	20.8082
$k=15$	8774.1328	2018.3984	76.9960	8774.1288	0.0000	6835.1351	22.0990
平均相对预测误差			75.42%		0.00%		19.46%

4.3.3　近似非齐次指数序列

$$X_3 : x_3^{(0)}(k) \approx 1.3 \times 1.4^k + 1.6, \quad k=1,2,\cdots,15,$$

$$X_3 = \left(x_3^{(0)}(1), x_3^{(0)}(2), \cdots, x_3^{(0)}(15)\right) = (3.3200, 4.2480, \cdots, 203.8385).$$

如表 4.3.3 所示.

表 4.3.3 GM(1, 1), TDGM(1, 1) 及 TWGM(1, 1) 模型对近似非齐次指数序列的模拟及预测结果

k	实际数据 $x_3^{(0)}(k)$	GM(1, 1) 模型 $a = -0.3026;$ $b = 1.7312$		TDGM(1, 1) 模型 $a = -0.3294;$ $b = -0.4107;$ $c = 2.9782$		TWGM(1, 1) $a = -0.3294;$ $b = -0.4107;$ $c = 2.7728$	
		模拟值 $\hat{x}_3^{(0)}(k)$	模拟误差 $\Delta_k/\%$	模拟值 $\hat{x}_3^{(0)}(k)$	模拟误差 $\Delta_k/\%$	模拟值 $\hat{x}_3^{(0)}(k)$	模拟误差 $\Delta_k/\%$
模拟数据							
$k = 1$	3.3200	3.3200	0.0000	3.3200	0.0000	3.3200	0.0000
$k = 2$	4.2480	3.1949	24.7917	3.8912	8.3990	3.8629	9.0644
$k = 3$	5.1672	4.3238	16.3229	4.9340	4.5130	4.8836	5.4892
$k = 4$	5.6041	5.8516	4.4160	6.3880	13.9885	6.3024	12.4598
$k = 5$	8.6217	7.9193	8.1474	8.4155	2.3922	8.2747	4.0248
$k = 6$	11.4084	10.7175	6.0557	11.2424	1.4550	11.0165	3.4351
$k = 7$	15.4138	14.5046	5.8984	15.1842	1.4897	14.8280	3.8004
$k = 8$	20.8853	19.6299	6.0110	20.6804	0.9810	20.1265	3.6330
$k = 9$	28.5594	26.5662	6.9792	28.3441	0.7538	27.4922	3.7367
$k = 10$	39.3031	35.9534	8.5227	39.0301	0.6947	37.7316	3.9985
平均相对模拟误差			9.68%		3.85%		5.52%
预测数据							
		预测值 $\hat{x}_5^{(0)}(k)$	预测误差 $\Delta_k/\%$	预测值 $\hat{x}_5^{(0)}(k)$	预测误差 $\Delta_k/\%$	预测值 $\hat{x}_5^{(0)}(k)$	预测误差 $\Delta_k/\%$
$k = 11$	55.2443	48.6577	11.9227	53.9300	2.3790	51.9657	5.9348
$k = 12$	75.9021	65.8510	13.2422	74.7059	1.5760	71.7530	5.4663
$k = 13$	106.7829	89.1197	16.5412	103.6748	2.9106	99.2603	7.0448
$k = 14$	146.3561	120.6105	17.5911	144.0678	1.5635	137.4992	6.0516
$k = 15$	203.8385	163.2286	19.9226	200.3900	1.6918	190.6565	6.4669
平均相对预测误差			15.84%		2.02%		6.19%

4.3.4 线性函数序列

$$X_4 : x_4^{(0)}(k) = 2.4k + 3.5, \quad k = 1, 2, \cdots, 15,$$

$$X_4 = \left(x_4^{(0)}(1), x_4^{(0)}(2), \cdots, x_4^{(0)}(15) \right) = (5.9, 8.3, \cdots, 39.5).$$

如表 4.3.4 所示.

表 4.3.4　GM(1, 1), TDGM(1, 1) 及 TWGM(1, 1) 模型对线性函数序列的模拟及预测结果

k	实际数据 $x_4^{(0)}(k)$	GM(1, 1) 模型 $a = -0.1311;$ $b = 8.6672$		TDGM(1, 1) 模型 $a = 0.0000;$ $b = 2.4000;$ $c = 3.5000$		TWGM(1, 1) $a = 0.0000;$ $b = 2.4000;$ $c = 4.7000$	
		模拟值 $\hat{x}_4^{(0)}(k)$	模拟误差 $\Delta_k/\%$	模拟值 $\hat{x}_4^{(0)}(k)$	模拟误差 $\Delta_k/\%$	模拟值 $\hat{x}_4^{(0)}(k)$	模拟误差 $\Delta_k/\%$
模拟数据							
$k = 1$	5.9000	5.9000	0.0000	5.9000	0.0000	5.9000	0.0000
$k = 2$	8.3000	10.0870	21.5296	8.3000	0.0000	$-5.9882e13$	7.2147e14
$k = 3$	10.7000	11.4994	7.4713	10.7000	0.0000	$-5.9882e13$	5.5964e14
$k = 4$	13.1000	13.1097	0.0741	13.1000	0.0000	$-5.9882e13$	4.5711e14
$k = 5$	15.5000	14.9455	3.5777	15.5000	0.0000	$-5.9882e13$	3.8633e14
$k = 6$	17.9000	17.0383	4.8141	17.9000	0.0000	$-5.9882e13$	3.3453e14
$k = 7$	20.3000	19.4241	4.3146	20.3000	0.0000	$-5.9882e13$	2.9498e14
$k = 8$	22.7000	22.1441	2.4489	22.7000	0.0000	$-5.9882e13$	2.6380e14
$k = 9$	25.1000	25.2450	0.5775	25.1000	0.0000	$-5.9882e13$	2.3857e14
$k = 10$	27.5000	28.7800	4.6546	27.5000	0.0000	$-5.9882e13$	2.1775e14
平均相对模拟误差			5.50%		0.00%		3.86e14%
预测数据							
		预测值 $\hat{x}_5^{(0)}(k)$	预测误差 $\Delta_k/\%$	预测值 $\hat{x}_5^{(0)}(k)$	预测误差 $\Delta_k/\%$	预测值 $\hat{x}_5^{(0)}(k)$	预测误差 $\Delta_k/\%$
$k = 11$	29.9	32.8101	9.7327	29.9000	0.0000	$-5.9882e13$	2.0027e14
$k = 12$	32.3	37.4045	15.8033	32.3000	0.0000	$-5.9882e13$	1.8539e14
$k = 13$	34.7	42.6422	22.8883	34.7000	0.0000	$-5.9882e13$	1.7257e14
$k = 14$	37.1	48.6134	31.0335	37.1000	0.0000	$-5.9882e13$	1.6141e14
$k = 15$	39.5	55.4208	40.3058	39.5000	0.0000	$-5.9882e13$	1.5160e14
平均相对预测误差			23.95%		0.00%		1.74e14%

4.3.5　随机数序列

$$X_5 = \left(x_5^{(0)}(1), x_5^{(0)}(2), \cdots, x_5^{(0)}(15) \right) = (78.3571, 35.0894, \cdots, 79.3541).$$

如表 4.3.5 所示.

表 4.3.5 GM(1, 1), TDGM(1, 1) 及 TWGM(1, 1) 模型对随机数序列的模拟及预测结果

k	实际数据 $x_5^{(0)}(k)$	GM(1, 1) 模型 $a = -0.0854;$ $b = -33.9309$		TDGM(1, 1) 模型 $a = 0.2045; b = 18.3109;$ $c = 15.4925$		TWGM(1, 1) $a = 0.2045; b = -18.3109;$ $c = 24.6479$	
		模拟值 $\hat{x}_5^{(0)}(k)$	模拟误差 $\Delta_k/\%$	模拟值 $\hat{x}_5^{(0)}(k)$	模拟误差 $\Delta_k/\%$	模拟值 $\hat{x}_5^{(0)}(k)$	模拟误差 $\Delta_k/\%$
模拟数据							
$k = 1$	78.3571	78.3571	0.0000	78.3571	0.0000	78.3571	0.0000
$k = 2$	35.0894	42.4083	20.8579	32.7398	6.6959	32.9187	6.1861
$k = 3$	40.8045	46.1894	13.1969	43.2769	6.0592	43.3895	6.3351
$k = 4$	48.9120	50.3077	2.8535	51.8588	6.0247	51.9235	6.1571
$k = 5$	58.0352	54.7932	5.5863	58.8483	1.4010	58.8790	1.4540
$k = 6$	66.4530	59.6785	10.1944	64.5409	2.8774	64.5480	2.8667
$k = 7$	77.8831	64.9995	16.5423	69.1772	11.1782	69.1684	11.1895
$k = 8$	68.2308	70.7949	3.7579	72.9532	6.9212	72.9341	6.8932
$k = 9$	73.0020	77.1069	5.6231	76.0285	4.1458	76.0033	4.1113
$k = 10$	79.3541	83.9818	5.8317	78.5333	1.0344	78.5048	1.0702
平均相对模拟误差			9.38%		5.15%		5.14%
预测数据							
		预测值 $\hat{x}_5^{(0)}(k)$	预测误差 $\Delta_k/\%$	预测值 $\hat{x}_5^{(0)}(k)$	预测误差 $\Delta_k/\%$	预测值 $\hat{x}_5^{(0)}(k)$	预测误差 $\Delta_k/\%$
$k = 11$	69.4681	91.4697	31.6715	80.5732	15.9858	80.5436	15.9433
$k = 12$	77.5767	99.6251	28.4214	82.2347	6.0043	82.2053	5.9665
$k = 13$	68.9821	108.5077	57.2984	83.5878	21.1732	83.5596	21.1323
$k = 14$	56.9072	118.1823	107.6755	84.6899	48.8211	84.6635	48.7746
$k = 15$	79.7841	128.7195	61.3347	85.5875	7.2739	85.5631	7.2433
平均相对预测误差			57.28%		19.85%		19.81%

本小节分别应用 GM(1, 1), TDGM(1, 1) 及 TWGM(1, 1) 构建了齐次指数序列、非齐次指数序列、近似非齐次指数序列、线性函数序列及随机数序列的灰色预测模型. 为了直观比较不同模型对五种典型序列的模拟及预测性能, 将表 4.3.1~表 4.3.5 中的平均相对模拟/预测误差进行了整理, 如表 4.3.6 所示.

表 4.3.6　GM(1, 1), TDGM(1, 1) 及 TWGM(1, 1) 模型对不同序列的模拟及预测结果对比表

建模对象	平均相对模拟误差			平均相对预测误差		
	GM(1, 1)	TDGM(1, 1)	TWGM(1, 1)	GM(1, 1)	TDGM(1, 1)	TWGM(1, 1)
齐次指数序列	3.75%	0.00%	3.75%	7.37%	0.00%	7.37%
非齐次指数序列	73.55%	0.00%	8.84%	75.42%	0.00%	19.46%
近似非齐次指数序列	9.68%	3.85%	5.52%	15.84%	2.02%	6.19%
线性函数序列	5.50%	0.00%	无意义	23.95%	0.00%	无意义
随机数序列	9.38%	5.15%	5.14%	57.28%	19.85%	19.81%

根据表 4.3.6, 我们可以得到如下结论.

(a) TDGM(1, 1) 模型对齐次指数序列、非齐次指数序列及线性函数序列的平均相对模拟/预测误差均为 0, 表明 TDGM(1, 1) 模型能实现对上述三种序列的完全拟合; 对近似非齐次指数序列, 其模型性能也相对最好.

(b) GM(1, 1) 模型对非齐次指数序列的平均相对模拟/预测误差均在 70% 以上, 表明 GM(1, 1) 模型的指数结构形式难以适应对非齐次指数序列的建模需求; 对近似非齐次指数序列, 其模型性能反而优于非齐次指数序列.

(c) TWGM(1, 1) 模型是非齐次指数模型, 但是该模型对非齐次指数序列及近似非齐次指数序列的综合建模能力尽管优于 GM(1, 1) 模型, 但总体表现令人失望. 尤其是对非齐次指数序列的平均相对预测误差高达 19.46%.

综合来看, TDGM(1, 1) 模型能够实现对齐次/非齐次指数序列及线性函数序列的完全拟合. 建模时, 无须考虑建模序列是齐次指数序列还是非齐次指数序列或线性函数序列. 该结论在实际应用中十分重要, 因为现实生活中建模数据很难完全满足齐次指数或非齐次指数特征, TDGM(1, 1) 模型则突破了传统灰色预测模型只能面向 (近似) 齐次或 (近似) 非齐次指数序列的限制, 具有更强大的模拟与预测能力.

4.4　模型应用: 中国天然气需求量预测

4.4.1　中国天然气消费现状与数据特征

随着世界经济迅速发展, 人口急剧增加, 能源消费不断增长, 温室气体和各种有害物质排放激增, 人类生存环境面临极大挑战. 在这种形势下, 清洁、高热值的天然气能源正日益受到人们的青睐, 发展天然气工业已成为世界各国改善环境和促进经济可持续发展的最佳选择. 目前天然气已经成为世界能源消费和工业原材料的重要组成部分.

我国政府为了帮助清洁雾蒙蒙的天空和减少二氧化碳的排放, 目前正扩大天然气等清洁能源在能源需求组合中的作用. 随着中国民用及工业对天然气需求的持续增加, 目前中国已超过日本成为世界上最大的天然气进口国. 仅 2018 年, 中国进口天然气就高达 1254 亿立方米, 增速高达 31.7%.

天然气供需双方须遵守 "照付不议" 的国际规则. 所谓 "照付不议", 是天然气供应的国际惯例和规则, 就是指在市场变化情况下, 付费不得变更, 用户用气未达到此量, 仍须按此量付款; 供气方供气未达到此量时, 要对用户作相应补偿. 如果用户在年度内提取的天然气量小于当年合同量, 可以三年内进行补提.

在天然气 "照付不议" 的国际交易规则及我国对天然气需求量迅速增加的大背景下, 天然气的稳定有序供应已成为威胁我国能源安全的重要因素. 因此, 运用科学方法对我国天然气未来一段时间的需求状况进行合理预测, 掌握我国天然气未来需求量的变化趋势, 其结果可为我国政府制定合理的能源进口政策、优化我国能源结构和产业布局提供决策依据, 对保障我国能源供需平衡, 促进我国经济可持续发展具有积极意义.

天然气需求量的影响因素构成复杂 ("灰" 因), 有效历史数据十分有限 (样本量小). 天然气不仅是生活物资, 也是生产物资. 在中国这样一个人口基数庞大、产业结构复杂、经济高速发展、能源需求巨大的发展中国家, 很难完整准确地分析出中国天然气的需求受到哪些因素的影响. 同时, 影响因素的复杂性也导致了中国对天然气需求量的不确定性, 具有典型的 "灰因白果" 特征. 另一方面, 中国自 1992 年明确提出建立社会主义市场经济的改革目标, 并逐步实现计划经济到市场经济的转变, 这个阶段被美国称为 "中国经济的转型期". 以 2001 年中国加入 WTO 为标志, 中国开始成为 "市场经济" 为主导的国家. 由于 "市场经济" 与 "计划经济" 是完全不同的两类经济形态, 因此, 在正式加入世界贸易组织 (World Trade Organization, WTO) 之前 (即 2001 年之前), 我国能源供给和需求带有明显的计划经济特征, 其统计数据参考价值不大, 而 2001 年之后的统计数据不足 20 年, 这导致了研究我国天然气消费量所需的有效历史数据十分有限.

4.4.2 中国天然气需求预测模型

根据上面的介绍, 本书选择 2001 年中国加入 WTO 之后中国天然气消费总量作为建模的样本数据 (表 4.4.1), 同时考虑到验证模型预测性能的需要, 保留了 2016 年中国天然气消费总量的实际数据作为测试模型预测性能的样本数据.

表 4.4.1　中国 2002~2018 年天然气消费总量　　　(单位: 亿立方米)

年份	天然气消费总量	年份	天然气消费总量
2002	292	2011	1313
2003	339	2012	1471
2004	397	2013	1650
2005	468	2014	1870
2006	561	2015	1932
2007	695	2016	2058
2008	807	2017	2386
2009	875	2018	2800
2010	1075		

数据来源: 国家统计年鉴 (1995~2015 年)、中国经济网、中国产业信息网

选择 2002~2015 年中国天然气消费总量作为建模数据, 则原始序列 $X^{(0)}$ 记为

$$X^{(0)} = \left(x^{(0)}(1), x^{(0)}(2), \cdots, x^{(0)}(14)\right)$$
$$= (29.2, 33.9, 39.7, 46.8, 56.1, 69.5, 80.7,$$
$$87.5, 107.5, 131.3, 147.1, 165.0, 187.0, 193.2).$$

1. 构建中国天然气需求总量的 TDGM(1, 1) 模型

(i) 计算序列 $X^{(0)}$ 的 1-AGO 生成序列 $X^{(1)}$ 及 $X^{(1)}$ 的紧邻均值生成序列 $Z^{(1)}$. 根据第 2 章灰色累加生成算子的定义及公式 (2.1.1),

$$x^{(0)}(k)\,d = \sum_{i=1}^{k} x^{(0)}(i), \quad k = 1, 2, \cdots, n,$$

可计算序列 $X^{(0)}$ 的 1-AGO 生成序列 $X^{(1)}$:

$$X^{(1)} = \left(x^{(1)}(1), x^{(1)}(2), \cdots, x^{(1)}(14)\right)$$
$$= (29.2, 63.1, 102.8, 149.6, 205.7, 275.2, 355.9,$$
$$443.4, 550.9, 682.2, 829.3, 994.3, 1181.3, 1374.5).$$

根据定义 4.1.1,

$$z^{(1)}(k) = 0.5 \times \left[x^{(1)}(k) + x^{(1)}(k-1)\right], \quad k = 2, 3, \cdots, n.$$

可计算序列 $X^{(1)}$ 的紧邻均值生成序列 $Z^{(1)}$:

$$Z^{(1)} = \left(z^{(1)}(2), z^{(1)}(3), \cdots, z^{(1)}(14)\right)$$
$$= (46.15, 82.95, 126.2, 177.65, 240.45, 315.55,$$

$$399.65, 497.15, 616.55, 755.75, 911.8, 1087.8, 1277.9) .$$

(ii) 构造矩阵 B 和 Y，计算模型参数 a, b 及 c.

根据定理 4.1.1 及原始序列 $X^{(0)}$ 与紧邻均值序列 $Z^{(1)}$，可构造矩阵 B 和 Y：

$$Y = \begin{bmatrix} x^{(0)}(2) \\ x^{(0)}(3) \\ \vdots \\ x^{(0)}(14) \end{bmatrix} = \begin{bmatrix} 33.9 \\ 39.7 \\ \vdots \\ 193.2 \end{bmatrix},$$

$$B = \begin{bmatrix} -z^{(1)}(2) & 2 & 1 \\ -z^{(1)}(3) & 3 & 1 \\ \vdots & \vdots & \vdots \\ -z^{(1)}(14) & 14 & 1 \end{bmatrix} = \begin{bmatrix} -46.15 & 2 & 1 \\ -82.95 & 3 & 1 \\ \vdots & \vdots & \vdots \\ -1277.9 & 14 & 1 \end{bmatrix}.$$

根据定理 4.1.1，可计算模型参数 a, b 及 c.

$$\hat{p} = (a, b, c)^{\mathrm{T}} = \left(B^{\mathrm{T}}B\right)^{-1} B^{\mathrm{T}} Y = \begin{bmatrix} -0.0794 \\ 6.2709 \\ 13.3971 \end{bmatrix}.$$

(iii) 构建 TDGM(1, 1) 模型时间响应函数.

根据模型参数 a, b 及 c，可进一步计算公式 (4.1.19) 中的参数 α, β 及 γ：

$$\alpha = x^{(0)}(1) \left(\frac{1 - 0.5a}{1 + 0.5a} - 1 \right) + \left(2 \cdot \frac{b}{1 + 0.5a} + \frac{c}{1 + 0.5a} \right) = 29.4259,$$

$$\beta = \frac{1 - 0.5a}{1 + 0.5a} = 1.0827, \quad \gamma = \frac{b}{1 + 0.5a} = 6.5301.$$

根据公式 (4.1.19)

$$\hat{x}^{(0)}(k) = \alpha \beta^{k-2} + \sum_{g=0}^{k-3} \gamma \beta^g.$$

构建 TDGM(1, 1) 模型时间响应函数，如下

$$\hat{x}^{(0)}(k) = 29.4259 \times 1.0827^{k-2} + \sum_{g=0}^{k-3} 6.5302 \times 1.0827^g. \tag{4.4.1}$$

2. 模拟及预测数据的计算

根据公式 (4.4.1)，当 $k = 2, 3, \cdots, 14$ 时，可计算 TDGM(1, 1) 模型的模拟值及模拟误差；当 $k = 15, 16, 17$ 时，可计算 TDGM(1, 1) 模型的预测值及预测误差，如表 4.4.2 所示.

表 4.4.2　基于 TDGM(1, 1) 模型的中国天然气消费总量模拟及预测值及误差

序号 (年份)	实际数据 $x^{(0)}(k)$	模拟/预测数据 $\hat{x}^{(0)}(k)$	残差 $\varepsilon(k)=\hat{x}^{(0)}(k)-x^{(0)}(k)$	相对误差/% $\Delta_k=\lvert\varepsilon(k)\rvert/x^{(0)}(k)$
		模拟数据		
$k=2\,(2003)$	33.9000	29.4259	−4.4741	13.1979
$k=3\,(2004)$	39.7000	38.3893	−1.3107	3.3015
$k=4\,(2005)$	46.8000	48.0939	1.2939	2.7647
$k=5\,(2006)$	56.1000	58.6009	2.5009	4.4580
$k=6\,(2007)$	69.5000	69.9768	0.4768	0.6860
$k=7\,(2008)$	80.7000	82.2933	1.5933	1.9743
$k=8\,(2009)$	87.5000	95.6282	8.1282	9.2894
$k=9\,(2010)$	107.5000	110.0658	2.5658	2.3868
$k=10\,(2011)$	131.3000	125.6972	−5.6028	4.2672
$k=11\,(2012)$	147.1000	142.6211	−4.4789	3.0448
$k=12\,(2013)$	165.0000	160.9445	−4.0555	2.4579
$k=13\,(2014)$	187.0000	180.7829	−6.2171	3.3247
$k=14\,(2015)$	193.2000	202.2618	9.0618	4.6904

平均相对模拟百分误差 $\Delta_S=\dfrac{1}{13}\sum\limits_{k=2}^{14}\Delta_k=4.2956\%$

实际数据		预测数据	
	预测值$\hat{x}^{(0)}(k)$	预测残差$\varepsilon(k)$	预测误差Δ_k/%
$k=15\,(2016)$　205.8000	225.5168	19.7168	9.5806
$k=16\,(2017)$　238.6000	250.6947	12.0947	5.0690
$k=17\,(2018)$　280.0000	277.9550	−2.0450	0.7304

平均相对预测百分误差 $\Delta_F=\dfrac{1}{3}\sum\limits_{k=15}^{187}\Delta_k=5.1267\%$

根据表 4.4.2, 可计算 TDGM(1, 1) 模型的综合误差

$$\Delta=\frac{13\Delta_S+3\Delta_F}{16}=4.4514\%.$$

查询灰色预测模型精度等级参照表可知, TDGM(1, 1) 模型的精度等级介于 I 级和 II 级之间, 可以用于中期预测. 当 $k=18,19,20,21,22$ 时, 可预测 2019~2023 年中国天然气未来需求量, 如下.

当 $k=18$ 时, 2019 年中国天然气消费量预测值 $\hat{x}^{(0)}(18)$:

$$\hat{x}^{(0)}(18)=29.4259\times1.0827^{18-2}+\sum_{g=0}^{18-3}6.5302\times1.0827^g=307.5.$$

当 $k=19$ 时, 2020 年中国天然气消费量预测值 $\hat{x}^{(0)}(19)$:

$$\hat{x}^{(0)}(19)=29.4259\times1.0827^{19-2}+\sum_{g=0}^{19-3}6.5302\times1.0827^g=339.4.$$

当 $k = 20$ 时, 2021 年中国天然气消费量预测值 $\hat{x}^{(0)}(20)$:

$$\hat{x}^{(0)}(20) = 29.4259 \times 1.0827^{20-2} + \sum_{g=0}^{20-3} 6.5302 \times 1.0827^g = 374.1.$$

当 $k = 21$ 时, 2022 年中国天然气消费量预测值 $\hat{x}^{(0)}(21)$:

$$\hat{x}^{(0)}(21) = 29.4259 \times 1.0827^{21-2} + \sum_{g=0}^{21-3} 6.5302 \times 1.0827^g = 411.5.$$

当 $k = 22$ 时, 2023 年中国天然气消费量预测值 $\hat{x}^{(0)}(22)$:

$$\hat{x}^{(0)}(22) = 29.4259 \times 1.0827^{22-2} + \sum_{g=0}^{22-3} 6.5302 \times 1.0827^g = 452.0.$$

为了简化计算, 本书开发了构建 TDGM(1, 1) 模型的 MATLAB 程序 "TDGM 11.m", 运行该程序的时候, 只需输入原始数据等基本信息即可实现序列生成 (累加生成、紧邻均值生成)、矩阵构造与参数计算、数据模拟及预测等 TDGM(1, 1) 模型的全过程. 应用 "TDGM11.m" 构建中国天然气消费量的 TDGM(1, 1) 模型, 结果如图 4.4.1 所示.

3. 预测结果分析与对策建议

(1) 中国天然气消费量未来将持续高速增长. 根据 TDGM(1, 1) 模型的预测结果, 中国 2023 年的天然气消费量预计将达到 4520 亿立方米, 但是 2002 年中国的天然气需求量只有 292 亿立方米. 换言之, 中国天然气消费量在 21 年的时间里面增长了 15 倍之多. 这主要是因为天然气是一种清洁能源, 大规模推广使用天然气是缓解中国日益严重的环境污染问题的重要措施; 其次, 中国天然气化工行业的快速发展, 导致作为工业原料的天然气需求量日益增加; 最后, 中国城市居民主要使用天然气作为能源, 而随着中国城市化进程不断加快, 城市人口迅速增加, 也导致中国对天然气需求量的迅速增加.

(2) 中国天然气产量严重不足, 供需缺口巨大. 根据中国能源网的统计数据可知, 2013 年我国的天然气产量仅为 119 亿立方米, 而本书预测 2023 年中国的天然气消费量预计将达到 4520 亿立方米, 消费量是供给量的近 38 倍, 供需缺口巨大. 在这样的情况下, 仅仅依靠国内天然气的生产能力, 远远无法满足国内天然气的实际需求. 这不仅对我国居民的生活带来重要影响, 同时也将阻碍我国天然气化工行业的健康快速发展.

```
三参数离散灰色预测模型, TDGM(1,1)
━━━━━━━━━━━━━━━━━━━【数据输入】━━━━━━━━━━━━━━━━━━━
原始序列: 29.2, 33.9, 39.7, 46.8, 56.1, 69.5, 80.7, 87.5, 107.5, 131.3, 147.1, 165, 187, 193.2, 205.8, 238.6, 280,
数据个数: 共[17]个数据
模拟序列: 前[14]个数据
预测序列: 后[3]个数据
预测步长: 共[5]个数据

━━━━━━━━━━━━━━━━━━━【参数计算】━━━━━━━━━━━━━━━━━━━
三参数离散灰色预测模型, TDGM(1,1):
a=-0.079406
b=6.2709
c=13.3971

━━━━━━━━━━━【计算模拟值、残差及相对误差】━━━━━━━━━━━
Simulation =

    No    Raw_data    Simulated_data      Residual_error          Percentage_error
    ━━
    2     33.9        29.4259018028182    -4.47409819718183       13.1979297851971
    3     39.7        38.3893054238892    -1.31069457611083       3.30149767282326
    4     46.8        48.0938802021614     1.29388020216135       2.76470128666956
    5     56.1        58.6009125314523     2.50091253145231       4.45795460151928
    6     69.5        69.9767564907299     0.476756490729926      0.685980562201332
    7     80.7        82.2932528838238     1.59325288382381       1.97429105802207
    8     87.5        95.6281829289374     8.12818292893736       9.28935191878556
    9     107.5       110.065759463103     2.56575946310335       2.38672598893335
    10    131.3       125.697158763641    -5.60284123635948       4.26720581596305
    11    147.1       142.621096345174    -4.47890365482621       3.04480194073842
    12    165         160.944450368495    -4.0555496315053        2.45790886757897
    13    187         180.782936598218    -6.21706340178162       3.32463283517733
    14    193.2       202.261839171733     9.06183917173348       4.69039294603182

The mean relative simulation percentage error =4.2956
━━━━━━━━━━━【计算预测值、残差及相对误差】━━━━━━━━━━━
Prediction =

    No    Raw_data    Predicted_data      Residual_error          Percentage_error
    ━━
    15    205.8       225.516801794402    19.7168017944023        9.58056452594863
    16    238.6       250.694684357572    12.0946843575719        5.06902110543665
    17    280         277.954490389116    -2.04550961088421       0.730539146744361

The mean relative prediction percentage error =5.1267
━━━━━━━━━━━【应用TDGM(1,1)模型进行预测】━━━━━━━━━━━
Prediction_steps =

    No    Predicted_data
    ━━
    18    307.468371193549
    19    339.422713023066
    20    374.019314145215
    21    411.47665924063
    22    452.03129917891

━━━━━━━━━━━━━━━━━━━【建模结束】━━━━━━━━━━━━━━━━━━━
>>
```

图 4.4.1　中国天然气消费量的 TDGM(1, 1) 模型运行结果

(3) 大力提高国内天然气产量, 积极开发页岩气等非常规能源, 加大天然气进口. 第一, 尽可能地加大国内天然气田的勘测与开发力度, 提高国内天然气产量. 第二, 通过大力开发页岩气、太阳能、风能、核电等非常规能源来减少对天然气的过

分依赖, 尤其是对页岩气的开采和使用. 我国是全世界页岩气资源最丰富的国家, 我国页岩气技术可开采资源量占全世界可开采资源总量的 20%, 排名世界第一. 第三, 积极向我国周边国家, 如俄罗斯、巴基斯坦及缅甸等国进口天然气.

(4) 降低以天然气为生产性原材料的工业比重, 通过技术革新提高天然气使用效率, 有效缓解我国工业企业对天然气的过分依赖. 天然气化工是以天然气为原料生产化学产品的工业, 是燃料化工的组成部分. 天然气化工已成为世界化学工业的主要支柱. 中国天然气主要用于生产氮肥, 其次是生产甲醇、甲醛、乙炔等. 在全国合成氨生产原料结构中, 天然气所占比例约达到 30%. 为了缓解我国天然气供给压力, 政府应通过产业结构调整, 降低以天然气为生产性原材料的工业比重, 同时通过不断技术革新提高天然气的使用效率, 从而在源头上降低我国工业企业对天然气的巨大需求.

4.5　本章小结

本章介绍了两个典型的适用于近似非齐次指数序列建模的三参数单变量灰色预测模型: TDGM(1, 1) 及 TWGM(1, 1). TDGM(1, 1) 及 TWGM(1, 1) 本质上具有相同的基本形式 (公式 (4.1.1) 及公式 (4.2.3)) 和参数估计过程, 但是它们时间响应式的来源不同, 一个直接源于基本形式 (公式 (4.1.1)), 另一个来源于白化微分方程 (公式 (4.2.1)), 这导致了它们具有不同的表现形式和建模能力.

TWGM(1, 1) 与传统的 GM(1, 1) 具有相同的建模机理, 主要差异体现在参数的个数不同, 参数的增加在一定程度上增强了 TWGM(1, 1) 的建模能力, 但是也不尽然, 比如 TWGM(1, 1) 无法对线性函数序列进行建模, 而 GM(1, 1) 则取得了可以接受的模拟精度. TDGM(1, 1) 确保了模型参数估计与模型时间响应函数的同源性, 所以具有优于 GM(1, 1) 和 TWGM(1, 1) 的建模能力, 是目前单变量灰色预测模型中的主力模型.

本章最后应用 TDGM(1, 1) 模型来预测中国天然气消费量, 对研究背景 (天然气预测很重要)、建模序列数据特征 (为何要用灰色预测模型)、模型构建过程 (矩阵构造、参数计算、时间响应式)、模型性能测试 (模拟误差、预测误差)、数据预测及对策建议进行了详细介绍. 这也是应用灰色预测模型解决实际问题的基本步骤.

第 5 章 饱和状 S 形序列灰色预测模型

本书第 3 章介绍了经典的 GM(1, 1) 模型, 第 4 章介绍了两个三参数灰色预测模型 TDGM(1, 1) 及 TWGM(1, 1). 上述三个模型及其衍生模型, 主要适用于具有指数增长规律的序列, 只能描述单调的变化过程. 现实世界中, 任何系统的发展演化都要经历从产生、快速发展、饱和增长、逐渐衰落等过程. 在这样的背景下, 以 GM(1, 1) 为代表的指数序列模型, 均难以实现此类系统的有效建模.

灰色 Verhulst 模型主要用来描述具有饱和状的过程, 即 S 形过程, 常用于人口预测、生物生长、繁殖预测及产品经济寿命预测等. 本章将介绍传统灰色 Verhulst 模型的建模方法与优化技术及其应用问题.

5.1 传统灰色 Verhulst 模型

定义 5.1.1 设序列 $X^{(0)} = \left(x^{(0)}\left(1\right), x^{(0)}\left(2\right), \cdots, x^{(0)}\left(n\right)\right)$, $X^{(1)} = \left(x^{(1)}\left(1\right), x^{(1)}\left(2\right), \cdots, x^{(1)}\left(n\right)\right)$ 为 $X^{(0)}$ 的一次累加生成 (1-AGO) 序列, $Z^{(1)} = \left(z^{(1)}\left(2\right), z^{(1)}\left(3\right), \cdots, z^{(1)}\left(n\right)\right)$ 为 $X^{(1)}$ 的紧邻均值生成序列, 则称

$$x^{(0)}\left(k\right) + az^{(1)}\left(k\right) = b\left(z^{(1)}\left(k\right)\right)^{\alpha} \tag{5.1.1}$$

为 GM(1, 1) 幂模型.

定义 5.1.2 GM(1, 1) 幂模型如定义 5.1.1 所述, 则称

$$\frac{\mathrm{d}x^{(1)}}{\mathrm{d}t} + ax^{(1)} = b\left(x^{(1)}\right)^{\alpha} \tag{5.1.2}$$

为 GM(1, 1) 幂模型的白化方程.

定理 5.1.1 GM(1, 1) 幂模型的白化方程如定义 5.1.2 所述, 则其解为

$$x^{(1)}\left(t\right) = \left\{\mathrm{e}^{-(1-a)at}\left[(1-a)\int b\mathrm{e}^{(1-a)at}\mathrm{d}t + c\right]\right\}^{\frac{1}{1-a}}. \tag{5.1.3}$$

定理 5.1.2 序列 $X^{(0)}$, $X^{(1)}$ 及 $Z^{(1)}$ 如定义 5.1.1 所述, 矩阵 B 及矩阵 Y 分别为

$$B = \begin{bmatrix} -z^{(1)}\left(2\right) & \left(z^{(1)}\left(2\right)\right)^{\alpha} \\ -z^{(1)}\left(3\right) & \left(z^{(1)}\left(3\right)\right)^{\alpha} \\ \vdots & \vdots \\ -z^{(1)}\left(n\right) & \left(z^{(1)}\left(n\right)\right)^{\alpha} \end{bmatrix}, \quad Y = \begin{bmatrix} x^{(0)}\left(2\right) \\ x^{(0)}\left(3\right) \\ \vdots \\ x^{(0)}\left(n\right) \end{bmatrix}.$$

则称 GM(1, 1) 幂模型参数列 $\hat{a} = [a, b]^{\mathrm{T}}$ 的最小二乘估计为

$$\hat{a} = \left(B^{\mathrm{T}}B\right)^{-1} B^{\mathrm{T}}Y.$$

定义 5.1.3 GM(1, 1) 幂模型如定义 5.1.1 所述, 则当 $\alpha = 2$ 时, 称

$$x^{(0)}(k) + az^{(1)}(k) = b\left(z^{(1)}(k)\right)^2 \tag{5.1.4}$$

为灰色 Verhulst 模型.

定义 5.1.4 灰色 Verhulst 模型如定义 5.1.3 所述, 则称

$$\frac{\mathrm{d}x^{(1)}}{\mathrm{d}t} + ax^{(1)} = b\left(x^{(1)}\right)^2 \tag{5.1.5}$$

为灰色 Verhulst 模型的白化方程.

定理 5.1.3 灰色 Verhulst 模型及其白化方程分别如定义 5.1.1 及定义 5.1.4 所述, 则

(i) 灰色 Verhulst 白化方程的解为

$$x^{(1)}(t) = \frac{1}{\mathrm{e}^{at}\left[\dfrac{1}{x^{(1)}(1)} - \dfrac{b}{a}\left(1 - \mathrm{e}^{-at}\right)\right]} = \frac{ax^{(1)}(1)}{\mathrm{e}^{at}\left[a - bx^{(1)}(1)\left(1 - \mathrm{e}^{-at}\right)\right]}$$

$$= \frac{ax^{(1)}(1)}{bx^{(1)}(1) + \left(a - bx^{(1)}(1)\right)\mathrm{e}^{at}}. \tag{5.1.6}$$

(ii) 灰色 Verhulst 模型的时间响应式

$$\hat{x}^{(1)}(k+1) = \frac{ax^{(1)}(1)}{bx^{(1)}(1) + \left(a - bx^{(1)}(1)\right)\mathrm{e}^{ak}}. \tag{5.1.7}$$

由灰色 Verhulst 方程的解可以看出, 当 $t \to \infty$ 时, 若 $a > 0$, 则 $x^{(1)}(t) \to 0$; 若 $a < 0$, 则 $x^{(1)}(t) \to a/b$, 即有充分大的 t, 对任意 $k > t$, $\hat{x}^{(1)}(k+1)$ 与 $\hat{x}^{(1)}(k)$ 充分接近, 此时 $\hat{x}^{(0)}(k+1) = \hat{x}^{(1)}(k+1) - \hat{x}^{(1)}(k) \approx 0$, 系统趋于死亡.

在实际问题中, 常遇到原始数据本身呈 S 形发展趋势的过程. 这时, 我们可以取原始数据为 $X^{(1)}$, 其 1-IAGO 为 $X^{(0)}$, 建立灰色 Verhulst 模型直接对 $X^{(1)}$ 进行模拟.

5.2 新型灰色 Verhulst 模型

传统灰色 Verhulst 在趋势上能实现对具有饱和状 S 形序列的建模, 但是在模型稳定性、模型精度及模型适用范围等方面, 尚具有较大改进和提升的空间.

根据公式 (5.1.7) 可推导得

$$\hat{x}^{(1)}(k+1)^{-1} = \frac{bx^{(1)}(1) + \left(a - bx^{(1)}(1)\right)\mathrm{e}^{ak}}{ax^{(1)}(1)} = \alpha_1 + \alpha_2\mathrm{e}^{ak}, \tag{5.2.1}$$

其中

$$\alpha_1 = \frac{b}{a}, \quad \alpha_2 = \frac{a - bx^{(1)}(1)}{ax^{(1)}(1)}.$$

根据公式 (5.2.1), 传统灰色 Verhulst 模型时间响应式的倒数是非齐次指数函数. 然而, 即使用严格满足非齐次指数函数增长规律的序列 $\left(X^{(1)}\right)^{-1} = (x^{(1)}(1)^{-1}, x^{(1)}(2)^{-1}, \cdots, x^{(1)}(n)^{-1})$, 其中 $x^{(1)}(k)^{-1} = \alpha_1 + \alpha_2\mathrm{e}^{ak}$ $(k = 1, 2, \cdots, n)$ 去建立灰色 Verhulst 模型, 该模型同样存在误差, 这说明传统灰色 Verhulst 模型在结构合理性与参数有效性方面还存在一些缺陷. 另一方面, 设 $y(k) = x^{(1)}(k)^{-1} - x^{(1)}(k-1)^{-1} = (\mathrm{e}^a - 1)\alpha_2\mathrm{e}^{a(k-2)}$, 这表明灰色 Verhulst 模型时间响应函数倒数形式的累减生成式是一个齐次指数函数. 由于指数函数的特殊性及其建模条件的苛刻性, 这在一定程度上限制了传统灰色 Verhulst 模型的建模能力与应用范围.

结合本书第 4 章所讨论的三参数离散灰色预测模型 TDGM(1, 1), 其良好的模型结构与建模能力有效改善了传统 GM(1, 1) 模型性能. 为此, 本小节将基于 TDGM(1, 1) 模型思想提出一种新型的灰色 Verhulst 模型.

定义 5.2.1　设原始序列 $Y^{(0)} = \left(y^{(0)}(1), y^{(0)}(2), \cdots, y^{(0)}(n)\right)$, 其中 $y^{(0)}(k) > 0, k = 1, 2, \cdots, n$; 序列 $X^{(0)} = \left(x^{(0)}(1), x^{(0)}(2), \cdots, x^{(0)}(n)\right)$ 且 $x^{(0)}(k) = 1/y^{(0)}(k)$, 则称 $X^{(0)}$ 为 $Y^{(0)}$ 的倒数序列.

定义 5.2.2　设序列 $X^{(0)}$ 如定义 5.2.1 所述, $X^{(1)}$ 为 $X^{(0)}$ 的 1-AGO 序列, 则称方程

$$x^{(1)}(k) = \sigma_1 x^{(1)}(k-1) + \sigma_2(k-1) + \sigma_3 \tag{5.2.2}$$

为灰色 Verhulst 模型的过程模型, 简称 GVP 模型. 换言之, 该模型不是我们推导的最终模型, 而是为创建新型灰色 Verhulst 模型所构造的一个中间模型.

定理 5.2.1　设序列 $X^{(1)}$ 如定义 5.2.2 所述, 若 $\hat{\sigma} = (\sigma_1, \sigma_2, \sigma_3)^{\mathrm{T}}$ 为参数列, 且

$$A = \begin{bmatrix} x^{(1)}(2) \\ x^{(1)}(3) \\ \vdots \\ x^{(1)}(n) \end{bmatrix}, \quad B = \begin{bmatrix} x^{(1)}(1) & 1 & 1 \\ x^{(1)}(2) & 2 & 1 \\ \vdots & \vdots & \vdots \\ x^{(1)}(n-1) & n-1 & 1 \end{bmatrix}.$$

则 GVP 模型 $x^{(1)}(k) = \sigma_1 x^{(1)}(k-1) + \sigma_2(k-1) + \sigma_3$ 的最小二乘参数列满足

$$\hat{\sigma} = (\sigma_1, \sigma_2, \sigma_3)^{\mathrm{T}} = \left(B^{\mathrm{T}}B\right)^{-1}B^{\mathrm{T}}A.$$

证明过程略.

定理 5.2.2 设序列 $X^{(0)}$, $X^{(1)}$ 分别如定义 5.2.1 及定义 5.2.2 所述, $\hat{\sigma} = (\sigma_1, \sigma_2, \sigma_3)^{\mathrm{T}}$ 为 GVP 模型参数列, 则

(i) GVP 模型的时间响应序列 $\hat{x}^{(1)}(k)$:

$$x^{(1)}(k) = \sigma_1^{(k-1)} x^{(1)}(1) + \sum_{i=1}^{k-1} (i\sigma_2 + \sigma_3)\sigma_1^{(k-i-1)}, \quad k = 1, 2, \cdots, n; \quad (5.2.3)$$

(ii) GVP 模型的最终还原值 $\hat{x}^{(0)}(k)$:

$$\hat{x}^{(0)}(k) = \left[(\sigma_1 - 1)x^{(1)}(1) + (\sigma_2 + \sigma_3)\right]\sigma_1^{(k-2)} + \sum_{i=1}^{k-2}\sigma_1^{(i-1)}\sigma_2, \quad k = 2, 3, \cdots, n. \quad (5.2.4)$$

证明 (i) 根据公式 (5.2.2), 当 $k = 2$ 时,

$$x^{(1)}(2) = \sigma_1 x^{(1)}(1) + \sigma_2 + \sigma_3. \quad (5.2.5)$$

当 $k = 3$ 时,

$$x^{(1)}(3) = \sigma_1 x^{(1)}(2) + 2\sigma_2 + \sigma_3. \quad (5.2.6)$$

将公式 (5.2.5) 代入公式 (5.2.6), 得

$$\begin{aligned} x^{(1)}(3) &= \sigma_1\left[\sigma_1 x^{(1)}(1) + \sigma_2 + \sigma_3\right] + 2\sigma_2 + \sigma_3 \\ &= \sigma_1^2 x^{(1)}(1) + \sigma_1\sigma_2 + \sigma_1\sigma_3 + 2\sigma_2 + \sigma_3. \end{aligned} \quad (5.2.7)$$

当 $k = 4$ 时,

$$x^{(1)}(4) = \sigma_1 x^{(1)}(3) + 3\sigma_2 + \sigma_3. \quad (5.2.8)$$

类似地, 将公式 (5.2.7) 代入公式 (5.2.8), 得

$$\begin{aligned} x^{(1)}(4) &= \sigma_1\left[\sigma_1^2 x^{(1)}(1) + \sigma_1\sigma_2 + \sigma_1\sigma_3 + 2\sigma_2 + \sigma_3\right] + 3\sigma_2 + \sigma_3 \\ &= \sigma_1^3 x^{(1)}(1) + \sigma_1^2\sigma_2 + \sigma_1^2\sigma_3 + 2\sigma_1\sigma_2 + \sigma_1\sigma_3 + 3\sigma_2 + \sigma_3. \end{aligned}$$
$$\cdots\cdots \quad (5.2.9)$$

依此类推, 当 $k = t$ 时,

$$\begin{aligned} x^{(1)}(t) &= \sigma_1 x^{(1)}(t-1) + \sigma_2(t-1) + \sigma_3 \\ &= \sigma_1^{(t-1)} x^{(1)}(1) + (\sigma_2 + \sigma_3)\sigma_1^{(t-2)} + (2\sigma_2 + \sigma_3)\sigma_1^{(t-3)} + \cdots \\ &\quad + (t - 2\sigma_2 + \sigma_3)\sigma_1 + (t - 1\sigma_2 + \sigma_3)\sigma_1^0. \end{aligned} \quad (5.2.10)$$

公式 (5.2.10) 可简化为

$$x^{(1)}(t) = \sigma_1^{(t-1)} x^{(1)}(1) + \sum_{i=1}^{t-1} (i\sigma_2 + \sigma_3) \sigma_1^{(t-i-1)}.$$

定理 5.2.2 的第一个证明结束.

(ii) 根据灰色累减算子的定义,

$$\hat{x}^{(0)}(k+1) = \hat{x}^{(1)}(k+1) - \hat{x}^{(1)}(k). \tag{5.2.11}$$

根据公式 (5.2.3),

$$\hat{x}^{(1)}(k+1) = \sigma_1^k x^{(1)}(1) + \sum_{i=1}^{k} (i\sigma_2 + \sigma_3) \sigma_1^{(k-i)}. \tag{5.2.12}$$

$$\hat{x}^{(1)}(k) = \sigma_1^{(k-1)} x^{(1)}(1) + \sum_{i=1}^{k-1} (i\sigma_2 + \sigma_3) \sigma_1^{(k-i-1)}. \tag{5.2.13}$$

则

$$\hat{x}^{(0)}(k+1) = \sigma_1^k x^{(1)}(1) + \sum_{i=1}^{k} (i\sigma_2 + \sigma_3) \sigma_1^{(k-i)} - \sigma_1^{(k-1)} x^{(1)}(1) - \sum_{i=1}^{k-1} (i\sigma_2 + \sigma_3) \sigma_1^{(k-i-1)}.$$

当 $k = 1$ 时,

$$\begin{aligned} \hat{x}^{(0)}(2) &= \hat{x}^{(1)}(2) - \hat{x}^{(1)}(1) \\ &= \sigma_1 x^{(1)}(1) + \sigma_2 + \sigma_3 - x^{(1)}(1) = x^{(1)}(1)(\sigma_1 - 1) + \sigma_2 + \sigma_3. \end{aligned} \tag{5.2.14}$$

当 $k = 2$ 时,

$$\begin{aligned} \hat{x}^{(0)}(3) &= \hat{x}^{(1)}(3) - \hat{x}^{(1)}(2) \\ &= \sigma_1^2 x^{(1)}(1) + \sigma_1\sigma_2 + \sigma_1\sigma_3 + 2\sigma_2 + \sigma_3 - \sigma_1 x^{(1)}(1) - \sigma_2 - \sigma_3 \\ &= (\sigma_1 - 1) x^{(1)}(1) \sigma_1 + \sigma_1(\sigma_2 + \sigma_3) + \sigma_2. \end{aligned} \tag{5.2.15}$$

当 $k = 3$ 时,

$$\begin{aligned} \hat{x}^{(0)}(4) &= \hat{x}^{(1)}(4) - \hat{x}^{(1)}(3) \\ &= \sigma_1^3 x^{(1)}(1) + \sigma_1^2\sigma_2 + \sigma_1^2\sigma_3 + 2\sigma_1\sigma_2 + \sigma_1\sigma_3 + 3\sigma_2 + \sigma_3 \\ &\quad - \sigma_1^2 x^{(1)}(1) - \sigma_1\sigma_2 - \sigma_1\sigma_3 - 2\sigma_2 - \sigma_3 \\ &= (\sigma_1 - 1) x^{(1)}(1) \sigma_1^2 + \sigma_1^2(\sigma_2 + \sigma_3) + \sigma_1\sigma_2 + \sigma_2. \end{aligned} \tag{5.2.16}$$

当 $k = 4$ 时,

$$
\begin{aligned}
\hat{x}^{(0)}(5) =& \hat{x}^{(1)}(5) - \hat{x}^{(1)}(4) \\
=& \sigma_1^4 x^{(1)}(1) + \sigma_1^3 \sigma_2 + \sigma_1^3 \sigma_3 + 2\sigma_1^2 \sigma_2 + \sigma_1^2 \sigma_3 + 3\sigma_1 \sigma_2 + \sigma_1 \sigma_3 \\
& + 4\sigma_2 + \sigma_3 - \sigma_1^3 x^{(1)}(1) - \sigma_1^2 \sigma_2 - \sigma_1^2 \sigma_3 - 2\sigma_1 \sigma_2 - \sigma_1 \sigma_3 - 3\sigma_2 - \sigma_3 \\
=& (\sigma_1 - 1) x^{(1)}(1) \sigma_1^3 + \sigma_1^3 (\sigma_2 + \sigma_3) + \sigma_1^2 \sigma_2 + \sigma_1 \sigma_2 + \sigma_2.
\end{aligned} \tag{5.2.17}
$$

联立方程 (5.2.14)~(5.2.17), 可得如下方程组

$$
\begin{cases}
\hat{x}^{(0)}(2) = (\sigma_1 - 1) x^{(1)}(1) \sigma_1^0 + (\sigma_2 + \sigma_3) \sigma_1^0, \\
\hat{x}^{(0)}(3) = (\sigma_1 - 1) x^{(1)}(1) \sigma_1 + (\sigma_2 + \sigma_3) \sigma_1 + \sigma_2, \\
\hat{x}^{(0)}(4) = (\sigma_1 - 1) x^{(1)}(1) \sigma_1^2 + (\sigma_2 + \sigma_3) \sigma_1^2 + \sigma_1 \sigma_2 + \sigma_2, \\
\hat{x}^{(0)}(5) = (\sigma_1 - 1) x^{(1)}(1) \sigma_1^3 + (\sigma_2 + \sigma_3) \sigma_1^3 + \sigma_1^2 \sigma_2 + \sigma_1 \sigma_2 + \sigma_2, \\
\vdots
\end{cases} \tag{5.2.18}
$$

即

$$
\begin{cases}
\hat{x}^{(0)}(2) = \left[(\sigma_1 - 1) x^{(1)}(1) + (\sigma_2 + \sigma_3) \right] \sigma_1^0, \\
\hat{x}^{(0)}(3) = \left[(\sigma_1 - 1) x^{(1)}(1) + (\sigma_2 + \sigma_3) \right] \sigma_1 + \sigma_2, \\
\hat{x}^{(0)}(4) = \left[(\sigma_1 - 1) x^{(1)}(1) + (\sigma_2 + \sigma_3) \right] \sigma_1^2 + \sigma_1 \sigma_2 + \sigma_2, \\
\hat{x}^{(0)}(5) = \left[(\sigma_1 - 1) x^{(1)}(1) + (\sigma_2 + \sigma_3) \right] \sigma_1^3 + \sigma_1^2 \sigma_2 + \sigma_1 \sigma_2 + \sigma_2, \\
\vdots
\end{cases} \tag{5.2.19}
$$

根据方程组 (5.2.19), 采用数学归纳法, 我们可以找到 $\hat{x}^{(0)}(k)$ 的如下通项:

$$
\hat{x}^{(0)}(k) = \left[(\sigma_1 - 1) x^{(1)}(1) + (\sigma_2 + \sigma_3) \right] \sigma_1^{(k-2)} + \sum_{i=1}^{k-2} \sigma_1^{(i-1)} \sigma_2, \quad k = 2, 3, \cdots, n.
$$

定理 5.2.2 证明结束.

根据定义 5.2.1 可知, $x^{(0)}(k) = 1/y^{(0)}(k)$, 则可推导出如下公式

$$
\hat{y}^{(0)}(k) = \frac{1}{\hat{x}^{(0)}(k)} = \frac{1}{\left[(\sigma_1 - 1) x^{(1)}(1) + (\sigma_2 + \sigma_3) \right] \sigma_1^{(k-2)} + \sum\limits_{i=1}^{k-2} \sigma_1^{(i-1)} \sigma_2}. \tag{5.2.20}
$$

在公式 (5.2.20) 中, 令

$$
M = (\sigma_1 - 1) x^{(1)}(1) + (\sigma_2 + \sigma_3),
$$

则公式 (5.2.20) 可简化为

$$\hat{y}^{(0)}(k) = \cfrac{1}{M\sigma_1^{(k-2)} + \sum\limits_{i=1}^{k-2}\sigma_1^{(i-1)}\sigma_2}. \tag{5.2.21}$$

公式 (5.2.21) 称为基于 GVP 模型的新型灰色 Verhulst 模型, 简称 N_Verhulst 模型. 其中 $k = 2, 3, \cdots, n, \cdots$. 当 $k = 2, 3, \cdots, n$ 时, $\hat{y}^{(0)}(k)$ 称为模拟值; 当 $t = n+1, n+2, \cdots$ 时, $\hat{y}^{(0)}(k)$ 称为预测值.

5.3　模型应用: 中国致密气产量预测

5.3.1　中国致密气研究背景

致密气也称致密砂岩气, 是指渗透率小于 0.1 毫达西[①]的砂岩地层天然气. 致密气与页岩气、煤层气同为世界公认的三大非常规天然气. 目前, 致密气已经逐渐成为天然气产量的主要增长点.

2018 年我国天然气对外依存度高达 45.3%, 而我国独特的地质条件决定了致密气等非常规天然气资源较常规天然气更丰富, 发展潜力更大. 新形势下, 加快开发利用致密气等非常规天然气资源对促进我国能源的供需平衡具有重大意义.

致密气正在改变着我国的天然气生产格局, 并将成为我国扩大 "非常规" 天然气生产的主力. 2012 年, 我国致密气产量突破 300 亿立方米, 几乎占到全国天然气总产量的三分之一. 中国相关智库对致密气未来的开发持乐观态度, 并对其产量进行了大胆预测: 2020 年我国致密气产量将达到 800 亿立方米. 自 2009 年以来, 我国致密气产量高速增长. 但是 2014 年以后, 我国致密气产量增长缓慢甚至出现负增长. 2014 年我国致密气产量为 370 亿立方米, 而 2017 年我国致密气产量仅为 340 亿立方米. 因此, 国内某机构曾撰文预测我国致密气产量 2020 年将达到 800 亿立方米, 这个预测结果是明显偏高的, 可能与实际情况存在较大偏差.

我国早在 1971 年就在四川盆地的川西地区发现了中坝致密气田, 之后在其他含油气盆地中也发现了许多小型致密气田. 但我国早期主要是按低渗-特低渗气藏进行勘探开发, 进展比较缓慢. 我国对致密气的大规模开发始于 2007 年, 并在 2009 年官方开始有致密气产量的记录. 因此, 我国在致密气产量方面的历史数据十分有限 (小数据). 另一方面, 影响我国致密气生产的因素极其复杂, 包括致密气开发技术 (气藏描述技术、钻井工艺技术、井网加密技术等)、资源品位、市场环境、国家政策等. 在这样的情况下, 传统回归预测模型或神经网络模型等以大样本为基础的数学模型, 均难以实现对我国致密气产量的有效模拟和预测.

---

① 1 达西 $\approx 0.987 \times 10^{-12}$ 米^2.

5.3.2　中国致密气产量数据特征分析

本小节分析我国致密气产量的发展趋势与数据特征, 为选择合理的致密气产量预测模型提供技术支撑. 中国产业信息网 2019 年 1 月公布了我国历年致密气产量数据, 如表 5.3.1 所示.

表 5.3.1　2009~2017 年中国致密气产量　　　　　　　　(单位: 亿立方米)

年份	2009	2010	2011	2012	2013	2014	2015	2016	2017
产量	150	160	256	320	340	370	350	355	340

数据来源: 中国产业信息网 (www.chyxx.com/industry/201901/703910.html)

为了观察我国历年致密气产量的发展趋势, 我们应用 MATLAB 绘制表 5.3.1 的散点折线图, 如图 5.3.1 所示.

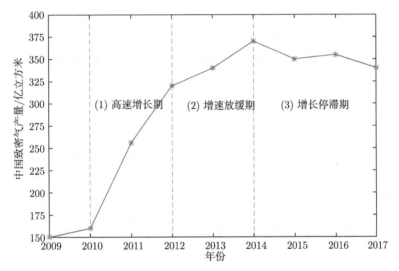

图 5.3.1　中国 2009~2017 年致密气产量散点折线图

从图 5.3.1 可以清晰地发现, 我国致密气产量的变化趋势经历了三个阶段:

(1) 高速增长期. 2010~2012 年, 我国致密气产量高速增长, 产量由 2010 年的 160 亿立方米猛增到 2012 年的 320 亿立方米;

(2) 增速放缓期. 2012~2014 年, 我国致密气产量增速放缓, 2014 年产量仅比 2012 年产量增加了 50 亿立方米;

(3) 增长停滞期. 2014~2017 年, 我国致密气产量增长停滞甚至出现负增长, 2017 年产量比 2014 年产量减少了 30 亿立方米.

另外, 尽管我国早在 1971 年就在四川盆地发现了致密气田, 但是我国对致密气的大规模开发起步比较晚, 到 2009 年才开始有致密气的产量记录, 到 2017 年一共仅有 9 年的历史数据, 具有典型的小数据特征.

根据上面的分析, 可以发现我国致密气产量具有数据量小, 发展趋势呈现近似的饱和状 S 形特征. 因此, 我们拟使用 N_Verhulst 模型来预测我国致密气产量.

5.3.3　应用 N_Verhulst 模型预测中国致密气产量

步骤 1　数据分段.

为了检验新构建的致密气产量预测模型性能, 需要对致密气产量的模拟误差与预测误差进行检验, 并与其他模型进行比较. 本小节利用表 5.3.1 中的前 7 个数据作为原始数据 $Y^{(0)}$ 建立 N_Verhulst 模型, 表 5.3.1 中后 2 个数据作为预留数据, 用来检验 N_Verhulst 模型的预测误差. 因此, 建模数据 $Y^{(0)}$

$$Y^{(0)} = \left(y^{(0)}\left(1\right), y^{(0)}\left(2\right), y^{(0)}\left(3\right), y^{(0)}\left(4\right), y^{(0)}\left(5\right), y^{(0)}\left(6\right), y^{(0)}\left(7\right) \right)$$
$$= (150, 160, 256, 320, 340, 370, 350).$$

步骤 2　N_Verhulst 模型参数计算.

根据 N_Verhulst 模型的建模过程, 首先对 N_Verhulst 模型的参数进行计算. 计算过程包括如下四个步骤.

(a) 计算原始序列 $Y^{(0)}$ 的倒数序列 $X^{(0)}$:

$$X^{(0)} = \left(x^{(0)}\left(1\right), x^{(0)}\left(2\right), x^{(0)}\left(3\right), x^{(0)}\left(4\right), x^{(0)}\left(5\right), x^{(0)}\left(6\right), x^{(0)}\left(7\right) \right)$$
$$= (0.00667, 0.00625, 0.00391, 0.003125, 0.00294, 0.00270, 0.00286).$$

(b) 计算序列 $X^{(0)}$ 的 1-AGO 序列 $X^{(1)}$:

$$X^{(1)} = \left(x^{(1)}\left(1\right), x^{(1)}\left(2\right), x^{(1)}\left(3\right), x^{(1)}\left(4\right), x^{(1)}\left(5\right), x^{(1)}\left(6\right), x^{(1)}\left(7\right) \right)$$
$$= (0.00667, 0.01292, 0.01683, 0.01995, 0.02289, 0.02559, 0.02845).$$

(c) 构造参数矩阵 A 及 B:

$$A = \begin{bmatrix} 0.01292 \\ 0.01683 \\ \vdots \\ 0.02845 \end{bmatrix}, \quad B = \begin{bmatrix} 0.00667 & 1 & 1 \\ 0.01292 & 2 & 1 \\ \vdots & \vdots & \vdots \\ 0.02559 & 6 & 1 \end{bmatrix}.$$

(d) 计算模型参数 $\hat{\sigma} = (\sigma_1, \sigma_2, \sigma_3)^{\mathrm{T}}$ 及 M:

$$\hat{\sigma} = (\sigma_1, \sigma_2, \sigma_3)^{\mathrm{T}} = \left(B^{\mathrm{T}} B \right)^{-1} B^{\mathrm{T}} A = (0.32438, 0.00187, 0.00889)^{\mathrm{T}},$$

$$M = (\sigma_1 - 1) x^{(1)}\left(1\right) + (\sigma_2 + \sigma_3) = 0.00625.$$

步骤 3 构建致密气产量预测的 N_Verhulst 模型.

公式 (5.2.21) 中, 代入参数 σ_1, σ_2 及 M, 即可构建致密气产量预测的 N_Verhulst 模型

$$\hat{y}^{(0)}(k) = \cfrac{1}{M\sigma_1^{(k-2)} + \displaystyle\sum_{i=1}^{k-2} \sigma_1^{(i-1)}\sigma_2}$$

$$= \cfrac{1}{0.00625 \times 0.32438^{k-2} + \displaystyle\sum_{i=1}^{k-2} 0.00187 \times 0.32438^{i-1}}. \tag{5.3.1}$$

根据公式 (5.3.1) 可计算 N_Verhulst 模型的模拟值/预测值、残差、相对模拟/预测误差, 结果如表 5.3.1 所示. 为了比较传统 Verhulst 模型与新型 N_Verhulst 模型及经典 GM(1, 1) 模型之间性能的差异, 我们同时分别应用传统 Verhulst 模型及经典 GM(1, 1) 模型构建了我国致密气产量预测模型. 相关数据见表 5.3.2. 由于传统 Verhulst 模型与新型 N_Verhulst 模型建模步骤类似, 因此本书不再详细罗列传统 Verhulst 模型的建模步骤.

表 5.3.2 灰色模型 N_Verhulst、传统 Verhulst 及 GM(1, 1) 对我国致密气产量的模拟及预测结果

年份	实际数据 $y^{(0)}(k)$	N_Verhulst 模型			传统 Verhulst 模型			经典 GM(1, 1) 模型		
		$\hat{y}^{(0)}(k)$	$\varepsilon(k)$	$\Delta(k)$	$\hat{y}^{(0)}(k)$	$\varepsilon(k)$	$\hat{y}^{(0)}(k)$	$\hat{y}^{(0)}(k)$	$\varepsilon(k)$	$\hat{y}^{(0)}(k)$
模拟数据										
2010	160	159.93	−0.07	0.04	210.01	50.01	31.26	222.08	62.08	38.80
2011	256	256.44	0.44	0.17	265.66	9.66	3.77	248.81	−7.19	2.81
2012	320	318.85	−1.15	0.36	308.43	−11.57	3.62	278.76	−41.24	12.89
2013	340	346.18	6.18	1.82	336.82	−3.18	0.94	312.31	−27.69	8.14
2014	370	356.08	−13.92	3.76	353.88	−16.12	4.36	349.90	−20.10	5.43
2015	350	359.42	9.42	2.69	363.51	13.51	3.86	392.02	42.02	12.01
平均相对模拟百分误差		$\Delta_S = 1.47\%$			$\Delta_S = 7.97\%$			$\Delta_S = 13.35\%$		
预测数据										
2016	355	360.51	5.51	1.55	368.77	13.77	3.88	439.20	84.2	23.72
2017	340	360.87	20.87	6.14	371.58	31.58	9.29	492.06	152.06	44.72
平均相对模拟百分误差		$\Delta_F = 3.85\%$			$\Delta_F = 6.58\%$			$\Delta_F = 34.27\%$		

　　根据表 5.3.2, 可计算模型 N_Verhulst、传统 Verhulst 及 GM(1, 1) 的综合误差:

$$\Delta_{\text{N\_Verhulst}} = \frac{\bar{\Delta}_S + \bar{\Delta}_F}{2} = \frac{1.47\% + 3.85\%}{2} = 2.66\%,$$

$$\Delta_{\text{Verhulst}} = \frac{\bar{\Delta}_S + \bar{\Delta}_F}{2} = \frac{7.97\% + 6.58\%}{2} = 7.28\%,$$

$$\Delta_{\text{GM}(1,1)} = \frac{\bar{\Delta}_S + \bar{\Delta}_F}{2} = \frac{13.35\% + 34.27\%}{2} = 23.81\%.$$

　　根据上面的计算结果可知, N_Verhulst 模型具有最好的综合模拟性能; 传统 Verhulst 模型次之; GM(1, 1) 模型最差. 因为中国致密气产量数据具有 S 形特征, Verhulst 的模型结构适用于具有此类趋势特征的序列; 而 GM(1, 1) 模型是指数模型, 只能描述系统的指数变化关系, 所以其综合性能远不及 N_Verhulst 模型及传统的 Verhulst 模型. 可见, 任何预测模型都有一定的建模条件和应用范围, 而预测模型的选择, 需要首先对建模对象的趋势特征进行定性分析, 否则难以得到满意的模拟及预测结果.

　　为了对表 5.3.2 中三个模型在每个年份的模拟值、模拟残差及平均模拟相对误差进行直观比较, 我们用 MATLAB 绘制了对比图, 分别如图 5.3.2～ 图 5.3.4 所示.

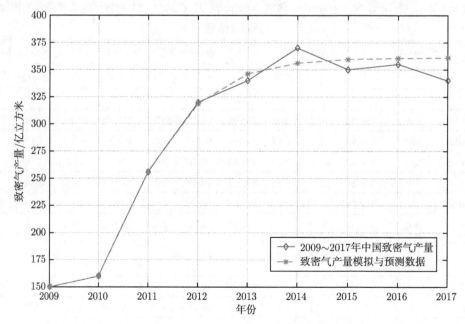

图 5.3.2　基于 N_Verhulst 模型的中国致密气产量模拟及预测结果对比图

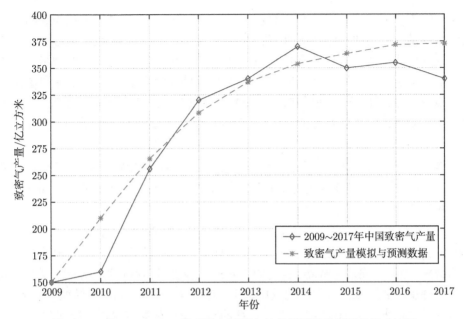

图 5.3.3 基于 Verhulst 模型的中国致密气产量模拟及预测结果对比图

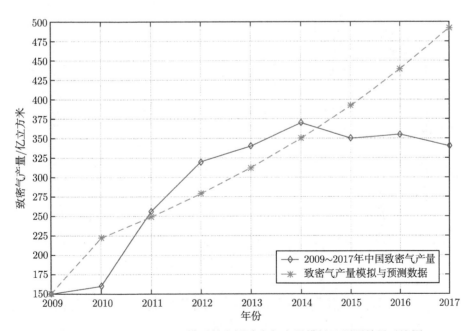

图 5.3.4 基于 GM(1, 1) 模型的中国致密气产量模拟及预测结果对比图

比较图 5.3.2~ 图 5.3.4 可以直观地发现, N_Verhulst 模型的模拟与预测数据曲线与我国致密气的实际产量曲线最为接近, 表明 N_Verhulst 模型能够比较有效地模拟我国致密气产量的数据特征与发展趋势. 传统的 Verhulst 模型尽管在趋势上能大体反映我国致密气产量的变化趋势, 但是该模型的诸多缺陷导致该模型的模拟及预测性能一般. 而经典的 GM(1, 1) 模型, 是一个标准的指数模型, 其所模拟或预测得到的数据具有单调性, 其变化规律难以符合我国致密气产量的 S 形特征.

接下来, 我们通过残差对比图和相对模拟/预测百分比误差图, 对三种模型的性能进行比较. 从另一个角度分析它们之间性能的差异. 三种模型的残差图和百分误差对比, 分别如图 5.3.5 和图 5.3.6 所示.

从图 5.3.5 可以看出, N_Verhulst 模型残差远小于传统的 Verhulst 模型和 GM(1, 1) 模型的残差. 另一方面, 由于 GM(1, 1) 模型结构不符合我国致密气产量的数据特征, 其残差非常高. 传统的 Verhulst 模型虽然存在许多缺陷, 但由于其结构能够反映我国致密气生产的发展趋势, 其残差小于 GM(1, 1) 模型. 因此, 可以这样说, 模型结构与建模对象数据特征的匹配程度是影响模型性能的关键因素. 图 5.3.6 再次证明了 N_Verhulst 对 S 形序列具有良好的建模能力.

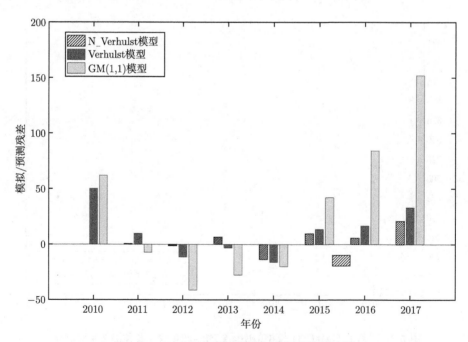

图 5.3.5　三个灰色模型模拟及预测残差对比图

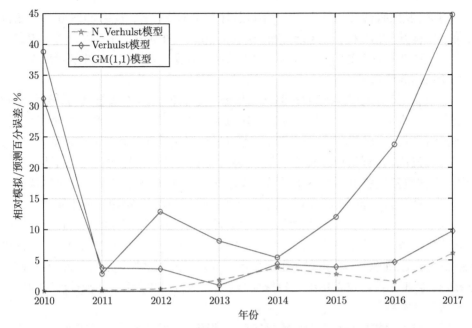

图 5.3.6 三个灰色模型相对模拟及预测百分残差对比图 (后附彩图)

步骤 4 中国致密气产量预测与对策建议.

查阅灰色预测模型的性能等级参照表可知, N_Verhulst 模型的误差等级接近一级, 可以用于预测. 根据公式 (5.3.1), 当 $k = 10, 11, 12$ 时, 可以对 2018~2020 年中国致密气产量进行预测, 结果如下:

当 $k = 10$ 时,

$$\hat{y}^{(0)}(k) = \left(0.00625 \times 0.32438^{k-2} + \sum_{i=1}^{k-2} 0.00187 \times 0.32438^{i-1} \right)^{-1} = 360.$$

当 $k = 11$ 时,

$$\hat{y}^{(0)}(k) = \left(0.00625 \times 0.32438^{k-2} + \sum_{i=1}^{k-2} 0.00187 \times 0.32438^{i-1} \right)^{-1} = 361.$$

当 $k = 12$ 时,

$$\hat{y}^{(0)}(k) = \left(0.00625 \times 0.32438^{k-2} + \sum_{i=1}^{k-2} 0.00187 \times 0.32438^{i-1} \right)^{-1} = 361.$$

可见, 我国致密气产量从 2014 年后总体呈现下降趋势, 但是 2018 年后产量预计将缓慢提升, 并在未来三年维持在 360 亿立方米这个水平. 在中国天然气消费量持续增加并严重依赖进口的情况下, 加大致密气资源开发力度, 是缓解我国天然气供需矛盾的战略选择.

目前我国政府给页岩气的补贴标准是每立方米 0.4 元, 对煤层气的补贴标准也达到每立方米 0.2 元, 但并没有专门针对致密气的补贴政策. 在政策扶植下, 社会资本纷纷加强了对页岩气和煤层气的投资力度. 但在现行天然气价格体系下, 致密气相对开发成本偏高, 经济效益较差, 导致企业投资开发致密气的动力不足. 另一方面, 我国致密气资源品位不断下降导致开发难度增加, 缺乏致密气开采的核心技术及充分竞争的市场环境也都是导致我国致密气产量增长缓慢的重要因素.

为了促进致密气产量快速增长, 有效缓解我国天然气的供需矛盾, 提出以下两点建议供参考. 一是建议政府比照页岩气的财政补贴标准, 对致密气勘探开发提供相应的经济激励政策, 以调动企业参与致密气开发的积极性. 另一方面, 对致密气新技术、新工艺的研发费用给予税费优惠政策, 鼓励自主创新, 积极推动工程技术与设备配套发展.

随着我国天然气消费量的持续增加以及致密气开发技术的不断成熟, 未来我国致密气产量预计将呈现持续增加的大趋势. 然而, 在当前国家对致密气经济激励政策尚未出台, 开采技术无大突破以及高品位大型致密气田的探明尚未取得实质性突破之前, 预计我国 2020 年致密气产量将保持在 360 亿立方米这个水平. 因此, 当前致密气开发的不利因素使得我国致密气产量增速放缓. 在我国天然气消费量持续增加的背景下, 为了确保天然气的供需平衡, 我国仍然需要向国外大量进口天然气.

为了简化计算, 本书分别开发了构建 N_Verhulst 模型及 Verhulst 的 MATLAB 程序 "N_Verhulst.m" 及 "Verhulst.m", 运行这两个程序的时候, 只需输入原始数据等基本信息即可实现模型的计算与数据的输出. 应用 "N_Verhulst.m" 及 "Verhulst.m" 预测中国致密气产量, 结果分别如图 5.3.7 及图 5.3.8 所示.

```
  新型灰色Verhulst模型，N_Verhulst
───────────────────────────【数据输入】───────────────────────────
原始序列：150, 160, 256, 320, 340, 370, 350, 355, 340,
数据个数：共[9]个数据
模拟序列：前[7]个数据
预测序列：后[2]个数据
预测步长：共[3]个数据


───────────────────────────【参数计算】───────────────────────────
新型灰色Verhulst模型，N_Verhulst：
Delta_1=0.32438
Delta_2=0.0018713
Delta_3=0.0088855
简化参数：M=0.0062527
──────────────────────【计算模拟值、残差及相对误差】──────────────────────
Simulation =

    No    Raw_data    Simulated_data          Residual_error          Percentage_error
    ──                ─────────────           ──────────────          ────────────────
    2     160         0.00625271019059649     −0.069350806645474      0.0433442541534212
    3     256         0.00389958815928483      0.437336239987872      0.170834468745262
    4     320         0.00313627111970546     −1.15001483229059       0.359379635090811
    5     340         0.00288866266797231      6.18095462906575       1.81792783207816
    6     370         0.00280834224776596     −13.9180442499485       3.76163358106717
    7     350         0.00278228752363612      9.41648427949633       2.69042407985609

The mean relative simulation percentage error =1.4739
──────────────────────【计算预测值、残差及相对误差】──────────────────────
Prediction =

    No    Raw_data    Predicted_data       Residual_error          Percentage_error
    ──                ──────────────       ──────────────          ────────────────
    8     355         360.51161064374      5.51161064374048        1.55256637851845
    9     340         360.868287942684     20.8682879426839        6.13773174784822

The mean relative prediction percentage error =3.8451
──────────────────────【应用N_Verhulst模型进行预测】──────────────────────
Prediction_steps =

    No    Predicted_data

    10    360.984140291185
    11    361.021737013224
    12    361.033934500995

───────────────────────────【建模结束】───────────────────────────
>>
```

图 5.3.7 中国致密气产量的 N_Verhulst 模型运行结果

```
  传统灰色Verhulst模型, Verhulst
─────────────────────────【数据输入】─────────────────────────
 原始序列: 150, 160, 256, 320, 340, 370, 350, 355, 340,
 数据个数: 共[9]个数据
 模拟序列: 前[7]个数据
 预测序列: 后[2]个数据
 预测步长: 共[3]个数据

─────────────────────────【参数计算】─────────────────────────
 传统灰色Verhulst模型, Verhulst:
 a=-0.64724
 b=-0.0017273

──────────────────【计算模拟值、残差及相对误差】──────────────────
 Simulation =

   No    Raw_data    Simulated_data      Residual_error      Percentage_error
   ──

   2      160       210.014980790359     50.0149807903586     31.2593629939741
   3      256       265.655793722158      9.65579372215825     3.77179442271807
   4      320       308.432699695424    -11.5673003045764      3.61478134518013
   5      340       336.824969873043     -3.17503012695715     0.933832390281516
   6      370       353.877895663861    -16.1221043361392      4.35732549625384
   7      350       363.512177548379     13.512177548379       3.86062215667971

 The mean relative simulation percentage error =7.9663

──────────────────【计算预测值、残差及相对误差】──────────────────
 Prediction =

   No    Raw_data    Predicted_data      Residual_error      Percentage_error
   ──

   8      355       368.767806240102     13.7678062401021     3.87825527890201
   9      340       371.580121121429     31.580121121429      9.28827091806737

 The mean relative prediction percentage error =6.5833

──────────────────【应用Verhulst模型进行预测】──────────────────
 Prediction_steps =

   No    Predicted_data
   ──

   9     373.069504344859
   10    373.853947935821
   11    374.265910737726

─────────────────────────【建模结束】─────────────────────────
>>
```

图 5.3.8　中国致密气产量的 Verhulst 模型运行结果

5.4　本　章　小　结

　　本章首先介绍了适用于饱和状 S 形序列建模的经典灰色 Verhulst 模型, 然后分析了该模型存在的问题和缺陷. 接着, 提出了一个改进的新型灰色 Verhulst 模型, 简记为 N_Verhulst. 详细介绍了 N_Verhulst 模型的定义、参数估计、时间响应函数等. 最后, 应用 N_Verhulst 预测中国致密气产量, 详细介绍了中国致密气研究背景、数据特征及 N_Verhulst 模型的建模步骤.

第6章 多变量灰色预测模型

灰色预测模型按照变量个数可以分为单变量灰色预测模型与多变量灰色预测模型. 单变量灰色预测模型以 $GM(1,1)$ 为代表 (含 1 个变量一阶导数的灰色预测模型), 其建模对象仅为一条时序数据, 主要通过灰色生成方法挖掘蕴含在时序数据中的系统运行规律, 进而实现系统发展趋势的预测. 显然, 单变量灰色预测模型不用考虑相关因素对系统发展趋势的影响, 具有建模过程简单等优点, 是目前灰色预测模型研究领域成果最多应用最广的主流模型. 但是, 该模型通常不能反映外部环境变化对系统变化趋势的影响, 具有较大的局限性.

多变量灰色预测模型以 $GM(1,N)$ 为代表, 该模型建模对象由一个系统特征序列 (或称因变量序列) 及 $(N-1)$ 个相关因素序列 (或称自变量序列) 构成, 其建模过程充分考虑了相关因素对系统变化趋势的影响, 是一种典型的因果关系预测模型, 与多元回归模型具有一定的相似之处 (但是二者具有本质区别, 前者以灰色理论为基础, 而后者以概率统计为基础). $GM(1,N)$ 模型弥补了单变量灰色预测模型结构单一模拟能力有限的不足, 然而, 长期以来该模型仅仅作为一种系统分析工具, 其重要的预测功能并未得到大力推广与应用. 其主要原因是该模型在建模机理与模型结构等方面, 均存在许多不足, 导致该模型在实际应用中的模型误差常常大于 $GM(1,1)$ 模型.

本章首先介绍传统多变量灰色预测模型的建模方法并分析其缺陷, 然后构建一种新的多变量灰色预测模型, 最后介绍模型的实际应用.

6.1 传统多变量灰色预测模型

6.1.1 传统多变量灰色预测模型的基本定义

定义 6.1.1 设 $X_1^{(0)}$ 为系统特征数据序列 (或称因变量序列):

$$X_1^{(0)} = \left(x_1^{(0)}(1), x_1^{(0)}(2), \cdots, x_1^{(0)}(m) \right).$$

序列 $X_i^{(0)}(i = 2, 3, \cdots, N)$ 为与序列 $X_1^{(0)}$ 相关性较高的解释变量序列 (或称自变量序列):

$$X_i^{(0)} = \left(x_i^{(0)}(1), x_i^{(0)}(2), \cdots, x_i^{(0)}(m) \right).$$

$X_j^{(1)}$ 为 $X_j^{(0)}$ 的一次累加生成 (1-AGO) 序列 $(j = 1, 2, \cdots, N)$:

$$X_j^{(1)} = \left(x_j^{(1)}(1), x_j^{(1)}(2), \cdots, x_j^{(1)}(m) \right),$$

其中 $x_j^{(1)}(k) = \sum_{g=1}^{k} x_j^{(0)}(g)$, $k = 1, 2, \cdots, m$. $Z_1^{(1)}$ 为 $X_1^{(1)}$ 的紧邻均值生成序列:

$$Z_1^{(1)} = \left(z_1^{(1)}(2), z_1^{(1)}(3), \cdots, z_1^{(1)}(m) \right),$$

其中 $z_1^{(1)}(k) = 0.5 \times \left(x_1^{(1)}(k) + x_1^{(1)}(k-1) \right)$, $k = 2, 3, \cdots, m$. 则称

$$x_1^{(0)}(k) + az_1^{(1)}(k) = \sum_{i=2}^{N} b_i x_i^{(1)}(k) \tag{6.1.1}$$

为 GM $(1, N)$ 模型的基本形式.

注   在以往关于多变量灰色系统预测模型的定义中, 通常用 N 表示变量个数, 而用 n 表示序列中元素个数. 这里为避免 N 和 n 的混淆, 用字母 m 代替 n 表示序列中元素个数, 从而确保对 GM $(1, N)$ 模型的定义更清晰准确.

6.1.2 传统多变量灰色预测模型的参数估计与时间响应式

定义 6.1.2   在 GM $(1, N)$ 模型中, $-a$ 称为系统发展系数, $b_i x_i^{(1)}(k)$ 称为驱动项, b_i 称为驱动系数, $\hat{a} = [a, b_2, b_3, \cdots, b_N]^{\mathrm{T}}$ 称为参数列.

定理 6.1.1   设 $X_1^{(0)}$ 为系统特征数据序列, $X_i^{(0)}(i = 2, 3, \cdots, N)$ 为相关因素数据序列, $X_i^{(1)}$ 为 $X_i^{(0)}$ 的 1-AGO 序列, $Z_1^{(1)}$ 为 $X_1^{(1)}$ 的紧邻均值生成序列, 则称参数列 $\hat{a} = [a, b_2, b_3, \cdots, b_N]^{\mathrm{T}}$ 的最小二乘估计满足

$$P = \left(B^{\mathrm{T}} B \right)^{-1} B^{\mathrm{T}} Y, \tag{6.1.2}$$

其中

$$B = \begin{bmatrix} -z_1^{(1)}(2) & x_2^{(1)}(2) & \cdots & x_N^{(1)}(2) \\ -z_1^{(1)}(3) & x_2^{(1)}(3) & \cdots & x_N^{(1)}(3) \\ \vdots & \vdots & & \vdots \\ -z_1^{(1)}(m) & x_2^{(1)}(m) & \cdots & x_N^{(1)}(m) \end{bmatrix}, \quad Y = \begin{bmatrix} x_1^{(0)}(2) \\ x_1^{(0)}(3) \\ \vdots \\ x_1^{(0)}(m) \end{bmatrix}.$$

定义 6.1.3   设 $\hat{a} = [a, b_2, b_3, \cdots, b_N]^{\mathrm{T}}$, 则

$$\frac{\mathrm{d} x_1^{(1)}}{\mathrm{d} t} + a x_1^{(1)} = \sum_{i=2}^{N} b_i x_i^{(1)} \tag{6.1.3}$$

为 GM $(1, N)$ 模型的白化方程, 也称影子方程.

定理 6.1.2 设序列 $X_i^{(0)}, X_i^{(1)}(i = 1, 2, \cdots, N)$, $Z_1^{(1)}$ 及矩阵 $B, Y, \hat{a}$ 如定理 6.1.1 所述, 则

(1) 白化方程 $\dfrac{\mathrm{d}x_1^{(1)}}{\mathrm{d}t} + ax_1^{(1)} = \displaystyle\sum_{i=2}^{N} b_i x_1^{(1)}$ 的解为

$$x_1^{(1)}(t) = \mathrm{e}^{-at}\left[x_1^{(1)}(0) - t\sum_{i=2}^{N} b_i x_i^{(1)}(0) + \sum_{i=2}^{N}\int b_i x_i^{(1)}(t)\,\mathrm{e}^{at}\mathrm{d}t\right]; \quad (6.1.4)$$

(2) 当 $X_i^{(1)}(i = 1, 2, \cdots, N)$ 的变化幅度很小时, 可视 $\displaystyle\sum_{i=2}^{N} b_i x_i^{(1)}(k)$ 为灰常量, 则 $\mathrm{GM}(1, N)$ 模型的近似时间响应式为

$$\hat{x}_1^{(1)}(k+1) = \left[x_1^{(1)}(0) - \frac{1}{a}\sum_{i=2}^{N} b_i x_i^{(1)}(k+1)\right]\mathrm{e}^{-ak} + \frac{1}{a}\sum_{i=2}^{N} b_i x_i^{(1)}(k+1); \quad (6.1.5)$$

(3) $\mathrm{GM}(1, N)$ 模型的累减生成式为

$$\hat{x}_1^{(0)}(k+1) = \alpha^{(1)}\hat{x}_1^{(1)}(k+1) = \hat{x}_1^{(1)}(k+1) - \hat{x}_1^{(1)}(k). \quad (6.1.6)$$

6.1.3 传统多变量灰色预测模型的三大缺陷

通过深入研究 $\mathrm{GM}(1, N)$ 模型的定义及其建模流程, 发现该模型在建模机理、参数使用及模型结构方面尚存在一些缺陷, 进而影响了 $\mathrm{GM}(1, N)$ 模型性能的稳定性.

(1) 机理缺陷. 根据 $\mathrm{GM}(1, N)$ 模型的建模过程可知, 从 $\mathrm{GM}(1, N)$ 模型白化方程的解到 $\mathrm{GM}(1, N)$ 模型近似时间响应函数的推导过程中, 存在高度理想情况下的简化处理, 即在假设 $X_i^{(1)}(i = 1, 2, \cdots, N)$ 变化幅度很小的情况下, 将 $\displaystyle\sum_{i=2}^{N} b_i x_i^{(1)}(k)$ 视为灰常量, 在此基础上实现从公式 (6.1.4) 到公式 (6.1.5) 的推导. 实际上, $X_i^{(1)}(i = 1, 2, \cdots, N)$ "变化幅度很小" 是一个非常理想且很难满足的假设条件; 另外, 如果将 $\displaystyle\sum_{i=2}^{N} b_i x_i^{(1)}(k)$ 视为灰常量, 则其离散解 (6.1.5) 中的线性组合就不应该与时间有关, 而应该是常数. 因此定理 6.1.2 中从公式 (6.1.4) 到公式 (6.1.5) 的推导条件过于理想化, 很难与实际情况相符, 这是导致 $\mathrm{GM}(1, N)$ 模型性能不稳定的重要因素, 属于 $\mathrm{GM}(1, N)$ 模型的机理缺陷.

(2) 参数缺陷. $\mathrm{GM}(1, N)$ 模型的参数列 $\hat{a} = [a, b_2, b_3, \cdots, b_N]^{\mathrm{T}}$ 是以公式 (6.1.1) 为基础, 基于最小二乘法来进行估计的, 这表示上述参数可以在现有建模序列 $X_i^{(0)}(i = 1, 2, \cdots, N)$、累加生成序列 $X_i^{(1)}(i = 2, 3, \cdots, N)$ 与紧邻均值序列 $Z_1^{(1)}$

基础上, 确保公式 (6.1.1) 中的系统特征数据 $\hat{x}_1^{(0)}(k)_{k=2}^m$ 具有最小偏差. 然而, $\text{GM}(1,N)$ 模型的时间响应式, 即公式 (6.1.5) 并不是从公式 (6.1.1) 推导得到的, 而是从 $\text{GM}(1,N)$ 模型的影子方程 $\mathrm{d}x_1^{(1)}/\mathrm{d}t + ax_1^{(1)} = \sum_{i=2}^N b_i x_i^{(1)}$ 衍生来的. 换言之, 参数列 $\hat{a} = [a, b_2, b_3, \cdots, b_N]^{\mathrm{T}}$ 的估计值源于公式 (6.1.1), 而在 $\text{GM}(1,N)$ 模型中却将其作为公式 (6.1.5) 的模型参数, 这种参数估计及其应用对象的 "错位" 是导致 $\text{GM}(1,N)$ 模型性能不稳定的又一重要因素, 属于 $\text{GM}(1,N)$ 模型的参数缺陷.

(3) 结构缺陷. 从公式 (6.1.1) 容易看出, $\text{GM}(1,N)$ 模型属于因子模型及状态模型, 结构相对简单, 缺乏从模型本身挖掘出的灰色作用量, 也没有考虑项数 k 的线性关系对 $\text{GM}(1,N)$ 模型性能的影响. 另一方面, $\text{GM}(1,N)$ 模型是含 N 个变量的一阶方程灰色系统预测模型, 然而当 $N=1$ 时, 现有的 $\text{GM}(1,N)$ 模型在结构上并不能实现与 $\text{GM}(1,1)$ 模型的等价转换. 这表示模型在结构方面还存在问题, 这也是导致 $\text{GM}(1,N)$ 模型预测精度不理想的客观原因, 属于 $\text{GM}(1,N)$ 模型的结构缺陷.

6.2   多变量灰色预测模型结构优化

6.2.1   NSGM(1, N) 模型的定义

本小节根据现有 $\text{GM}(1,N)$ 模型的机理缺陷、参数缺陷及结构缺陷, 对 $\text{GM}(1, N)$ 模型进行结构改造, 并提出一种新结构的多变量灰色预测模型.

定义 6.2.1   设 $X_1^{(0)}$ 为系统特征数据序列 (或称因变量序列), $X_i^{(0)}(i = 2, 3, \cdots, N)$ 为相关因素数据序列 (或称自变量序列), $X_i^{(1)}$ 为 $X_i^{(0)}$ 的 1-AGO 序列 $(i = 1, 2, \cdots, N)$, $Z_1^{(1)}$ 为 $X_1^{(1)}$ 的紧邻均值生成序列, 则称

$$x_1^{(0)}(k) + az_1^{(1)}(k) = \sum_{i=2}^N b_i x_i^{(1)}(k) + h_1(k-1) + h_2 \tag{6.2.1}$$

为含一阶差分方程及多个变量的新结构灰色预测模型, 简称 NSGM $(1, N)$ 模型 (new structure grey model with one first order equation and multiple variables), 公式 (6.2.1) 中 $h_1(k-1)$ 及 h_2 分别称为 NSGM $(1, N)$ 模型的线性修正项及灰色作用量.

定义 6.2.2   NSGM $(1, N)$ 模型如定义 6.2.1 所述, 参数列 $\hat{p} = [b_2, b_3, \cdots, b_N, a, h_1, h_2]^{\mathrm{T}}$ 如定理 6.2.1 所示, 则称

$$\hat{x}_1^{(0)}(k) = \sum_{i=2}^N b_i \hat{x}_i^{(1)}(k) - az_1^{(1)}(k) + h_1(k-1) + h_2 \tag{6.2.2}$$

为 NSGM $(1, N)$ 的差分模型.

6.2.2 NSGM(1, N) 模型的参数估计

定理 6.2.1 序列 $X_1^{(0)}$, $Z_1^{(1)}$ 及 $X_i^{(1)}(i = 1, 2, \cdots, N)$ 如定义 6.1.1 所述, 则 NSGM $(1, N)$ 模型参数列 $\hat{p} = [b_2, b_3, \cdots, b_N, a, h_1, h_2]^{\mathrm{T}}$ 的最小二乘估计满足

$$\hat{p} = \left(B^{\mathrm{T}} B\right)^{-1} B^{\mathrm{T}} Y, \tag{6.2.3}$$

其中

$$B = \begin{bmatrix} x_2^{(1)}(2) & x_3^{(1)}(2) & \cdots & x_N^{(1)}(2) & -z_1^{(1)}(2) & 1 & 1 \\ x_2^{(1)}(3) & x_3^{(1)}(3) & \cdots & x_N^{(1)}(3) & -z_1^{(1)}(3) & 2 & 1 \\ \vdots & \vdots & & \vdots & \vdots & \vdots & \vdots \\ x_2^{(1)}(m) & x_3^{(1)}(m) & \cdots & x_N^{(1)}(m) & -z_1^{(1)}(m) & m-1 & 1 \end{bmatrix},$$

$$Y = \begin{bmatrix} x_1^{(0)}(2) \\ x_1^{(0)}(3) \\ \vdots \\ x_1^{(0)}(m) \end{bmatrix}.$$

证明 将数据 $X_1^{(0)}, Z_1^{(1)}, X_i^{(1)} (i = 2, 3, \cdots, N)$ 代入 NSGM $(1, N)$ 模型的差分模型中, 可得

$$\begin{cases} x_1^{(0)}(2) = \displaystyle\sum_{i=2}^{N} b_i x_i^{(1)}(2) - a z_1^{(1)}(2) + h_1 + h_2, \\ x_1^{(0)}(3) = \displaystyle\sum_{i=2}^{N} b_i x_i^{(1)}(3) - a z_1^{(1)}(3) + 2h_1 + h_2, \\ \qquad\qquad \cdots\cdots \\ x_1^{(0)}(m) = \displaystyle\sum_{i=2}^{N} b_i x_i^{(1)}(m) - a z_1^{(1)}(m) + h_1(m-1) + h_2. \end{cases} \tag{6.2.4}$$

方程组 (6.2.4) 可以表示为矩阵形式, 即

$$Y = B\hat{p}. \tag{6.2.5}$$

用 $\displaystyle\sum_{i=2}^{N} b_i x_i^{(1)}(k) - a z_1^{(1)}(k) + h_1(k-1) + h_2$ 代替 $x_1^{(0)}(k)$, $k = 2, 3, \cdots, n$, 可得误差序列

$$\varepsilon = Y - B\hat{p}. \tag{6.2.6}$$

设

$$s = \varepsilon^{\mathrm{T}} \varepsilon = (Y - B\hat{p})^{\mathrm{T}} (Y - B\hat{p})$$

$$= \sum_{k=2}^{n} \left[x_1^{(0)}(k) - \sum_{i=2}^{N} b_i x_i^{(1)}(k) + a z_1^{(1)}(k) - h_1(k-1) - h_2 \right]^2.$$

使 s 最小的参数列 $\hat{p} = (a, b, c)^{\mathrm{T}}$ 应满足

$$\begin{cases} \dfrac{\partial s}{\partial b_2} = -2 \sum_{k=2}^{n} \left[x_1^{(0)}(k) - \sum_{i=2}^{N} b_i x_i^{(1)}(k) + a z_1^{(1)}(k) - h_1(k-1) - h_2 \right] x_2^{(1)}(k) = 0, \\[2mm] \dfrac{\partial s}{\partial b_3} = -2 \sum_{k=2}^{n} \left[x_1^{(0)}(k) - \sum_{i=2}^{N} b_i x_i^{(1)}(k) + a z_1^{(1)}(k) - h_1(k-1) - h_2 \right] x_3^{(1)}(k) = 0, \\[2mm] \qquad\qquad\qquad\cdots\cdots \\[2mm] \dfrac{\partial s}{\partial b_n} = -2 \sum_{k=2}^{n} \left[x_1^{(0)}(k) - \sum_{i=2}^{N} b_i x_i^{(1)}(k) + a z_1^{(1)}(k) - h_1(k-1) - h_2 \right] x_n^{(1)}(k) = 0, \\[2mm] \dfrac{\partial s}{\partial a} = -2 \sum_{k=2}^{n} \left[x_1^{(0)}(k) - \sum_{i=2}^{N} b_i x_i^{(1)}(k) + a z_1^{(1)}(k) - h_1(k-1) - h_2 \right] z_1^{(1)}(k) = 0, \\[2mm] \dfrac{\partial s}{\partial h_1} = -2 \sum_{k=2}^{n} \left[x_1^{(0)}(k) - \sum_{i=2}^{N} b_i x_i^{(1)}(k) + a z_1^{(1)}(k) - h_1(k-1) - h_2 \right] (k-1) = 0, \\[2mm] \dfrac{\partial s}{\partial h_2} = -2 \sum_{k=2}^{n} \left[x_1^{(0)}(k) - \sum_{i=2}^{N} b_i x_i^{(1)}(k) + a z_1^{(1)}(k) - h_1(k-1) - h_2 \right] = 0. \end{cases}$$

整理得

$$\begin{cases} \sum_{k=2}^{n} \left[x_1^{(0)}(k) - \sum_{i=2}^{N} b_i x_i^{(1)}(k) + a z_1^{(1)}(k) - h_1(k-1) - h_2 \right] x_2^{(1)}(k) = 0, \\[2mm] \sum_{k=2}^{n} \left[x_1^{(0)}(k) - \sum_{i=2}^{N} b_i x_i^{(1)}(k) + a z_1^{(1)}(k) - h_1(k-1) - h_2 \right] x_3^{(1)}(k) = 0, \\[2mm] \qquad\qquad\qquad\cdots\cdots \\[2mm] \sum_{k=2}^{n} \left[x_1^{(0)}(k) - \sum_{i=2}^{N} b_i x_i^{(1)}(k) + a z_1^{(1)}(k) - h_1(k-1) - h_2 \right] x_n^{(1)}(k) = 0, \\[2mm] \sum_{k=2}^{n} \left[x_1^{(0)}(k) - \sum_{i=2}^{N} b_i x_i^{(1)}(k) + a z_1^{(1)}(k) - h_1(k-1) - h_2 \right] z_1^{(1)}(k) = 0, \\[2mm] \sum_{k=2}^{n} \left[x_1^{(0)}(k) - \sum_{i=2}^{N} b_i x_i^{(1)}(k) + a z_1^{(1)}(k) - h_1(k-1) - h_2 \right] (k-1) = 0, \\[2mm] \sum_{k=2}^{n} \left[x_1^{(0)}(k) - \sum_{i=2}^{N} b_i x_i^{(1)}(k) + a z_1^{(1)}(k) - h_1(k-1) - h_2 \right] = 0. \end{cases} \tag{6.2.7}$$

根据方程组 (6.2.7), 可得

$$B^{\mathrm{T}} \varepsilon = 0 \Rightarrow B^{\mathrm{T}}(Y - B\hat{p}) = 0 \Rightarrow B^{\mathrm{T}} Y - B^{\mathrm{T}} B \hat{p} = 0 \Rightarrow \hat{p} = \left(B^{\mathrm{T}} B \right)^{-1} B^{\mathrm{T}} Y.$$

证明结束.

6.2.3 NSGM$(1, N)$ 模型的时间响应式与累减生成式

GM$(1, N)$ 模型通过其影子方程 (公式 (6.1.3)) 来推导 GM$(1, N)$ 模型的时间响应式 (公式 (6.1.5)), 通过其基本形式 (公式 (6.1.1)) 所估计得到的模型参数作为 GM$(1, N)$ 时间响应式的参数, 这就导致了参数估计 (公式 (6.1.1)) 与参数应用 (公式 (6.1.5)) 的 "非统一性" 或 "非同源性". 事实证明这是导致 GM$(1, N)$ 模型误差根源之一.

NSGM$(1, N)$ 模型没有影子方程, 或者说 NSGM$(1, N)$ 用差分模型 (公式 (6.2.2)) 代替了 GM$(1, N)$ 模型的影子方程, 并通过该差分模型来推导 NSGM$(1, N)$ 的时间响应式. 由于 NSGM$(1, N)$ 差分模型 (公式 (6.2.2)) 完全源于 NSGM$(1, N)$ 模型 (公式 (6.2.1)) 的等价变形, 这就确保了参数估计 (公式 (6.2.1)) 与参数应用 (公式 (6.2.2)) 的 "同源性".

本小节将对 NSGM$(1, N)$ 的时间响应式和累减生成式进行推导. 推导需完成的目标是, 在 NSGM$(1, N)$ 的累减生成式中输入时间 k 和对应自变量 $x_i^{(0)}(k)$ $(i = 2, 3, \cdots, N)$ 的值, 就能实现因变量 $\hat{x}_1^{(0)}(k)$ 的模拟和计算. 由于 NSGM$(1, N)$ 差分模型 (公式 (6.2.2)) 包含因变量未知分量 $z_1^{(1)}(k)$, 因此需要与 $\hat{x}_1^{(0)}(k)$ 进行整合.

定理 6.2.2 NSGM$(1, N)$ 模型及其差分模型分别如定义 6.2.1 及定义 6.2.2 所述, 则

(i) 当 $k = 2, 3, \cdots, m$ 时, NSGM$(1, N)$ 模型的时间响应式为

$$\hat{x}_1^{(1)}(k) = \sum_{t=1}^{k-1}\left[\mu_1\sum_{i=2}^{N}\mu_2^{t-1}b_ix_i^{(1)}(k-t+1)\right] + \mu_2^{k-1}\hat{x}_1^{(1)}(1)$$
$$+ \sum_{j=0}^{k-2}\mu_2^j\left[(k-j)\mu_3 + \mu_4\right]; \tag{6.2.8}$$

(ii) 当 $k = 2, 3, \cdots$ 时, NSGM$(1, N)$ 模型的累减生成式为

$$\hat{x}_1^{(0)}(k) = \mu_1(\mu_2-1)\sum_{t=1}^{k-2}\left[\sum_{i=2}^{N}\mu_2^{t-1}b_ix_i^{(1)}(k-t)\right] + \mu_1\sum_{i=2}^{N}b_ix_i^{(1)}(k) + \sum_{j=0}^{k-3}\mu_2^j\mu_3$$
$$+ (\mu_2-1)\mu_2^{k-2}x_1^{(1)}(1) + \mu_2^{k-2}(2\mu_3+\mu_4), \quad k = 2, 3, \cdots, \tag{6.2.9}$$

其中

$$\mu_1 = \frac{1}{1+0.5a}, \quad \mu_2 = \frac{1-0.5a}{1+0.5a}, \quad \mu_3 = \frac{h_1}{1+0.5a}, \quad \mu_4 = \frac{h_2-h_1}{1+0.5a}.$$

证明 (i) 根据定义 6.2.2 可知

$$\hat{x}_1^{(0)}(k) = \sum_{i=2}^{N}b_i\hat{x}_i^{(1)}(k) - az_1^{(1)}(k) + h_1(k-1) + h_2,$$

其中 $k = 2, 3, \cdots, m$. 根据定义 6.1.1 可知

$$x_1^{(0)}(k) = x_1^{(1)}(k) - x_1^{(1)}(k-1), \tag{6.2.10}$$

$$z_1^{(1)}(k) = 0.5 \times \left[x_1^{(1)}(k) + x_1^{(1)}(k-1)\right]. \tag{6.2.11}$$

将公式 (6.2.10) 和 (6.2.11) 代入公式 (6.2.1) 得

$$\hat{x}_1^{(1)}(k) - \hat{x}_1^{(1)}(k-1)$$
$$= \sum_{i=2}^{N} b_i x_i^{(1)}(k) - 0.5a \times \left[\hat{x}_1^{(1)}(k) + \hat{x}_1^{(1)}(k-1)\right] + h_1(k-1) + h_2. \tag{6.2.12}$$

整理公式 (6.2.12) 得

$$\hat{x}_1^{(1)}(k) = \frac{1}{1+0.5a} \sum_{i=2}^{N} b_i x_i^{(1)}(k) + \frac{1-0.5a}{1+0.5a} \hat{x}_1^{(1)}(k-1)$$
$$+ \frac{h_1}{1+0.5a}(k-1) + \frac{h_2}{1+0.5a}. \tag{6.2.13}$$

令

$$\mu_1 = \frac{1}{1+0.5a}, \quad \mu_2 = \frac{1-0.5a}{1+0.5a}, \quad \mu_3 = \frac{h_1}{1+0.5a}, \quad \mu_4 = \frac{h_2 - h_1}{1+0.5a}.$$

则公式 (6.2.13) 可变形为

$$\hat{x}_1^{(1)}(k) = \mu_1 \sum_{i=2}^{N} b_i x_i^{(1)}(k) + \mu_2 \hat{x}_1^{(1)}(k-1) + \mu_3 k + \mu_4, \quad k = 2, 3, \cdots. \tag{6.2.14}$$

根据公式 (6.2.14) 可知, 当 $k = 2$ 时,

$$\hat{x}_1^{(1)}(2) = \mu_1 \sum_{i=2}^{N} b_i x_i^{(1)}(2) + \mu_2 \hat{x}_1^{(1)}(1) + 2\mu_3 + \mu_4. \tag{6.2.15}$$

当 $k = 3$ 时,

$$\hat{x}_1^{(1)}(3) = \mu_1 \sum_{i=2}^{N} b_i x_i^{(1)}(3) + \mu_2 \hat{x}_1^{(1)}(2) + 3\mu_3 + \mu_4. \tag{6.2.16}$$

将公式 (6.2.15) 代入公式 (6.2.16) 可得

$$\hat{x}_1^{(1)}(3) = \mu_1 \sum_{i=2}^{N} b_i x_i^{(1)}(3) + \mu_2 \left[\mu_1 \sum_{i=2}^{N} b_i x_i^{(1)}(2) + \mu_2 \hat{x}_1^{(1)}(1) + 2\mu_3 + \mu_4\right] + 3\mu_3 + \mu_4$$
$$= \mu_1 \sum_{i=2}^{N} b_i x_i^{(1)}(3) + \mu_1 \mu_2 \sum_{i=2}^{N} b_i x_i^{(1)}(2) + \mu_2^2 \hat{x}_1^{(1)}(1)$$

$$+ 2\mu_2\mu_3 + \mu_2\mu_4 + 3\mu_3 + \mu_4. \tag{6.2.17}$$

尚无法从公式 (6.2.17) 发现 $\hat{x}_1^{(1)}(k)$ 的规律, 需继续推导.

当 $k = 4$ 时,

$$\hat{x}_1^{(1)}(4) = \mu_1 \sum_{i=2}^{N} b_i x_i^{(1)}(4) + \mu_2 \hat{x}_1^{(1)}(3) + 4\mu_3 + \mu_4. \tag{6.2.18}$$

将公式 (6.2.17) 代入公式 (6.2.18) 可得

$$\hat{x}_1^{(1)}(4) = \mu_1 \sum_{i=2}^{N} b_i x_i^{(1)}(4) + \mu_1\mu_2 \sum_{i=2}^{N} b_i x_i^{(1)}(3) + \mu_1\mu_2^2 \sum_{i=2}^{N} b_i x_i^{(1)}(2)$$
$$+ \mu_2^3 \hat{x}_1^{(1)}(1) + 2\mu_2^2\mu_3 + \mu_2^2\mu_4 + 3\mu_2\mu_3 + \mu_2\mu_4 + 4\mu_3 + \mu_4. \tag{6.2.19}$$
$$\vdots$$

当 $k = t$ 时,

$$\hat{x}_1^{(1)}(t) = \mu_1 \sum_{i=2}^{N} b_i x_i^{(1)}(t) + \mu_1\mu_2 \sum_{i=2}^{N} b_i x_i^{(1)}(t-1) + \cdots + \mu_1\mu_2^{t-1} \sum_{i=2}^{N} b_i x_i^{(1)}(2)$$
$$+ \mu_2^{t-1} \hat{x}_1^{(1)}(1) + 2\mu_2^{t-2}\mu_3 + \mu_2^{t-2}\mu_4 + 3\mu_2^{t-3}\mu_3 + \mu_2^{t-3}\mu_4 + \cdots + t\mu_3 + \mu_4. \tag{6.2.20}$$

在公式 (6.2.20) 中, 令

$$A = \mu_1 \sum_{i=2}^{N} b_i x_i^{(1)}(t) + \mu_1\mu_2 \sum_{i=2}^{N} b_i x_i^{(1)}(t-1) + \cdots + \mu_1\mu_2^{t-1} \sum_{i=2}^{N} b_i x_i^{(1)}(2)$$
$$= \sum_{v=1}^{t-1} \left[\mu_1 \sum_{i=2}^{N} \mu_2^{v-1} b_i x_i^{(1)}(t-v+1) \right],$$
$$B = 2\mu_2^{t-2}\mu_3 + \mu_2^{t-2}\mu_4 + 3\mu_2^{t-3}\mu_3 + \mu_2^{t-3}\mu_4 + \cdots + t\mu_3 + \mu_4$$
$$= \sum_{j=0}^{t-2} \mu_2^{j}[(t-j)\mu_3 + \mu_4].$$

将 A 及 B 分别代入公式 (6.2.20), 则公式 (6.2.20) 可简化为

$$\hat{x}_1^{(1)}(k) = \sum_{v=1}^{k-1} \left[\mu_1 \sum_{i=2}^{N} \mu_2^{v-1} b_i x_i^{(1)}(k-v+1) \right] + \mu_2^{k-1} \hat{x}_1^{(1)}(1) + \sum_{j=0}^{k-2} \mu_2^{j}[(k-j)\mu_3 + \mu_4], \tag{6.2.21}$$

其中 $k = 2, 3, \cdots$. 定理 6.2.2 第 (i) 部分证明结束.

(ii) 根据定理 6.1.2 可知

$$\hat{x}_1^{(0)}(k) = \hat{x}_1^{(1)}(k) - \hat{x}_1^{(1)}(k-1), \quad k = 2,3,4,\cdots.$$

根据式 (6.2.21), 我们可以得到

$$\hat{x}_1^{(1)}(k-1) = \sum_{v=1}^{k-2}\left[\mu_1\sum_{i=2}^{N}\mu_2^{v-1}b_ix_i^{(1)}(k-v)\right] + \mu_2^{k-2}\hat{x}_1^{(1)}(1)$$
$$+ \sum_{j=0}^{k-3}\mu_2^{j}[(k-j-1)\mu_3+\mu_4],$$

则

$$\hat{x}_1^{(0)}(k) = \sum_{v=1}^{k-1}\left[\mu_1\sum_{i=2}^{N}\mu_2^{v-1}b_ix_i^{(1)}(k-v+1)\right] + \mu_2^{k-1}\hat{x}_1^{(1)}(1)$$
$$+ \sum_{j=0}^{k-2}\mu_2^{j}[(k-j)\mu_3+\mu_4] - \left\{\sum_{v=1}^{k-2}\left[\mu_1\sum_{i=2}^{N}\mu_2^{v-1}b_ix_i^{(1)}(k-v)\right]\right.$$
$$\left.+ \mu_2^{k-2}\hat{x}_1^{(1)}(1) + \sum_{j=0}^{k-3}\mu_2^{j}[(k-j-1)\mu_3+\mu_4]\right\}.$$

因为

$$\sum_{v=1}^{k-1}\left[\mu_1\sum_{i=2}^{N}\mu_2^{v-1}b_ix_i^{(1)}(k-v+1)\right] - \sum_{v=1}^{k-2}\left[\mu_1\sum_{i=2}^{N}\mu_2^{v-1}b_ix_i^{(1)}(k-v)\right]$$
$$= \mu_1\sum_{i=2}^{N}b_ix_i^{(1)}(k) + \mu_1\mu_2\sum_{i=2}^{N}b_ix_i^{(1)}(k-1) + \cdots + \mu_1\mu_2^{k-2}\sum_{i=2}^{N}b_ix_i^{(1)}(2)$$
$$- \left[\mu_1\sum_{i=2}^{N}b_ix_i^{(1)}(k-1) + \mu_1\mu_2\sum_{i=2}^{N}b_ix_i^{(1)}(k-2) + \cdots + \mu_1\mu_2^{k-3}\sum_{i=2}^{N}b_ix_i^{(1)}(2)\right]$$
$$= \mu_1\sum_{i=2}^{N}b_ix_i^{(1)}(k) + \mu_1(\mu_2-1)\sum_{i=2}^{N}b_ix_i^{(1)}(k-1) + \cdots + \mu_1\mu_2^{k-3}(\mu_2-1)\sum_{i=2}^{N}b_ix_i^{(1)}(2)$$
$$= \mu_1\sum_{i=2}^{N}b_ix_i^{(1)}(k) + \mu_1(\mu_2-1)\sum_{v=1}^{k-2}\left[\sum_{i=2}^{N}\mu_2^{v-1}b_ix_i^{(1)}(k-v)\right],$$

且

$$\sum_{j=0}^{k-2}\mu_2^{j}[(k-j)\mu_3+\mu_4] - \sum_{j=0}^{k-3}\mu_2^{j}[(k-j-1)\mu_3+\mu_4]$$
$$= 2\mu_2^{k-2}\mu_3 + \mu_2^{k-2}\mu_4 + 3\mu_2^{k-3}\mu_3 + \mu_2^{k-3}\mu_4 + \cdots + k\mu_3 + \mu_4$$

$$- \left[2\mu_2^{k-3}\mu_3 + \mu_2^{k-3}\mu_4 + 3\mu_2^{k-4}\mu_3 + \mu_2^{k-4}\mu_4 + \cdots + (k-1)\cdot\mu_3 + \mu_4\right]$$

$$= (2\mu_3 + \mu_4)\mu_2^{k-2} + \sum_{j=0}^{k-3}\mu_2^j\mu_3.$$

则

$$\hat{x}_1^{(0)}(k) = \mu_1\sum_{i=2}^{N}b_ix_i^{(1)}(k) + \mu_1(\mu_2-1)\sum_{v=1}^{k-2}\left[\sum_{i=2}^{N}\mu_2^{v-1}b_ix_i^{(1)}(k-v)\right]$$

$$+ (2\mu_3+\mu_4)\mu_2^{k-2} + \sum_{j=0}^{k-3}\mu_2^j\mu_3 + (\mu_2-1)\mu_2^{k-2}\hat{x}_1^{(1)}(1), \quad k=2,3,4,\cdots.$$
$$(6.2.22)$$

定理 6.2.2 证明结束.

在公式 (6.2.22) 中, μ_1,μ_2,μ_3,μ_4 是常数, $\hat{x}_1^{(1)}(1)$ 是灰色预测模型初始值, 均为已知项. 因此对于一个给定的 k 和对应自变量 $x_i^{(0)}(k)\,(i=2,3,\cdots,N)$ 的值, 根据公式 (6.2.22) 就能实现因变量 $\hat{x}_1^{(0)}(k)$ 的模拟和计算.

在 NSGM$(1,N)$ 模型中, 没有 "$X_i^{(1)}(i=1,2,\cdots,N)$ 变化幅度很小情况下, $\sum_{i=2}^{N}b_ix_i^{(1)}(k)$ 可视为灰常量" 的前提假设; 也不存在 GM$(1,N)$ 模型参数估计 (公式 (6.1.1)) 与参数应用 (公式 (6.1.5)) 的 "非同源性" 问题; 同时在模型中增加了线性修正项及灰色作用量, 结构更趋合理. 因此, NSGM$(1,N)$ 模型在一定程度上解决了传统 GM$(1,N)$ 模型的机理缺陷、参数缺陷与结构缺陷的问题, 下面从理论上证明了该模型与传统单变量灰色预测模型之间的转化关系.

6.2.4 NSGM$(1, N)$ 模型的性质

性质 6.2.1   TDGM(1,1) 模型及 NSGM$(1,N)$ 分别如定义 4.1.1 及定义 6.2.1 所述, 则当 $N=1$ 时, NSGM$(1,N)$ 模型与 TDGM(1,1) 模型等价.

证明   当 $N=1$ 时, 根据定义 6.2.1 可知

$$x_1^{(0)}(k) + az_1^{(1)}(k) = h_1(k-1) + h_2. \qquad (6.2.23)$$

令 $b=h_1$, $c=h_2-h_1$, 则公式 (6.2.23) 变形为

$$x_1^{(0)}(k) + az_1^{(1)}(k) = bk + c. \qquad (6.2.24)$$

公式 (6.2.24) 即为 TDGM(1,1) 模型. 证明结束.

因为 TDGM(1,1) 模型能实现对齐次/非齐次指数序列及线性函数序列的无偏模拟, 因此根据性质 6.2.1, 可以进一步得到 NSGM$(1,N)$ 如下性质.

推论 6.2.1   NSGM$(1,N)$ 模型如定义 6.2.1 所述, 当 $N=1$ 时, NSGM$(1,N)$ 模型能实现对齐次指数序列及非齐次指数序列的无偏模拟.

推论 6.2.2　NSGM $(1, N)$ 模型如定义 6.2.1 所述, 当 $N = 1$ 时, NSGM $(1, N)$ 模型能实现对线性函数序列的无偏模拟.

推论 6.2.1 及推论 6.2.2 可通过矩阵运算或克拉默法则来证明, 此处略.

性质 6.2.2　GM $(1, N)$ 模型及 NSGM $(1, N)$ 模型如定义 6.1.1 及定义 6.2.1 所述, 当 $N > 1$, $h_1 = 0$ 且 $h_2 = 0$ 时, NSGM $(1, N)$ 模型与 GM $(1, N)$ 模型等价.

证明　当 $N > 1$, $h_1 = 0$ 且 $h_2 = 0$ 时, 根据公式 (6.2.1) 可知

$$x_1^{(0)}(k) + az_1^{(1)}(k) = \sum_{i=2}^{N} b_i x_i^{(1)}(k). \tag{6.2.25}$$

公式 (6.2.25) 即为含 N 个变量的灰色预测模型, 即 GM $(1, N)$ 模型. 证明结束.

从性质 6.2.1、性质 6.2.2 可以看出, NSGM $(1, N)$ 模型可以通过模型参数的变化实现与传统多变量 GM $(1, N)$ 模型及单变量 TDGM $(1,1)$ 模型的转换, 表明 NSGM $(1, N)$ 模型具有较强的兼容性、通用性与泛化能力.

6.2.5　NSGM$(1, N)$ 模型的建模步骤

构建 NSGM$(1, N)$ 模型, 首先确定因变量及影响因变量的相关因素, 并搜集相关数据.

步骤 1　确定自变量. 首先计算因变量和各个影响因素时间序列之间的灰色关联度, 然后根据灰色关联度的大小对自变量的影响程度进行排序, 最后根据系统所设置的阈值确定影响因变量发展变化的关键因素, 也就是模型中的自变量.

步骤 2　数据预处理. 计算因变量序列的 1-AGO 累加生成序列 $X^{(1)}$ 及其紧邻均值生成序列 $Z^{(1)}$; 同时, 计算所有自变量序列的 1-AGO 累加生成序列 $X_i^{(1)}$.

步骤 3　根据定理 6.2.1, 构造矩阵 B 和 Y, 计算 NSGM$(1, N)$ 参数列 $\hat{p} = [b_2, b_3, \cdots, b_N, a, h_1, h_2]^{\mathrm{T}}$. 该过程若出现 "奇异矩阵", 则可能是由于不同指标数据数量级差异所导致, 因此对因变量和自变量去量纲化处理在一定程度上可以避免此类现象的发生.

步骤 4　根据定理 6.2.2 及参数列 $\hat{p} = [b_2, b_3, \cdots, b_N, a, h_1, h_2]^{\mathrm{T}}$, 构建 NSGM$(1, N)$ 模型.

步骤 5　根据所构建的 NSGM$(1, N)$ 模型, 计算模拟值、残差及平均相对模拟误差.

步骤 6　若 NSGM$(1, N)$ 模拟精度满足要求, 则应用 NSGM$(1, N)$ 模型进行预测, 并计算预测数据、残差及平均相对预测误差.

步骤 7　若 NSGM$(1, N)$ 满足预测精度要求, 则可应用 NSGM$(1, N)$ 对系统未来进行预测.

NSGM$(1, N)$ 的建模流程图, 如图 6.2.1 所示.

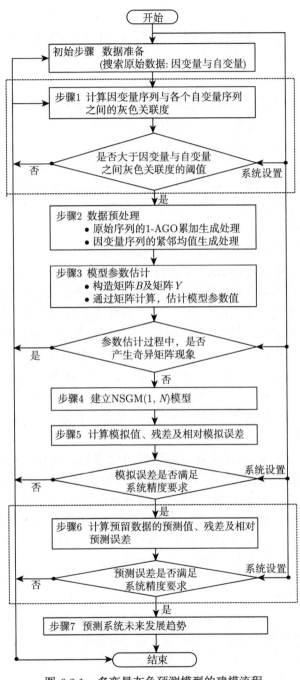

图 6.2.1 多变量灰色预测模型的建模流程

虚线方框中为可选步骤

6.3   模型应用: 混凝土抗弯强度预测

6.3.1   背景介绍

水泥路面混凝土在长期使用过程中, 除了承受车辆荷载的反复作用之外, 还受到环境温差的影响. 环境温差会导致混凝土内部各组分间的热变形不均匀, 使混凝土内部产生微裂纹, 并引发微裂纹扩展甚至造成材料结构损伤. 因此, 在我国内蒙古、新疆等大温差地区, 发现了相当数量的路面、桥梁等由温度大幅度剧烈变化引起的混凝土开裂现象. 因此, 从实际需求出发, 研究温度循环作用下混凝土路面的力学性能, 在最大程度上降低荷载、温度共同作用对混凝土路面产生的影响, 对提高我国道路的使用效率和使用寿命具有积极意义.

混凝土抗弯强度是衡量混凝土力学性能的重要指标之一, 主要受到混凝土裂纹扩展大小的影响. 而混凝土裂纹扩展则是由混凝土内部孔结构的贯通引起的. 由于混凝土内部孔结构相对于裂纹更便于测量, 因此可以通过构建混凝土孔结构与混凝土抗弯强度之间的关系来实现对混凝土抗弯强度大小的分析和预测.

混凝土孔结构的变化受到振捣、养护、外加剂、使用环境情况等诸多因素的影响, 具有典型的 “灰因白果” 特征. 同时, 由于孔结构及混凝土抗弯强度试验数据的采集不仅成本较高, 同时对路面具有一定的破坏性, 因此难以获得大样本的统计数据 (数据量小). 另一方面, 混凝土原材料的各项性能、混凝土制作工艺、混凝土强度测定过程以及设备精度等存在不确定性, 这导致所采集到的样本数据具有一定的 “不确定性” 特征.

通过大量研究发现, 线性函数、幂函数、指数函数以及对数函数均难以实现对混凝土强度和孔结构 (通常用孔隙率表示) 关系的有效描述. 因为这些模型不符合 “混凝土系统” 的数据特征与结构特征. 灰色预测模型是研究 “小数据、贫信息” 问题的一种常用数学建模方法, 尤其对数据信息、结构信息不清晰的系统具有较好的建模能力. 因此, 我们利用本章所介绍的新结构多变量灰色预测模型 NSGM(1, N) 来建立混凝土抗弯强度与总孔隙率之间的数学关系.

6.3.2   试验数据采集

试验采用 P.O42.5 普通硅酸盐水泥, 细骨料采用表观密度为 2650 kg/m³ 的天然水洗河砂, 粗骨料采用表观密度为 2800 kg/m³ 的碎石, 拌合用自来水. 配合比为水泥:粗骨料:细骨料 =500:1150:546. 水胶比分别为 0.36, 0.39, 0.42 三种. 减水剂均为 0.1%. 试件尺寸为 40×40×160 mm³, 标准养护 28d 后进行高低温循环试验 (制造环境温差) 和抗弯试验. 高低温循环采用环境温度箱进行. 抗弯试验仪器采用 MTS 试验机, 按照《GB/T50081—2002 普通混凝土力学性能试验方法标准》规定进行, 加载速率设为 0.04kN/s. 孔结构测定采用低场核磁共振设备进行. 共采集到 12 组抗弯强度与总孔隙率相关数据, 如表 6.3.1 所示.

表 6.3.1　混凝土抗弯强度及总孔隙率

序号	抗弯强度/MPa	总孔隙率/%	序号	抗弯强度/MPa	总孔隙率/%
$k=1$	9.45	0.788	$k=7$	7.13	1.495
$k=2$	8.93	1.024	$k=8$	6.71	2.139
$k=3$	8.51	1.265	$k=9$	7.24	1.730
$k=4$	7.52	1.701	$k=10$	6.64	1.981
$k=5$	7.48	1.285	$k=11$	6.49	2.351
$k=6$	7.26	1.421	$k=12$	5.38	2.785

6.3.3　NSGM(1,2) 模型的构建

步骤 1　确定建模数据.

由表 6.3.1 可知, 样本序列共有 12 组. 选取前 8 组样本数据构建 NSGM(1,2) 模型, 并测试其模拟性能; 预留后 4 组样本用来分析模型的预测效果. 因此,

系统特征序列为

$$X_1^{(0)} = (9.45, 8.93, 8.51, 7.52, 7.48, 7.26, 7.13, 6.71);$$

相关行为序列为

$$X_2^{(0)} = (0.788, 1.024, 1.265, 1.701, 1.285, 1.421, 1.495, 2.139).$$

步骤 2　计算 NSGM(1, 2) 模型参数.

根据 NSGM(1,2) 建模过程, 首先对 NSGM(1,2) 参数进行计算, 该过程包括如下三个步骤.

(a) 根据定义 6.1.1 计算系统特征序列 $X_1^{(0)}$ 和相关行为序列 $X_2^{(0)}$ 的一次累加生成序列 $X_1^{(1)}$, $X_2^{(1)}$:

$$X_1^{(1)} = \left(x^{(1)}(1), x^{(1)}(2), x^{(1)}(3), x^{(1)}(4), x^{(1)}(5), x^{(1)}(6), x^{(1)}(7), x^{(1)}(8)\right)$$
$$= (1, 1.945, 2.8455, 3.6413, 4.4328, 5.2011, 5.9672, 6.7217).$$
$$X_2^{(1)} = \left(x^{(1)}(1), x^{(1)}(2), x^{(1)}(3), x^{(1)}(4), x^{(1)}(5), x^{(1)}(6), x^{(1)}(7), x^{(1)}(8)\right)$$
$$= (0.788, 1.812, 3.077, 4.778, 6.063, 7.484, 8.979, 11.118).$$

(b) 根据定义 6.1.1 计算系统特征序列 $X_1^{(1)}$ 的紧邻均值序列 $Z_1^{(1)}$:

$$Z_1^{(1)} = \left(z^{(1)}(2), z^{(1)}(3), z^{(1)}(4), z^{(1)}(5), z^{(1)}(6), z^{(1)}(7), z^{(1)}(8)\right)$$
$$= (1.4725, 2.39525, 3.2434, 4.03705, 4.81695, 5.58415, 6.34445).$$

(c) 根据定理 6.2.1 构造 NSGM(1,2) 参数矩阵 B 及 Y, 并计算模型参数 $\hat{p} = (b_2, a, h_1, h_2)^{\mathrm{T}}$.

$$B = \begin{bmatrix} 1.812 & -1.47250 & 1 & 1 \\ 3.077 & -2.39525 & 2 & 1 \\ \vdots & \vdots & \vdots & \vdots \\ 11.118 & -5.58415 & 7 & 1 \end{bmatrix}, \quad Y = \begin{bmatrix} 1.945 \\ 2.8455 \\ \vdots \\ 6.7217 \end{bmatrix},$$

得 NSGM(1,2) 参数列, 如下

$$\hat{p} = (b_2, a, h_1, h_2)^{\mathrm{T}} = \left(B^{\mathrm{T}}B\right)^{-1} B^{\mathrm{T}}Y = (-0.76298, 0.47779, 4.43123, 12.61077)^{\mathrm{T}}.$$

步骤 3　构建 NSGM(1,2) 模型.

根据公式 (6.2.9), 将模型参数列 $\hat{p} = (b_2, a, h_1, h_2)^{\mathrm{T}}$ 代入 NSGM(1,2) 模型, 可计算中间变量 μ_1, μ_2, μ_3 和 μ_4, 如下

$$\mu_1 = \frac{1}{1 + 0.5a} = 0.807171, \quad \mu_2 = \frac{1 - 0.5a}{1 + 0.5a} = 0.614342,$$

$$\mu_3 = \frac{h_1}{1 + 0.5a} = 3.57676, \quad \mu_4 = \frac{h_2 - h_1}{1 + 0.5a} = 6.602287.$$

将 μ_1, μ_2, μ_3 和 μ_4 代入公式 (6.2.9), 可构建混凝土抗弯强度 NSGM(1,2) 的时间响应式, 如下

$$\hat{x}_1^{(0)}(k) = -0.31129 \sum_{t=1}^{k-2} \left[0.614342^{t-1} (-0.76298)\, x_2^{(1)}(k-t) \right]$$

$$+ (-0.61586)\, x_i^{(1)}(k) + 3.57676 \sum_{j=0}^{k-3} 0.614342^j$$

$$- 0.38566 \times 0.614342^{k-2} x_1^{(0)}(1) + 13.75581 \times 00.614342^{k-2}, \quad (6.3.1)$$

其中 $k = 2, 3, 4, \cdots$.

步骤 4　NSGM(1,2) 模型模拟及预测误差检验.

根据公式 (6.3.1), 当 $k = 2, 3, 4, \cdots, 8$ 时, 可计算混凝土抗弯强度的模拟值、残差、相对模拟误差及平均相对模拟误差, 结果如表 6.3.2 所示.

由表 6.3.2 知, NSGM(1,2) 模型对混凝土抗弯强度的平均相对模拟误差 $\bar{\Delta}_s = 0.88\%$. 查阅灰色预测模型误差等级参照表, 可知 NSGM(1,2) 模型的误差等级为 I 级, 表明该模型具有较好的模拟性能, 可用于中长期预测. 应用 NSGM(1,2) 模型对混凝土抗弯强度进行预测, 结果如表 6.3.3 所示.

表 6.3.2　基于 NSGM(1,2) 的混凝土抗弯强度模拟数据信息表

序号	原始序列 $x_1^{(0)}(k)$	模拟序列 $\hat{x}_1^{(0)}(k)$	残差 $\varepsilon(k)$	相对模拟误差 $\bar{\Delta}(k)$
$k=1$	9.45	—	—	—
$k=2$	8.93	9.00	−0.07	0.78%
$k=3$	8.51	8.32	0.19	0.23%
$k=4$	7.52	7.64	−0.12	1.60%
$k=5$	7.48	7.48	0.00	0.00%
$k=6$	7.26	7.30	−0.04	0.55%
$k=7$	7.13	7.14	−0.01	0.14%
$k=8$	6.71	6.65	0.06	0.89%
平均相对模拟误差		$\bar{\Delta}_s = 0.88\%$		

表 6.3.3　基于 NSGM(1,2) 的混凝土抗弯强度预测数据信息表

序号	原始序列 $x_1^{(0)}(k)$	预测序列 $\hat{x}_1^{(0)}(k)$	残差 $\varepsilon(k)$	相对模拟误差 $\bar{\Delta}(k)$
$k=9$	7.24	6.60	0.64	8.84%
$k=10$	6.64	6.41	0.23	3.46%
$k=11$	6.49	6.07	0.42	6.47%
$k=12$	5.38	5.59	−0.21	3.90%
平均相对预测误差		$\bar{\Delta}_p = 5.67\%$		

综合表 6.3.2 和表 6.3.3 中因变量 (混凝土抗弯强度) 的平均相对模拟/预测误差, 可计算 NSGM(1,2) 模型对混凝土抗弯强度的综合误差, 如下

$$\bar{\Delta} = \frac{\bar{\Delta}_s \times 7 + \bar{\Delta}_p \times 4}{11} = 2.62\%. \tag{6.3.2}$$

NSGM(1,2) 模型对混凝土抗弯强度的综合误差 $\bar{\Delta} = 2.62\%$, 该模型综合精度等级介于 I 级和 II 级之间, 表明 NSGM(1,2) 模型具有较好的综合性能和建模能力.

为更清晰地显示 NSGM(1,2) 模型对混凝土抗弯强度的建模效果, 根据表 6.3.2 及表 6.3.3 中数据, 利用 MATLAB 绘制了混凝土抗弯强度原始序列及其模拟/预测序列的散点折线图, 如图 6.3.1 所示.

图 6.3.1 中, 阴影部分是 NSGM(1,2) 模型的模拟区域, 剩下的部分是预测区域. 可见, 通过 NSGM(1,2) 模型建模后得到的模拟/预测序列和原始序列的整体趋势基本一致. 其中在模拟过程中, 两条曲线接近重合, 模拟效果较好; 在预测过程中, 局部数据点离差较大, 表明 NSGM(1,2) 模型的预测性能还有待提高. 总体而言, NSGM(1,2) 模型的综合性能较好, 能比较客观地描述混凝土抗弯强度与总孔隙率之间的变化关系, 可以用于预测.

另外, 我们用传统的 GM(1, N) 模型 (定义 6.1.1) 对混凝土抗弯强度进行了建模, 发现该模型模拟及预测预测效果差, 对混凝土抗弯强度的建模结果无实际参考

价值. 这表明本章所构建的新结构灰色预测模型 NSGM$(1, N)$, 其建模能力优于传统的多变量灰色预测模型.

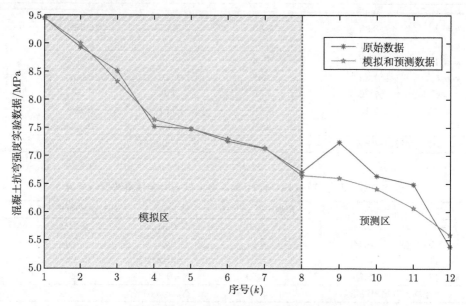

图 6.3.1　原始混凝土抗弯强度序列和其模拟序列 (后附彩图)

为了简化计算, 本书开发了构建 NSGM$(1, N)$ 模型的 MATLAB 程序 "NSGM_1N.m", 运行这两个程序的时候, 只需输入因变量/自变量等基本信息即可实现模型的计算与结果的输出. 应用 "NSGM_1N.m" 构建混凝土抗弯强度预测的 NSGM$(1, N)$ 模型, 结果如图 6.3.2 所示.

6.4　本章小结

单变量灰色预测模型通常要求建模序列满足一定的规律性或趋势性, 否则其模型性能难以保证, 同时由于缺少驱动变量导致其实现拐点预测比较困难. 多变量灰色预测模型由一个因变量 (系统特征变量) 及若干自变量 (解释变量、驱动变量) 构成, 通过构建因变量和自变量之间的函数关系以实现对因变量的预测. 因此, 多变量灰色预测模型是典型的因果关系预测模型, 与多元回归预测模型在形式上也具有一定的相似之处.

然而, 传统多变量灰色预测模型 GM$(1, N)$ 在建模机理、参数估计与模型结构方面均存在一些缺陷, 这使得 GM$(1, N)$ 模型有时性能甚至比不上传统的单变量灰色预测模型. 为此, 本章提出了一个新结构的多变量灰色预测模型 NSGM$(1, N)$. 新模型解决了传统 GM$(1, N)$ 模型参数估计的 "非同源性" 问题, 同时在模型中增

```
 一种新结构的多变量灰色预测模型, NSGM(1, N)
━━━━━━━━━━━━━━━━━━━━━━━━━━【数据输入】━━━━━━━━━━━━━━━━━━━━
因 变 量:  9.45, 8.93, 8.51, 7.52, 7.48, 7.26, 7.13, 6.71, 7.24, 6.64, 6.49, 5.38,
自变量[1]:0.788, 1.024, 1.265, 1.701, 1.285, 1.421, 1.495, 2.139, 1.73, 1.981, 2.351, 2.785,

━━━━━━━━━━━━━━━━━━━【数据信息与功能划分】━━━━━━━━━━━━━━━━━
变量及数据个数: 输入数据中共[2]个变量, 每个变量中共[12]个数据
建模数据子矩阵: 矩阵前[8]组数据
预测误差子矩阵: 矩阵第[9]到第[12]之间的数据
数据预测子矩阵: 矩阵后[0]组数据, 即矩阵第[13]到第[12]之间的数据
━━━━━━━━━━━━━━━━━━━━━━【参数计算】━━━━━━━━━━━━━━━━━━━
NSGM(1, N) 模型参数b2, b3, . . . , bn, a, h1, h2:
Ps =

       -0.76298083215148
        0.4777916165135
        4.43122692337754
       12.610774037926

━━━━━━━━━━━━━━━━━【计算模拟值、残差及相对误差】━━━━━━━━━━━━━━━
Simulation =

  No    Raw_data    Simulated_data       Residual_error           Percentage_error
  ──

   2     8.93      8.99538834752675    0.0653883475267527        0.73223233512601
   3     8.51      8.32393158459194   -0.186068415408062         2.18646786613469
   4     7.52      7.642915316687      0.122915316686997         1.63451218998667
   5     7.48      7.48073516510872    0.00073516510871485       0.00982841054431621
   6     7.26      7.29734493580761    0.0373449358076066        0.514393055201192
   7     7.13      7.13910753398696    0.00910753398695796       0.127735399536577
   8     6.71      6.64528488833392   -0.0647151116660813        0.9644576999416

平均相对模拟百分误差: 0.88138%
━━━━━━━━━━━━━━━━━【计算预测值、残差及相对误差】━━━━━━━━━━━━━━━
Prediction =

  No    Raw_data    Predicted_data       Residual_error           Percentage_error
  ──

   9     7.24      6.59379442012088   -0.646205579879122         8.9254914347945
  10     6.64      6.40758198924147   -0.232418010758525         3.50027124636332
  11     6.49      6.06531755766695   -0.42468244233305          6.54364317924576
  12     5.38      5.58776926767619    0.20776926767619          3.86188229881393

平均相对预测百分误差: 5.7078%
━━━━━━━━━━━━━━━━━━━━━━【建模结束】━━━━━━━━━━━━━━━━━━━━
>>
```

图 6.3.2 混凝土抗弯强度预测 NSGM(1,12) 模型运行结果

加了线性修正项及灰色作用量, 使得新模型具有更加优良的结构兼容性.

最后, 本章应用 NSGM(1, N) 来建立混凝土抗弯强度与孔隙率之间的关系模型, 详细介绍了应用研究背景、试验数据来源及模型构建步骤, 并对 NSGM(1, N) 的模拟及预测误差进行了计算和检验. 结果表明, NSGM(1, N) 模型的综合误差介于 I 级和 II 级之间, 具有较好的综合性能和建模能力. 传统的 GM(1, N) 模型的模拟及预测预测效果差, 对混凝土抗弯强度的建模结果无实际参考价值.

第 7 章　特殊序列灰色预测模型

这里所谓的序列 "特殊性", 是相对于传统齐次/非齐次指数序列及饱和状 S 形序列而言的, 主要指建模对象的不确定性与数据变化规律的无序性两个方面. 前者是指建模对象为具有不确定性特征的灰色数据, 后者则是建模对象的数据特征具有波动性或振荡性. 本章主要对区间灰数预测模型、灰色异构数据预测模型及波动序列及振荡序列灰色预测模型的建模方法进行研究, 以拓展传统灰色预测模型的建模对象与适应范围, 从而提高灰色预测模型的建模能力.

7.1　基于灰数带及灰数层的区间灰数预测模型

目前为止, 本书所介绍的灰色预测模型, 不管是单变量的 TDGM(1, 1) 模型还是多变量的 NSGM(1, N) 模型, 其建模对象均为实数. 在灰色系统理论中, 灰数是灰色系统最基本的表示单元或 "细胞". 因此, 构建适用于灰数序列的灰色预测模型, 更符合人们对系统未来趋势的把握和认识, 更能有效地体现灰数的信息内涵. 为此, 本章将介绍灰数预测模型的建模方法.

区间灰数是一种最为常见的灰数形式, 本章主要对区间灰数预测模型的建模方法进行讨论, 对离散灰数预测模型的构建, 有兴趣者可以查阅相关文献.

7.1.1　构建区间灰数预测模型所面临的问题

构建区间灰数预测模型所面临的问题, 主要体现在以下三个方面.

一是区间灰数间的代数运算将导致结果灰度增加. 目前, 灰代数运算体系尚不完善, 区间灰数之间的代数运算将导致结果灰度增加, 若按照传统灰色预测模型的建模思路来构建区间灰数预测模型, 就需要对区间灰数进行累加、累减、矩阵乘法和求逆等操作, 涉及大量的代数运算, 这必然导致模拟或预测的最终结果灰度急剧增加, 甚至接近于黑数, 从而失去了构建预测模型应有的价值.

二是区间灰数序列的累加生成序列无法进行指数拟合. 传统灰色预测模型通过对非负序列进行累加生成来寻找序列的灰指数规律, 从而实现对原始序列的指数拟合. 由于灰色预测模型的建模对象为实数序列, 非负序列通过累加生成后得到一条单增的数据序列, 在二维直角坐标平面上表现为一组离散上升的数据点. 因此, 可以对这些数据点按照灰色理论的基本思想进行最小二乘意义上的指数拟合. 而对于区间灰数序列, 其累加生成后得到的新序列, 在二维直角坐标平面上表现为一组区间距越来越大的区间灰数序列, 而不是离散上升的数据点, 故无法对其进行指数拟合.

三是基于区间灰数界点序列的灰色预测模型存在病态. 区间灰数的上界和下界在形式上表现为实数, 为了构建区间灰数预测模型, 容易想到直接构建基于区间灰数上界序列和下界序列 (合称 "界点序列") 的灰色预测模型, 从而分别实现区间灰数上界和下界的预测, 然后组合起来实现区间灰数的预测. 然而, 由于基于 "界点序列" 的灰色预测模型的累减生成式均为齐次指数函数, 通常具有不同的 "陡峭"程度, 有可能在相同的预测时点, 出现区间灰数下界值大于上界值的情况 (图 7.1.1).导致这种病态现象的主要原因是, 该方法破坏了区间灰数的独立性和完整性. 区间灰数的上界和下界是标志区间灰数作为一个独立数据单元密不可分的两个组成部分, 将区间灰数的上界和下界割裂开来分别建立灰色预测模型, 本质上破坏了区间灰数的独立性和完整性, 导致预测结果产生病态.

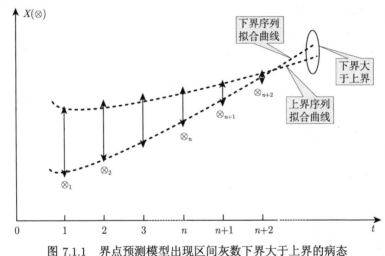

图 7.1.1 界点预测模型出现区间灰数下界大于上界的病态

本小节基于区间灰数序列空间映射的几何表征体系, 提出了灰数带及灰数层的基本概念, 通过计算灰数层的面积及灰数层中位线中点的坐标, 在不破坏区间灰数独立性与完整性的前提下, 将区间灰数序列转换成等信息量的实数序列, 然后在此基础上推导并构建了基于区间灰数的预测模型.

7.1.2 面积序列与坐标序列

考虑到灰代数运算体系在短期内难以取得有效突破, 无法按照传统灰色预测模型的建模方式直接构建面向区间灰数序列的灰色预测模型. 为了规避区间灰数之间的代数运算, 首先将区间灰数序列转变成实数序列, 然后通过构建实数序列的灰色预测模型, 去反推区间灰数预测模型. 因此, 区间灰数序列与实数序列间的转换,

是构建区间灰数预测模型应首先解决的关键问题, 在设计转换算法时, 需要满足一定的规则, 如下:

规则 1   区间灰数序列与转换后的实数序列具有同等的信息量; (信息等价性)

规则 2   转换所得实数序列均同时包含区间灰数的上界和下界信息. (数据完整性)

本小节, 我们利用区间灰数序列的几何特征, 在满足信息等价性与数据完整性的前提下, 实现区间灰数序列与实数序列的转换, 在此基础上构建区间灰数预测模型.

定义 7.1.1   设 $X(\otimes) = (\otimes_1, \otimes_2, \cdots, \otimes_n)$ 为区间灰数序列, 其中 $\otimes_k \in [a_k, b_k]$, $k = 1, 2, \cdots, n$. 将 $X(\otimes)$ 中所有元素在二维直角坐标平面体系中进行映射, 顺次连接相邻区间灰数的上界点和下界点围成的图形, 称为 $X(\otimes)$ 的灰数带; 相邻区间灰数之间的灰数带, 称为灰数层. 根据灰数层在灰数带中的位置, 依次记为灰数层①, ②, $\cdots$, ⓝ₋₁), 如图 7.1.2 所示.

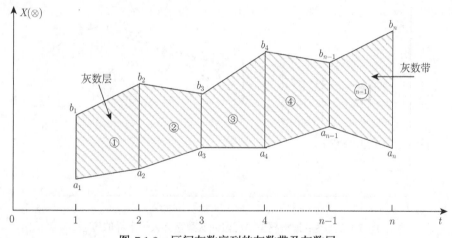

图 7.1.2   区间灰数序列的灰数带及灰数层

图 7.1.3 中, 虚线 $A_1 B_1$ 表示灰数层①中位线, O_1 表示中位线 $A_1 B_1$ 的中点. 类似地, $A_k B_k (k = 1, 2, \cdots, n)$ 表示灰数层 ⓚ 的中位线, O_k 表示中位线 $A_k B_k$ 的中点.

接下来, 我们通过计算灰数层的面积与中位线中点的坐标, 通过 "面积转换" 和 "坐标转换", 实现区间灰数序列与实数序列的转换.

根据定义 7.1.1 及图 7.1.2, 可计算灰数层 p 的面积 s_p, $p = 1, 2, \cdots, n-1$, 根据梯形的面积公式, 可得

$$s_p = \frac{(b_p - a_p) + (b_{p+1} - a_{p+1})}{2}. \tag{7.1.1}$$

公式 (7.1.1) 在形式上表现为灰数层 p 的面积, 在数值上等于区间灰数 $\otimes_p$ 与 $\otimes_{p+1}$ 区间距的紧邻均值生成. 通过公式 (7.1.1), 灰数带中所有灰数层的面积构成实数序列 S, 即

$$S = (s_1, s_2, \cdots, s_{n-1}).$$

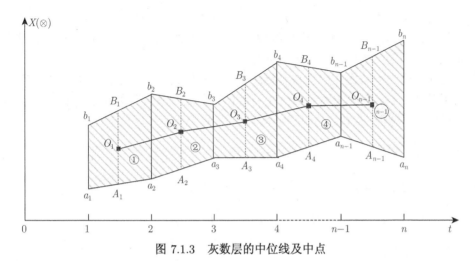

图 7.1.3　灰数层的中位线及中点

为了方便, 称通过灰数层面积实现的转换为 "面积转换", 通过面积转换而得到的实数序列为 "面积序列".

根据图 7.1.3 可知, 灰数层①中, 点 A_1 经过 $(1, a_1)$ 和 $(2, a_2)$ 两点, 则可计算经过点 A_1 所在的直线方程为

$$x = (a_2 - a_1) \times t + 2a_1 - a_2. \tag{7.1.2}$$

因 $A_1 B_1$ 为灰数层①的中位线, 可知点 A_1 的横坐标 $t = 1.5$, 根据公式 (7.1.2), 可计算点 A_1 的纵坐标

$$x_{A_1} = (a_2 - a_1) \times 1.5 + 2a_1 - a_2 \Rightarrow x_{A_1} = \frac{a_1 + a_2}{2}. \tag{7.1.3}$$

因 $A_1 B_1$ 是灰数层①的中位线, 根据梯形的中位线定理, 得 $A_1 B_1$ 的长度为

$$L_{A_1 B_1} = \frac{(b_1 - a_1) + (b_2 - a_2)}{2}. \tag{7.1.4}$$

因 O_1 是 $A_1 B_1$ 的中点, 则 O_1 点的纵坐标为 w_1 为

$$w_1 = \frac{a_1 + a_2}{2} + \frac{(b_1 - a_1) + (b_2 - a_2)}{2 \times 2} = \frac{a_1 + a_2 + b_1 + b_2}{4}. \tag{7.1.5}$$

类似地, 所有灰数层中心点纵坐标可构成纵坐标序列 W:

$$W = (w_1, w_2, \cdots, w_{n-1}),$$

其中

$$w_p = \frac{a_p + a_{p+1} + b_p + b_{p+1}}{4}, \quad p = 1, 2, \cdots, n-1. \tag{7.1.6}$$

为了方便, 称通过灰数层中位线中点纵坐标实现的转换为 "坐标转换", 通过坐标转换而得到的实数序列为 "坐标序列".

区间灰数序列的面积序列与坐标序列, 统称为该区间灰数序列的 "白化序列".

性质 7.1.1　区间灰数的白化序列所含信息量与原区间灰数序列相等.

证明　根据公式 (7.1.1), 可推导得

$$s_p = \frac{(b_p - a_p) + (b_{p+1} - a_{p+1})}{2} \Rightarrow (b_{p+1} - a_{p+1}) = 2s_p - (b_p - a_p). \tag{7.1.7}$$

根据公式 (7.1.7), 当 $p=1$ 时,

$$(b_2 - a_2) = 2s_1 - (b_1 - a_1).$$

当 $p=2$ 时,

$$(b_3 - a_3) = 2s_2 - (b_2 - a_2) = 2s_2 - 2s_1 + (b_1 - a_1).$$

当 $p=3$ 时,

$$(b_4 - a_4) = 2s_3 - (b_3 - a_3) = 2s_3 - 2s_2 + 2s_1 - (b_1 - a_1).$$

当 $p=t$ $(t = 4, 5, \cdots, n-1)$ 时,

$$(b_{t+1} - a_{t+1}) = 2s_t - (b_t - a_t) = 2s_t + 2\sum_{i=1}^{t-1} (-1)^{i+t} s_i + (-1)^t (b_1 - a_1). \tag{7.1.8}$$

类似地, 根据公式 (7.1.6), 可推导得

$$(b_{t+1} + a_{t+1}) = 4w_t + 4\sum_{i=1}^{t-1} (-1)^{i+t} w_i + (-1)^t (b_1 + a_1). \tag{7.1.9}$$

联立 (7.1.8) 和 (7.1.9) 得

$$\begin{cases} (b_{t+1} - a_{t+1}) = 2s_t + 2\sum_{i=1}^{t-1} (-1)^{i+t} s_i + (-1)^t (b_1 - a_1), \\ (b_{t+1} + a_{t+1}) = 4w_t + 4\sum_{i=1}^{t-1} (-1)^{i+t} w_i + (-1)^t (b_1 + a_1). \end{cases} \tag{7.1.10}$$

解方程组 (7.1.10) 可得

$$
\begin{cases}
a_{t+1} = 2w_t - s_t + 2\displaystyle\sum_{i=1}^{t-1}(-1)^{i+t}w_i - \sum_{i=1}^{t-1}(-1)^{i+1}s_i + (-1)^t a_1, \\
b_{t+1} = 2w_t + s_t + 2\displaystyle\sum_{i=1}^{t-1}(-1)^{i+t}w_i + \sum_{i=1}^{t-1}(-1)^{i+1}s_i + (-1)^t b_1.
\end{cases}
\tag{7.1.11}
$$

公式 (7.1.11) 中, 参数 a_1 和 b_1 视为序列转换的初始值, 为已知参数. 因此, 根据区间灰数序列可计算得到对应的面积序列和坐标序列; 而根据面积序列和坐标序列可以推导出对应区间灰数的上界与下界. 因此, 区间灰数的白化序列所蕴含信息量与原区间灰数序列相等, 即

$$
X(\otimes) = (\otimes_1, \otimes_2, \cdots, \otimes_n) \Leftrightarrow
\begin{cases}
S = (s_1, s_2, \cdots, s_{n-1}), \\
W = (w_1, w_2, \cdots, w_{n-1}).
\end{cases}
$$

证明结束.

该性质表明了面积转换与坐标转换满足转换规则 1(信息等价性); 另一方面, 无论是面积序列还是坐标序列, 其中每个元素的信息均同时来自区间灰数的上界和下界, 表明转换过程满足规则 2(数据完整性). 实际上, 灰数层的面积决定了灰数的长度, 而灰数层中位线中点的坐标则决定了灰数的位置. 对于一个区间灰数, 当其长度与位置均确定的情况下, 则该区间灰数就被确定了.

7.1.3 区间灰数预测模型的构建

在本小节, 分别建立面积序列和坐标序列 GM(1,1) 模型, 然后通过公式 (7.1.10) 模拟及预测区间灰数的上界/下界, 进而实现对区间灰数预测模型的构建.

面积序列 $S = (s_1, s_2, \cdots, s_{n-1})$ 显然为非负序列, 满足构建 GM(1,1) 模型的基本条件. 按照 GM(1,1) 模型建模步骤, 可推导面积序列 GM(1, 1) 模型的最终还原式:

$$
\hat{s}_{t+1} = (1 - \mathrm{e}^{a_s})\left(s_1 - \frac{b_s}{a_s}\right)\mathrm{e}^{-a_s t}, \quad t = 1, 2, \cdots, n-2.
\tag{7.1.12}
$$

类似地, 可推导坐标序列 $W = (w_1, w_2, \cdots, w_{n-1})$, GM(1, 1) 模型的最终还原式:

$$
\hat{w}_{t+1} = (1 - \mathrm{e}^{a_w})\left(w_1 - \frac{b_w}{a_w}\right)\mathrm{e}^{-a_w t}, \quad t = 1, 2, \cdots, n-2.
\tag{7.1.13}
$$

公式 (7.1.12) 及公式 (7.1.13) 可进一步简化为

$$
\hat{s}_{t+1} = C_S \mathrm{e}^{-a_s t}, \quad t = 1, 2, \cdots, n-2,
\tag{7.1.14}
$$

$$
\hat{w}_{t+1} = C_w \mathrm{e}^{-a_w t}, \quad t = 1, 2, \cdots, n-2,
\tag{7.1.15}
$$

其中

$$C_S = (1 - \mathrm{e}^{a_s})\left(s_1 - \frac{b_s}{a_s}\right); \quad C_w = (1 - \mathrm{e}^{a_w})\left(w_1 - \frac{b_w}{a_w}\right).$$

因为

$$q_s = -\frac{2\hat{s}_{t-1}}{2\hat{s}_t} = -\frac{2\hat{s}_{t-2}}{2\hat{s}_{t-1}} = \cdots = -\frac{2\hat{s}_2}{2\hat{s}_3} = -\mathrm{e}^{a_s}.$$

因此公式 (7.1.8) 的前 $(t-1)$ 项是公比为 q_s 的等比数列, 根据等比数列的求和公式, 可将公式 (7.1.8) 变形为

$$\hat{b}_{t+1} - \hat{a}_{t+1} = \frac{2C_S \mathrm{e}^{-a_s(t-1)}}{1 + \mathrm{e}^{a_s}}\left[1 - (-\mathrm{e}^{a_s})^{t-1}\right] + 2(-1)^{t+1}s_1 + (-1)^t(b_1 - a_1). \quad (7.1.16)$$

类似地,

$$\hat{b}_{t+1} + \hat{a}_{t+1} = \frac{4C_w \mathrm{e}^{-a_w(t-1)}}{1 + \mathrm{e}^{a_w}}\left[1 - (-\mathrm{e}^{a_w})^{t-1}\right] + 4(-1)^{t+1}w_1 + (-1)^t(b_1 + a_1). \quad (7.1.17)$$

联立 (7.1.16) 和 (7.1.17), 可得区间灰数 $\otimes_{t+1}$ 下界 $\hat{a}_k$ 和上界 $\hat{b}_k$ 的模拟及预测公式:

$$\begin{cases} \hat{a}_{t+1} = \dfrac{2C_w \mathrm{e}^{-a_w(t-1)}}{1 + \mathrm{e}^{a_w}}\left[1 - (-\mathrm{e}^{a_w})^{t-1}\right] - \dfrac{C_S \mathrm{e}^{-a_s(t-1)}}{1 + \mathrm{e}^{a_s}}\left[1 - (-\mathrm{e}^{a_s})^{t-1}\right] \\ \qquad + 2(-1)^{t+1}w_1 - (-1)^{t+1}s_1 + (-1)^t a_1, \\ \hat{b}_{t+1} = \dfrac{2C_w \mathrm{e}^{-a_w(t-1)}}{1 + \mathrm{e}^{a_w}}\left[1 - (-\mathrm{e}^{a_w})^{t-1}\right] + \dfrac{C_S \mathrm{e}^{-a_s(t-1)}}{1 + \mathrm{e}^{a_s}}\left[1 - (-\mathrm{e}^{a_s})^{t-1}\right] \\ \qquad + 2(-1)^{t+1}w_1 + (-1)^{t+1}s_1 + (-1)^t b_1. \end{cases} \quad (7.1.18)$$

公式 (7.1.18) 称为基于灰数带及灰数层的区间灰数预测模型, 简称区间灰数的几何预测模型, 在不引起混淆的情况下可直接简称为区间灰数预测模型或 IGM(1,1).

7.2   基于核和灰度的灰色异构数据预测模型

多源信息集是提高复杂环境下统计数据可靠性的一种重要手段, 但信息渠道的多源性极易导致集结信息数据类型不一致、不兼容, 形成灰色异构数据序列. 由于灰色异构数据序列中的元素 (区间灰数、离散灰数、实数或其他灰信息) 具有不同的数据结构及灰信息特征, 这给灰色异构数据预测模型的构建带来了极大困难. 本小节试图从灰信息的基本属性出发, 对灰色异构数据序列预测模型的建模理论和方法展开研究, 以期建立更具普适性和通用性的统一灰色系统预测模型.

7.2.1 灰色异构数据的概念与灰度不减公理

灰色异构数据并不是一种特殊的数据类型, 此处所谓的 "异构" 是指数据集中元素的数据类型不统一. 因此, 灰色异构数据是指元素数据类型不统一的数据集. 下面对灰色异构数据集及灰色异构数据代数运算进行定义.

定义 7.2.1 设灰数 $\otimes_k = \otimes_m o \otimes_n$, 其中 $\otimes_m, \otimes_n$ 可能为区间灰数、离散灰数或白数 (即实数), o 为运算关系, $o \in \{+, -, \times, \div\}$, 若

1° $\otimes_m$ 与 $\otimes_n$ 同为区间灰数, 但 $\otimes_m$ 与 $\otimes_n$ 可能度函数类型不一致 (三角形、梯形、矩形或其他几何图形);

2° $\otimes_m$ 与 $\otimes_n$ 同为离散灰数, 但 $\otimes_m$ 与 $\otimes_n$ 元素个数不相等;

3° $\otimes_m$ 与 $\otimes_n$ 分别为: ①区间灰数和实数; ② 离散灰数和实数;

4° $\otimes_m$ 与 $\otimes_n$ 分别为区间灰数和离散灰数;

则称 $\otimes_m$ 与 $\otimes_n$ 组成的集合为灰色异构数据集, $\otimes_k = \otimes_m o \otimes_n$ 为灰色异构数据代数运算.

从定义 7.2.1 不难发现, 传统区间灰数代数运算法则只是灰色异构数据代数运算的一个特例, 即当 $\otimes_m$ 与 $\otimes_n$ 同为区间灰数且其可能度函数均为矩形时才成立.

定义 7.2.2 设 $\tilde{\otimes}_k$ 为灰数 $\otimes_k$ 的核, g_k° 为灰数 $\otimes_k$ 的灰度, 则称 $\tilde{\otimes}_k(g_k^\circ)$ 为灰数 $\otimes_k$ 的简化形式.

公理 7.2.1 (灰度不减公理) 两个灰度不同的区间灰数进行和、差、积、商运算时, 运算结果的灰度不小于灰度较大的区间灰数的灰度.

根据公理 7.2.1, 可得如下两个推论.

推论 7.2.1 一个实数与一个区间灰数进行和、差、积、商运算时, 运算结果的灰度与区间灰数的灰度相同.

推论 7.2.2 两个信息域不同的区间灰数进行和、差、积、商运算时, 运算结果的信息域不小于信息域较大的区间灰数的信息域.

7.2.2 灰色异构数据的公有属性: 核与灰度

根据定义 7.2.1 可知, 灰色异构数据由不同类型的灰数构成, 这些灰数可能是区间灰数、离散灰数或其他灰色数据, 同时区间灰数所对应的可能度函数种类也可能不一致. 根据灰色预测模型建模机理, 建模时需要对原始序列进行累加生成以及一系列代数运算与矩阵计算, 当原始序列中元素的数据类型异构时, 我们很难对这些异构数据进行传统意义的代数运算与矩阵计算, 因为我们难以知道一个区间灰数与一个离散灰数的运算结果究竟应该是什么类型的灰数.

虽然灰色异构数据序列中的元素 (区间灰数、离散灰数、实数或其他灰信息) 具有不同的数据结构及灰信息特征, 但均同属 "灰数" 范畴 (注: 实数是灰度为 "0" 的特殊灰数), 都具有 "核" 和 "灰度" 这一基本的共同属性. 因此, 可以通过 "核"

和 "灰度" 来研究灰色异构数据的预测建模方法. 显然, 灰色异构数据之间进行加、减、乘、除、开方以及矩阵等运算之后, 其运算结果自然也是灰数. 因此, 构建灰色异构数据预测模型之前, 需要首先对灰色异构数据序列进行规范化处理, 将其转换为 "核" 序列与 "灰度" 序列, 然后在此基础上研究灰色异构数据序列的预测建模方法.

抓住灰色异构数据 "核" 与灰度这一共同属性, 实际上就是找到了灰色异构数据之间交流和沟通的桥梁. "核" 决定灰数的 "中心", "灰度" 确定灰数的 "变化范围", 它们均为实数. 因此, 可以通过 "核与灰度" 来研究灰色异构数据之间的代数运算问题, 而对灰色异构数据预测模型的研究则转变为对灰色异构数据 "核与灰度" 的研究, 这是研究灰色异构数据预测模型的基本思路.

定义 7.2.3　设 $X(\otimes) = (\otimes_1, \otimes_2, \cdots, \otimes_n)$ 为灰色异构数据, $\tilde{\otimes}_k$ 和 $g_k^\circ(k = 1, 2, \cdots, n)$ 分别为 $\otimes_k$ 的核及灰度, 则每个灰元的 "核" 及 "灰度" 所构成的序列, 分别称为 $X(\otimes)$ 的 "核" 序列 $X(\tilde{\otimes})$ 及灰度序列 $X(G^\circ)$, 即

$$X(\tilde{\otimes}) = (\tilde{\otimes}_1, \tilde{\otimes}_2, \cdots, \tilde{\otimes}_n), \quad X(G^\circ) = (g_1^\circ, g_2^\circ, \cdots, g_n^\circ).$$

从定义 7.2.3 可知, 灰色异构数据的 "核" 序列与 "灰度" 序列, 均由 "实数" 构成. 可见, 通过对灰色异构数据进行规范化处理, 将其统一为两组 "实数" 序列, 从而可以应用传统的灰色预测建模方法来构建以灰色异构数据为建模对象的灰色预测模型, 有效地规避了直接对灰色异构数据进行代数运算这一难题. (提示: 核及灰度的定义和计算方法可参考本书第 1 章相关内容.)

7.2.3　灰色异构数据预测模型的构建

构建灰色异构数据预测模型的任务, 是实现对灰色异构数据序列中各灰元的模拟及对灰元未来趋势的预测. 要完成该任务, 首先需要确定灰元的变化范围; 其次是确定灰元在该范围内的最大可能取值. 前者用灰域来表示, 具体可以通过灰度不减公理来确定; 后者用 "核" 来代表, 可以通过构建核序列的 GM(1,1) 模型来实现.

设灰色异构数据 $X(\otimes) = (\otimes_1, \otimes_2, \cdots, \otimes_n)$ 的灰度序列 $X(G^\circ)$ 如定义 7.2.3 所述, 则根据灰度不减公理, 可以取 $X(G^\circ)$ 中最大的灰度作为灰色异构数据预测模型模拟及预测结果之灰度. 即

$$\hat{g}^\circ = \max\{g_1^\circ, g_2^\circ, \cdots, g_n^\circ\}. \tag{7.2.1}$$

设灰色异构数据 $X(\otimes) = (\otimes_1, \otimes_2, \cdots, \otimes_n)$ 的 "核" 序列 $X(\tilde{\otimes}) = (\tilde{\otimes}_1, \tilde{\otimes}_2, \cdots, \tilde{\otimes}_n)$ 如定义 7.2.3 所述, 则根据 GM(1,1) 模型的建模机理, 可构建灰色异构数据 "核" 序列 $X(\tilde{\otimes})$ 的 GM(1,1) 模型, 即

$$\hat{\tilde{\otimes}}_{k+1} = (1 - e^a)\left(\otimes_1 - \frac{b}{a}\right)e^{-ak}, \quad k = 1, 2, \cdots, n-1, \cdots. \tag{7.2.2}$$

公式 (7.2.2) 中, 当 $k = 1, 2, \cdots, n - 1$ 时, $\hat{\bar{\otimes}}_{k+1}$ 称为核的模拟值; 当 $t = n, n + 1, \cdots$ 时, $\hat{\bar{\otimes}}_{k+1}$ 称为核的预测值. 通过公式 (7.2.2) 可实现对灰色异构数据中灰元最大可能取值 (核) 的模拟与预测, 而公式 (7.2.1) 则界定了灰元 "核" 的变化范围.

将公式 (7.2.1) 及 (7.2.2) 联立, 得

$$
\begin{cases}
\hat{g}^{\circ} = \max \{g_1^{\circ}, g_2^{\circ}, \cdots, g_n^{\circ}\}, \\
\hat{\bar{\otimes}}_{k+1} = (1 - \mathrm{e}^a) \left(\otimes_1 - \dfrac{b}{a}\right) \mathrm{e}^{-ak}.
\end{cases}
\tag{7.2.3}
$$

称公式 (7.2.3) 为灰色异构数据预测模型, 或简称为 HGM(1,1) 模型.

根据上面的介绍, 可归纳出灰色异构数据预测模型的建模过程:

(i) 计算灰色异构数据中各灰元的 "核", 并构成 "核" 序列;

(ii) 计算灰色异构数据中各灰元的 "灰度", 并构成 "灰度" 序列;

(iii) 构建 "核" 序列的灰色预测模型, 实现对 "核" 的模拟及预测;

(iv) 根据灰度不减公理, 确定 "核" 的变化范围;

(v) 组合步骤 (iii) 及 (iv), 实现对灰元核及核变化范围的模拟与预测.

上述灰色异构数据预测模型的建模过程, 实际上是一种简化处理 (抓住问题的主要方面和关键环节, 忽略次要因素). 通过 "核" 序列的建模, 实现对未来 "核" 的预测, 通过灰度不减公理, 确定未来 "核" 的变化范围. 可见, 灰色异构数据预测模型的预测结果也必然是灰的, 这符合灰色理论解的非唯一性原理.

7.3　基于平滑算子的小数据波动序列灰色预测模型

所谓波动序列, 简单地说就是指在时间轴上由一组高低相间的数据组成的序列. 序列的波动性也是现实生活中比较常见的现象, 比如经济周期性波动、某高校录取分数线一年高一年低、农产品价格周期性波动等. 单变量灰色预测模型通常对具有近指数增长规律的序列具有较好的建模能力, 而对波动序列, 则精度较差. 本章将介绍一种平滑算子, 并基于该平滑算子构建小数据波动序列的灰色预测模型.

7.3.1　波动序列与平滑算子

定义 7.3.1　设数据序列 $X = (x(1), x(2), \cdots, x(n))$.

(i) 当 $k \in \{1, 3, \cdots, \}$ 且 $k \leqslant n - 2$ 时, $x(k) - x(k+1) > 0$ 且 $x(k+1) - x(k+2) < 0$;

(ii) 当 $k \in \{2, 4, \cdots, \}$ 且 $k \leqslant n - 1$ 时, $x(k-1) - x(k) < 0$ 且 $x(k) - x(k+1) > 0$.

则称满足条件 (i) 或 (ii) 的数据序列 X 为波动序列.

定义 7.3.2   波动序列 $X = (x(1), x(2), \cdots, x(n))$ 如定义 7.3.1 所述, 设

$$M = \max\left\{x(k) \,|\, k = 1, 2, \cdots, n\right\},$$

$$m = \min\left\{x(k) \,|\, k = 1, 2, \cdots, n\right\}.$$

则称 $T = M - m$ 为波动序列 X 的振幅.

定义 7.3.3   波动序列 $X = (x(1), x(2), \cdots, x(n))$ 及其振幅 T 分别如定义 7.3.1、定义 7.3.2 所述, D 是作用于 X 的序列算子, 即

$$XD = (x(1)d, x(2)d, \cdots, x(n-1)d),$$

其中

$$x(k)d = \frac{[x(k) + T] + [x(k+1) + T]}{4}, \quad k = 1, 2, \cdots, n-1. \tag{7.3.1}$$

则称 D 为序列 X 的一阶平滑性算子, 序列 XD 为序列 X 的平滑序列.

由于平滑性算子不满足缓冲算子三公理中的 "不动点公理" 及 "解析化、规范化公理", 因此平滑性算子不属于缓冲算子, 其主要作用是改善序列的光滑性.

性质 7.3.1   设 $T(X)$ 及 $T(XD)$ 分别为波动序列 X 及其平滑序列 XD 的振幅, 则 $T(X) \geqslant 2T(XD)$.

证明   设

$$\max\left\{x(k) \,|\, k = 1, 2, \cdots, n\right\} = x(p), \quad p = 1, 2, \cdots, n,$$

$$\min\left\{x(k) \,|\, k = 1, 2, \cdots, n\right\} = x(q), \quad q = 1, 2, \cdots, n.$$

则根据定义 7.3.2, 可计算波动序列 X 的振幅,

$$T(X) = x(p) - x(q).$$

类似地, 设

$$\max\left\{x(k)d \,|\, k = 1, 2, \cdots, n-1\right\} = x(i)d, \quad i = 1, 2, \cdots, n-1,$$

$$\min\left\{x(k)d \,|\, k = 1, 2, \cdots, n-1\right\} = x(j)d, \quad j = 1, 2, \cdots, n-1.$$

则序列 XD 的振幅

$$T(XD) = x(i)d - x(j)d.$$

因为

$$x(i)d = 0.25\left[x(i) + T(X)\right] + 0.25\left[x(i+1) + T(X)\right], \tag{7.3.2}$$

$$x(j)d = 0.25\left[x(j) + T(X)\right] + 0.25\left[x(j+1) + T(X)\right]. \tag{7.3.3}$$

则

$$T(XD) = x(i)d - x(j)d = 0.25\left|x(i) - x(j)\right| + 0.25\left|x(i+1) - x(j+1)\right|. \tag{7.3.4}$$

根据振幅的定义可知

$$\left|x(i) - x(j)\right| \leqslant T(X) \ \text{且} \ \left|x(i+1) - x(j+1)\right| \leqslant T(X).$$

故

$$T(XD) = 0.25\left[x(i) - x(j)\right] + 0.25\left[x(i+1) - x(j+1)\right] \leqslant 0.5T(X), \tag{7.3.5}$$

即

$$T(X) \geqslant 2T(XD).$$

从性质 7.3.1 可以发现, 平滑性算子对波动序列振幅具有 "压缩" 作用, 可有效提高波动建模序列的光滑度, 这是构建高性能灰色预测模型的基础.

7.3.2 波动序列灰色预测模型的构建

由于直接对波动序列建立灰色预测模型精度较差, 而波动序列的平滑序列具有较好的光滑性, 因此, 首先构建波动序列所对应平滑序列的 GM(1,1) 模型, 然后再根据定义 7.3.3, 反推波动序列的灰色预测模型.

设波动序列 $X = (x(1), x(2), \cdots, x(n+1))$, X 的一阶平滑序列 $Y = (y(1), y(2), \cdots, y(n))$ 分别如定义 7.3.1 及定义 7.3.3 所述. 根据 Y 建立 GM(1,1) 模型, 得

$$\hat{y}_{k+1} = (1 - \mathrm{e}^a)\left(y_1 - \frac{b}{a}\right)\mathrm{e}^{-ak}, \quad k = 1, 2, \cdots, n-1, \cdots. \tag{7.3.6}$$

公式 (7.3.6) 称为波动序列 X 的一阶平滑序列 Y 的 GM(1,1) 模型. 下面根据定义 7.3.3, 推导波动序列 X 的模拟及预测公式.

根据定义 7.3.3 可知

$$\hat{y}(k) = \frac{1}{4}\left[\hat{x}(k) + T + \hat{x}(k+1) + T\right], \quad k = 1, 2, \cdots, n.$$

推导得

$$\hat{x}(k+1) = 4\hat{y}(k) - \hat{x}(k) - 2T. \tag{7.3.7}$$

当 $k = 1$ 时,

$$\hat{x}(2) = 4\hat{y}(1) - \hat{x}(1) - 2T = x(2). \tag{7.3.8}$$

$x\,(2)$ 被称为构建灰色预测模型的初始条件, 视为已知数据.

当 $k = 2$ 时,

$$\hat{x}\,(3) = 4\hat{y}\,(2) - x\,(2) - 2T.$$

当 $k = 3$ 时,

$$\hat{x}\,(4) = 4\hat{y}\,(3) - (4\hat{y}\,(2) - x\,(2) - 2T) - 2T,$$

推导得

$$\hat{x}\,(4) = 4\hat{y}\,(3) - 4\hat{y}\,(2) + x\,(2)\,.$$

$$\cdots\cdots$$

当 $k = t$ 时,

$$
\begin{aligned}
\hat{x}\,(t+1) = {} & 4\hat{y}\,(t) - 4\hat{y}\,(t-1) + \cdots + 4\,(-1)^{t}\,\hat{y}\,(2) \\
& + (-1)^{t+1}\,x\,(2) - \left(1 + (-1)^{t}\right) T.
\end{aligned}
\tag{7.3.9}
$$

因为

$$q = -\frac{4\hat{y}\,(t-1)}{4\hat{y}\,(t)} = -\frac{4\hat{y}\,(t-2)}{4\hat{y}\,(t-1)} = \cdots = -\frac{4\hat{y}\,(2)}{4\hat{y}\,(3)} = -\mathrm{e}^{a}.$$

所以公式 (7.3.9) 的前 $(t-1)$ 项是公比为 q 的等比数列, 根据等比数列的求和公式, 可将公式 (7.3.9) 变形为

$$
\begin{aligned}
\hat{x}\,(t+1) = {} & 4\,(1 - \mathrm{e}^{a})\,(1 + \mathrm{e}^{a})^{-1}\left(y_{1} - \frac{b}{a}\right)\mathrm{e}^{-a(t-1)}\left[1 - (-\mathrm{e}^{a})^{t-1}\right] \\
& + (-1)^{t+1}\,x\,(2) - \left[1 + (-1)^{t}\right] T.
\end{aligned}
\tag{7.3.10}
$$

令

$$M = 4\,(1 - \mathrm{e}^{a})\,(1 + \mathrm{e}^{a})^{-1}\left(y_{1} - \frac{b}{a}\right).$$

则公式 (7.3.10) 可化简为

$$\hat{x}\,(t+1) = M\mathrm{e}^{-a(t-1)}\left[1 - (-\mathrm{e}^{a})^{t-1}\right] + (-1)^{t+1}\,x\,(2) - \left[1 + (-1)^{t}\right] T, \tag{7.3.11}$$

其中, $k = 2, 3, \cdots, n-1$. 称公式 (7.3.11) 为基于平滑算子的波动序列灰色预测模型, 简称为 WGM(1, 1) 模型. 建模时, 若原始序列是严格满足高低相间的波动序列且具有一定的趋势性, 则 WGM(1, 1) 模型通常具有较高的模拟及预测精度; 否则由于误差累积的放大效应, 可能导致 WGM(1, 1) 模型的精度极不理想, 甚至低于传统的 GM(1, 1) 模型. 实际上, 现实生活中严格满足高低相间的波动序列并不常见, 在这样的情况下, 如何提高 WGM(1, 1) 模型的建模能力还有待深入研究.

7.4 基于包络线的小数据振荡序列区间预测模型

单变量灰色预测模型只包含因变量而无自变量, 主要通过对原始数据的挖掘和整理来寻求系统变化的一般规律并建立数学模型. 因此, 单变量灰色预测模型通常只能对具有一定变化规律的系统具有较好的建模能力. 如 TDGM(1,1) 模型对单调性序列或 Verhulst 模型对饱和序列, 模型精度较高. 而现实世界中, 单调序列或饱和序列只是两类特殊情况, 更多反映系统行为特征的时序数据通常表现出振荡性等特征, 在这样的情况下, 如何实现小数据振荡序列的灰色预测建模?

小数据振荡序列具有样本数据稀缺性及系统变化规律无序性两大特征. 尽管灰色预测模型是研究小数据问题的一种常用方法, 但是其模型结构难以适应振荡序列的数据特征, 导致其模拟及预测效果并不理想. 对于小数据振荡序列的预测建模问题, 目前主要有两种思路. 一是通过改善振荡序列的光滑性进而创造满足传统单变量灰色预测模型的建模条件; 二是通过包络线对振荡性序列变化区间进行预测建模.

本节通过包络曲线将振荡序列拓展为具有明确上界与下界的区间灰数序列, 还原了影响因素不确定性条件下振荡序列的区间灰数形式, 在此基础上通过区间灰数建模方法实现了振荡序列取值范围的模拟与预测. 相对于传统通过序列变换强制提高振荡序列光滑性的建模思路, 这里所提出的基于包络线的振荡序列区间预测建模方法则从 "范围" 的角度对小样本振荡序列预测建模进行了研究.

7.4.1 振荡序列及其区间拓展

定义 7.4.1 设数据序列 $X = (x(1), x(2), \cdots, x(n))$, 对 $\forall k \in \{2, 3, \cdots, n\}$,

(i) 若 $x(k) - x(k-1) > 0$, 则称 X 为单调增长序列;

(ii) 若 $x(k) - x(k-1) < 0$, 则称 X 为单调衰减序列;

(iii) 若 $\exists k, k' \in \{2, 3, \cdots, n\}$, 有

$$x(k) - x(k-1) > 0, \quad x(k') - x(k'-1) < 0.$$

则称 X 为振荡序列.

可以证明经典 GM(1,1) 模型的模拟值是按照固定增长率变化的指数模型. 因此 GM(1,1) 模型能实现对单增性序列的有效拟合, 而对振荡序列这类增长率离差较大的序列, GM(1,1) 模型的模拟及预测精度并不理想, 因为模拟后的单调性增长序列不可能符合原始序列的振荡特征. 实际上对于单变量小样本振荡序列, 其样本序列的随机性与样本数量稀缺性, 导致了目前尚无有效的预测方法与建模手段, 那些试图通过构造精确数学模型去模拟振荡序列变化规律与发展趋势的尝试, 或许都难以得到满意的预测结论.

　　振荡序列反映了系统在多种复杂因素作用下的变化规律, 换言之, 影响因素的复杂性与不确定性是导致系统呈现振荡状态的主要原因, 其中蕴含了灰色理论 "灰因白果" 的建模思想, 同时这种灰色不确定性也体现了振荡数据本身的 "灰性". 因此, 相对于传统的小样本振荡序列预测建模方法, 通过模拟振荡序列的变化范围与取值区间进而实现振荡序列发展趋势的模拟与预测, 显然更具合理性.

　　本书通过振荡序列 "包络线" 实现对振荡数据的区间拓展, 进而通过区间灰数预测模型建模方法实现对振荡序列的区间预测.

　　定义 7.4.2　设 $X = (x(1), x(2), \cdots, x(n))$ 为振荡序列, $X(t)$ 为序列 X 对应的折线, $f_u(t)$ 和 $f_s(t)$ 为光滑连续曲线, 若对 $\forall k \in \{1, 2, \cdots, n\}$, 满足

$$f_u(t) \leqslant X(t) \leqslant f_s(t),$$

则称 $f_u(t)$ 为 $X(t)$ 的下界函数, $f_s(t)$ 为 $X(t)$ 的上界函数, 并称

$$\mathrm{Range} = \left\{ (t, X(t)) \,\middle|\, X(t) \in [f_u(t), f_s(t)] \right\}$$

为 $X(t)$ 的取值区间, $f_s(t)$ 及 $f_u(t)$ 也分别称为振荡序列 X 的上包络曲线及下包络曲线, 统称为包络线.

　　定义 7.4.3　设 $f_u(t)$ 和 $f_s(t)$ 分别为振荡序列 $X = (x(1), x(2), \cdots, x(n))$ 的下界函数和上界函数, 则当 $t = 1, 2, \cdots, n$ 时, 计算得到的 $f_u(t)$ 值构成 X 的下界序列 U, 记为

$$U = (f_u(1), f_u(2), \cdots, f_u(n)).$$

　　类似地, 当 $t = 1, 2, \cdots, n$ 时, 可计算得到的 $f_s(t)$ 值构成 X 的上界序列 S, 记为

$$S = (f_s(1), f_s(2), \cdots, f_s(n)).$$

　　根据定义 7.4.2 可知, 当 $t = 1$ 时, 显然 $f_u(1) \leqslant x(1) \leqslant f_s(1)$. 可知 $x(1)$ 是一个具有明确下界 $f_u(1)$ 及上界 $f_s(1)$ 的区间灰数, 根据区间灰数的定义, 记为 $\otimes(1) \in [f_u(1), f_s(1)]$. 类似地, 当 $t = 2, 3, \cdots, n$ 时, 振荡序列 X 可拓展成为一个区间灰数序列, 记为

$$X \to X(\otimes) = (\otimes(1), \otimes(2), \cdots, \otimes(n)).$$

其中 $\otimes(k) \in [f_u(k), f_s(k)]$, $k = 1, 2, \cdots, n$.

　　振荡序列与区间灰数序列之间的转换, 如图 7.4.1 所示.

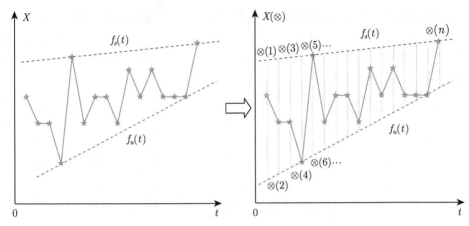

图 7.4.1　振荡序列与区间灰数序列之间的转换

在图 7.4.1 中, 振荡序列的下界函数 $f_u(t)$ 及上界函数 $f_s(t)$ 均为两条直线. 实际上, 振荡序列的包络曲线也可能是其他函数, 比如指数函数等 (图 7.4.2). 在设计包络曲线的时候, 除了必须满足下界函数 $f_u(t)$ 及上界函数 $f_s(t)$ 的定义 7.4.2 之外, 还需要满足如下两条原则:

原则 1　包络曲线应体现振荡序列的总体发展变化趋势;

原则 2　包络曲线所构造的振荡序列取值区间应尽可能小, 否则基于包络曲线所得到的区间灰数区间距将被放大, 进而导致预测数据的不确定性增加.

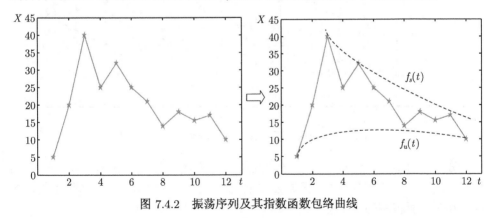

图 7.4.2　振荡序列及其指数函数包络曲线

振荡序列包络曲线的设计需要根据振荡数据的具体情况来确定, 本书主要研究振荡序列的区间预测建模方法, 因此对振荡序列的包络曲线不做详细讨论.

7.4.2　振荡序列的区间预测建模

设振荡序列 $X = (x(1), x(2), \cdots, x(n))$ 如定义 7.4.1 所述, $f_u(t)$ 和 $f_s(t)$ 分

别为振荡序列 X 的下界函数和上界函数, 其拓展后的区间灰数序列为 $X\left(\otimes\right)=\left(\otimes\left(1\right),\otimes\left(2\right),\cdots,\otimes\left(n\right)\right)$, 其中: $\otimes\left(k\right)\in\left[f_u\left(k\right),f_s\left(k\right)\right]$, $k=1,2,\cdots,n$. 根据 7.1 节灰数带及灰数层的概念, 可绘制区间灰数序列 $X\left(\otimes\right)$ 的灰数层及其中位线示意图, 如图 7.4.3 及图 7.4.4 所示.

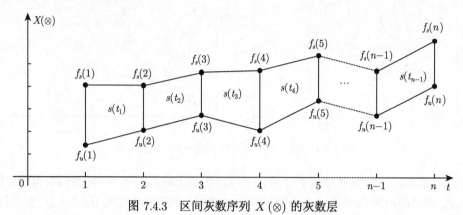

图 7.4.3　区间灰数序列 $X\left(\otimes\right)$ 的灰数层

图 7.4.3 中, $s\left(t_1\right),s\left(t_2\right),\cdots,s\left(t_{n-1}\right)$ 为区间灰数序列 $X\left(\otimes\right)$ 各灰数层之面积.

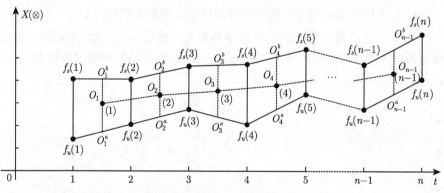

图 7.4.4　区间灰数序列 $X\left(\otimes\right)$ 的灰数层中位线中点

图 7.4.4 中, $O_1,O_2,O_3,\cdots$ 为各灰数层中位线中点, $w\left(t_1\right),w\left(t_2\right),\cdots,w\left(t_{n-1}\right)$ 为 $O_1,O_2,O_3,\cdots$ 的纵坐标. 根据公式 (7.1.1) 及公式 (7.1.6), 可计算区间灰数序列 $X\left(\otimes\right)$ 的面积序列 A 及坐标序列 W:

$$A=\left(s\left(t_1\right),s\left(t_2\right),\cdots,s\left(t_{n-1}\right)\right),$$

$$W=\left(w\left(t_1\right),w\left(t_2\right),\cdots,w\left(t_{n-1}\right)\right),$$

其中

$$s\left(t_p\right)=\dfrac{\left[f_s\left(p\right)-f_u\left(p\right)\right]+\left[f_s\left(p+1\right)-f_u\left(p+1\right)\right]}{2},\quad p=1,2,\cdots,n-1,$$

$$w(t_p) = \frac{[f_s(p) + f_u(p)] + [f_s(p+1) + f_u(p+1)]}{4}, \quad p = 1, 2, \cdots, n-1.$$

分别构建面积序列 A 及坐标序列 W 的 GM(1, 1) 模型, 可以推导得如下结果:

$$\hat{f}_s(k) - \hat{f}_u(k) = \frac{2(1 - e^{a_s})\left[s(t_1) - \dfrac{b_s}{a_s}\right]e^{-a_s(k-2)}\left[1 - (-e^{a_s})^{k-2}\right]}{1 + e^{a_s}}$$
$$+ (-1)^k [f_s(2) - f_u(2)], \tag{7.4.1}$$

$$\hat{f}_s(k) + \hat{f}_u(k) = \frac{4(1 - e^{a_w})\left(w(t_1) - \dfrac{b_w}{a_w}\right)e^{-a_w(k-2)}\left[1 - (-e^{a_w})^{k-2}\right]}{1 + e^{a_w}}$$
$$+ (-1)^k [f_s(2) + f_u(2)]. \tag{7.4.2}$$

其中 $k = 2, 3, \cdots, n$, $\hat{a}_s = [a_s, b_s]$, $\hat{a}_w = [a_w, b_w]$ 分别为面积序列 A 及坐标序列 W 的 GM(1, 1) 模型参数. 联立公式 (7.4.1) 及公式 (7.4.2), 可以求得区间灰数下界 $\hat{f}_u(k)$ 及上界 $\hat{f}_s(k)$ 的模拟及预测公式, 即

$$\begin{cases} \hat{f}_u(k) = \dfrac{2(1 - e^{a_w})\left[w(t_1) - \dfrac{b_w}{a_w}\right]e^{-a_w(k-2)}\left[1 - (-e^{a_w})^{k-2}\right]}{1 + e^{a_w}} \\ \qquad - \dfrac{(1 - e^{a_s})\left[s(t_1) - \dfrac{b_s}{a_s}\right]e^{-a_s(k-2)}\left[1 - (-e^{a_s})^{k-2}\right]}{1 + e^{a_s}} + (-1)^k \cdot \hat{f}_u(2), \\[4ex] \hat{f}_s(k) = \dfrac{2(1 - e^{a_w})\left[w(t_1) - \dfrac{b_w}{a_w}\right]e^{-a_w(k-2)}\left[1 - (-e^{a_w})^{k-2}\right]}{1 + e^{a_w}} \\ \qquad + \dfrac{(1 - e^{a_s})\left[s(t_1) - \dfrac{b_s}{a_s}\right]e^{-a_s(k-2)}\left[1 - (-e^{a_s})^{k-2}\right]}{1 + e^{a_s}} + (-1)^k \cdot \hat{f}_s(2). \end{cases} \tag{7.4.3}$$

公式 (7.4.3) 可以进一步简化为

$$\begin{cases} \hat{f}_u(k) = P_1 e^{-a_w(k-2)}\left(1 - P_2^{k-2}\right) - P_3 e^{-a_s(k-2)}\left(1 - P_4^{k-2}\right) + (-1)^k \cdot \hat{f}_u(2), \\ \hat{f}_s(k) = P_1 e^{-a_w(k-2)}\left(1 - P_2^{k-2}\right) + P_3 e^{-a_s(k-2)}\left(1 - P_4^{k-2}\right) + (-1)^k \cdot \hat{f}_s(2), \end{cases} \tag{7.4.4}$$

其中

$$P_1 = \frac{2(1 - e^{a_w})\left[w(t_1) - \dfrac{b_w}{a_w}\right]}{1 + e^{a_w}}, \quad P_2 = -e^{a_w},$$

$$P_3 = \frac{(1 - e^{a_s})\left[s(t_1) - \dfrac{b_s}{a_s}\right]}{1 + e^{a_s}}, \quad P_4 = -e^{a_s}.$$

公式 (7.4.4) 称为振荡序列 X 的区间预测模型, 简称为 OSGM(1, 1) 模型. 进一步,

(i) 当 $k = 2, 3, \cdots, n$ 时, 称 $[\hat{f}_u(k), \hat{f}_s(k)]$ 为振荡数据 $\hat{x}(k)$ 的模拟区间;

(ii) 当 $k = n+1, n+2, \cdots$ 时, 称 $[\hat{f}_u(k), \hat{f}_s(k)]$ 为振荡数据 $\hat{x}(k)$ 的预测区间;

(iii) 称 $\hat{x}(k) = 0.5 \times [\hat{f}_u(k) + \hat{f}_s(k)]$ 为振荡数据 $\hat{x}(k)$ 在其取值范围内的最大可能值 ("核").

7.4.3 振荡序列区间预测模型的建模步骤

步骤 1   根据振荡序列包络曲线定义与设计原则, 确定振荡序列包络曲线;

步骤 2   根据振荡序列上、下包络曲线, 对振荡序列进行区间拓展;

步骤 3   根据区间灰数预测模型建模方法, 构建振荡序列的区间灰数预测模型;

步骤 4   根据所构建的振荡序列区间预测模型, 计算灰数上、下界的模拟值及误差;

步骤 5   根据振荡序列预测模型模拟误差等级, 对未来进行短期或中长期预测.

归纳步骤 1 ~ 步骤 5 可知, 建立振荡序列区间预测模型实际上包括两部分内容: 一是振荡序列区间拓展; 二是基于区间灰数预测模型的振荡序列上界与下界的模拟及预测. 其中最核心问题是振荡序列包络线的设计. 由于包络线的设计需要根据具体的振荡序列来确定, 没有统一的固定范式. 而振荡序列包络线一旦确定, 即可根据既有的区间灰数预测建模方法, 模拟及预测振荡序列的上界与下界. 考虑到振荡序列包络线的设计无法程序化, 因此, 本书不提供振荡序列区间预测的 MATLAB 程序.

7.5   模型应用: 北京市 SO_2 浓度的区间预测

北京是中国的首都, 作为一个国际化都市, 其空气质量一直备受关注. 北京市在 2015 年一共发生了 46 天重度污染, 其中秋冬季占了 35 天. 除了工业基地大量污染物排放之外, 北京偏南区域秋收换播季节大面积秸秆的燃烧也造成了大量细颗粒物的排放, 另外北京市大量机动车的尾气排放也是加剧北京市空气污染的一个重要原因. 上述多种因素导致北京市空气质量一直不容乐观, 防范和治理空气污染迫在眉睫. SO_2 是大气污染物中危害较大、影响较广的重要污染物之一, 也是形成酸雨的主要成分. 因此, 合理预测北京市 SO_2 浓度的变化趋势, 对政府采取合理有效的污染控制措施, 提高北京市空气质量、改善居民生活水平具有积极意义.

7.5.1 北京市 SO_2 浓度数据特征

本小节选取 2000~2018 年北京市 SO_2 浓度值作为原始建模数据，然后分析北京市 SO_2 浓度的数据特征及变化趋势. 数据来源于北京市生态环境局官网，具体数值如表 7.5.1 所示.

表 7.5.1　2000~2018 年北京市 SO_2 年均浓度值　　　　(单位: mg/m³)

年份	2000	2001	2002	2003	2004	2005	2006	2007	2008	2009
日均浓度	0.071	0.064	0.067	0.061	0.055	0.050	0.053	0.047	0.036	0.034

年份	2010	2011	2012	2013	2014	2015	2016	2017	2018
日均浓度	0.032	0.028	0.028	0.0265	0.0218	0.0135	0.010	0.008	0.006

数据来源: 北京市生态环境局官网 (http://sthjj.beijing.gov.cn/)

为了更加直观了解北京市 2000~2018 年 SO_2 浓度值变化趋势，应用 MATLAB 绘制了表 7.5.1 中的数据的散点折线图，如图 7.5.1 所示.

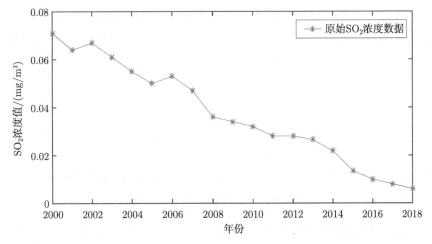

图 7.5.1　北京市 2000~2018 年 SO_2 浓度散点折线图

根据图 7.5.1 可以看出，北京市近 19 年来的 SO_2 浓度值呈现逐渐下降的总体趋势，但局部又具有一定的振荡序列特征. 因此，我们采用基于包络线的区间灰数预测模型，对北京市 SO_2 浓度进行区间预测.

7.5.2 北京市 SO_2 浓度数据区间预测建模

令北京市 2000~2018 年 SO_2 浓度数据为原始序列 X，根据振荡序列上下包络线设计原则，本小节应用指数函数曲线来作为 SO_2 浓度数据之包络线，如图 7.5.2 所示.

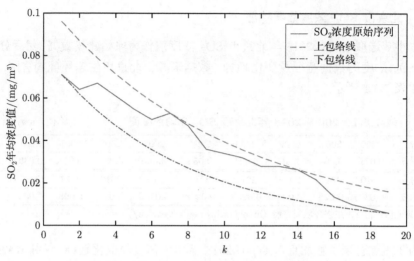

图 7.5.2　原始 SO_2 浓度振荡序列及其包络线

从图 7.5.2 可以看出, 指数函数曲线的包络线将 2000~2018 年北京市 SO_2 浓度数据序列都包含在下界与上界的区间中, 且上、下包络线没有产生相交或相离的情况, 基本符合实际数据的变化规律与演变趋势. 其中, 上包络线的函数表达式为

$$f_s(t) = e^{-0.099t-2.2443},\tag{7.5.1}$$

下包络线的函数表达式为

$$f_u(t) = e^{-0.1373t-2.5078}.\tag{7.5.2}$$

根据定义 7.4.3 可知, 当 $t = 1, 2, \cdots, n$ 时, 通过建模序列下包络函数 (公式 (7.5.2)) 计算得到的 $f_u(t)$ 值, 构成 X 的下界序列 U, 即

$U = (0.071, 0.0619, 0.054, 0.047, 0.041, 0.0357, 0.0311, 0.0272, 0.0237, 0.0206,$

　　　$0.018, 0.0157, 0.0137, 0.012, 0.0104, 0.009, 0.0079, 0.0069, 0.006).$

类似地, 当 $t = 1, 2, \cdots, n$ 时, 通过建模序列上包络函数 (公式 (7.5.1)) 计算得到的 $f_s(t)$ 值构成 X 的上界序列 S, 即

$S = (0.096, 0.087, 0.0788, 0.0713, 0.0646, 0.0585, 0.053, 0.048, 0.0435, 0.0394,$

　　　$0.0357, 0.0323, 0.0293, 0.0265, 0.024, 0.0217, 0.0197, 0.0178, 0.0162).$

因此, 当 $t = 1, 2, \cdots, n$ 时, 综合上界序列 S 及下界序列 U, 可将原始序列 X 拓展为一区间灰数序列 $X(\otimes)$, 即

$X(\otimes) = ([0.071, 0.096], [0.0619, 0.087], [0.054, 0.0788], [0.047, 0.0713], [0.041, 0.0646],$

$[0.0357, 0.0585]$, $[0.0311, 0.053]$, $[0.0272, 0.048]$, $[0.0237, 0.0435]$, $[0.0206, 0.0394]$,

$[0.0179, 0.0357]$, $[0.0157, 0.0323]$, $[0.0137, 0.0293]$, $[0.012, 0.0265]$, $[0.0104, 0.024]$,

$[0.009, 0.0217]$, $[0.0079, 0.0197]$, $[0.0069, 0.0178]$, $[0.006, 0.0162]$).

根据 7.1 节中灰数带和灰数层的概念, 可计算区间灰数序列 $X(\otimes)$ 的面积序列 A 及坐标序列 W 分别为

$$A = (s(t_1), s(t_2), \cdots, s(t_{n-1})),$$

$$W = (w(t_1), w(t_2), \cdots, w(t_{n-1})).$$

面积序列和坐标序列中元素值, 如表 7.5.2 所示.

表 **7.5.2** SO$_2$ 浓度区间灰数序列的面积序列及坐标序列 (单位: mg/m^3)

面积序列 A				坐标序列 W			
t	$s(t_i)$	t	$s(t_i)$	t	$w(t_i)$	t	$w(t_i)$
1	0.025	10	0.0183	1	0.079	10	0.028
2	0.0249	11	0.0172	2	0.07	11	0.025
3	0.0246	12	0.0161	3	0.063	12	0.023
4	0.024	13	0.015	4	0.056	13	0.0204
5	0.0232	14	0.014	5	0.05	14	0.018
6	0.0224	15	0.0132	6	0.045	15	0.0163
7	0.0214	16	0.0123	7	0.04	16	0.0146
8	0.0203	17	0.0113	8	0.036	17	0.0131
9	0.0193	18	0.0101	9	0.032	18	0.0117

通过表 7.5.2 的序列值分别建立面积序列 A 及坐标序列 W 的 GM(1, 1) 模型, 其模型参数分别为

$$\hat{a}_s = [a_s, b_s]^{\mathrm{T}} = [0.052, 0.0286]^{\mathrm{T}},$$

$$\hat{a}_w = [a_w, b_w]^{\mathrm{T}} = [0.1125, 0.083]^{\mathrm{T}}.$$

将参数 $\hat{a}_s$ 和 $\hat{a}_w$ 代入区间灰数预测模型的公式 (7.4.3) 中, 可得 SO$_2$ 浓度的区间灰数预测模型, 如下:

$$\begin{cases} \hat{f}_s(k) = 0.074\mathrm{e}^{-0.1125(k-2)} \left[1 - (-1.119)^{(k-2)}\right] \\ \quad\quad + 0.0136^{-0.052(k-2)} \left[1 - (-1.0534)^{(k-2)}\right] + 0.0869 \cdot (-1)^k, \\ \hat{f}_u(k) = 0.074\mathrm{e}^{-0.1125(k-2)} \left[1 - (-1.119)^{(k-2)}\right] \\ \quad\quad - 0.0136^{-0.052(k-2)} \left[1 - (-1.0534)^{(k-2)}\right] + 0.0619 \cdot (-1)^k, \end{cases} \quad (7.5.3)$$

其中区间灰数预测模型的相关参数, 如表 7.5.3 所示.

表 7.5.3　SO₂ 浓度区间灰数预测模型参数

参数名称	P_1	P_2	P_3	P_4
参数值	0.074	−1.119	0.0136	−1.0534

通过该 SO₂ 浓度区间灰数预测模型的计算, 可得 SO₂ 振荡序列的上下界函数的模拟值及模拟误差, 分别如表 7.5.4、表 7.5.5 所示.

表 7.5.4　SO₂ 浓度区间灰数上界函数模拟及其误差

$X(\otimes)$	$f_s(k)$	$\hat{f}_s(k)$	$\bar{\Delta}_s(k)/\%$	$X(\otimes)$	$f_s(k)$	$\hat{f}_s(k)$	$\bar{\Delta}_s(k)/\%$
$\otimes(2)$	0.087	0.0869	0.115	$\otimes(11)$	0.0357	0.0362	1.40
$\otimes(3)$	0.0788	0.0798	1.269	$\otimes(12)$	0.0323	0.0314	2.786
$\otimes(4)$	0.0713	0.0707	0.841	$\otimes(13)$	0.0293	0.0299	2.048
$\otimes(5)$	0.0646	0.0652	0.928	$\otimes(14)$	0.0265	0.0258	2.642
$\otimes(6)$	0.0585	0.0576	1.538	$\otimes(15)$	0.024	0.0248	3.333
$\otimes(7)$	0.053	0.0534	0.754	$\otimes(16)$	0.0217	0.0212	2.304
$\otimes(8)$	0.048	0.0469	2.292	$\otimes(17)$	0.0197	0.0207	5.076
$\otimes(9)$	0.0435	0.0439	0.919	$\otimes(18)$	0.0178	0.0175	1.685
$\otimes(10)$	0.0394	0.0384	2.538	$\otimes(19)$	0.0162	0.0173	6.79

表 7.5.5　北京市 SO₂ 浓度区间灰数下界函数模拟及其误差

$X(\otimes)$	$f_s(k)$	$\hat{f}_s(k)$	$\bar{\Delta}_s(k)/\%$	$X(\otimes)$	$f_s(k)$	$\hat{f}_s(k)$	$\bar{\Delta}_s(k)/\%$
$\otimes(2)$	0.0619	0.0619	0	$\otimes(11)$	0.018	0.0168	6.667
$\otimes(3)$	0.054	0.0517	4.081	$\otimes(12)$	0.0157	0.0174	10.828
$\otimes(4)$	0.047	0.0483	2.765	$\otimes(13)$	0.0137	0.0123	10.218
$\otimes(5)$	0.041	0.0396	3.414	$\otimes(14)$	0.012	0.0134	11.667
$\otimes(6)$	0.0357	0.0376	5.322	$\otimes(15)$	0.0104	0.0087	16.346
$\otimes(7)$	0.0311	0.0302	2.894	$\otimes(16)$	0.0091	0.0102	12.088
$\otimes(8)$	0.0272	0.0292	7.353	$\otimes(17)$	0.0079	0.0059	25.316
$\otimes(9)$	0.0237	0.0227	4.219	$\otimes(18)$	0.0069	0.0078	13.043
$\otimes(10)$	0.0206	0.0226	9.708	$\otimes(19)$	0.006	0.0038	36.667

在表 7.5.4 中, 上界序列的平均相对模拟百分误差为

$$\bar{\Delta}_s = \frac{1}{n-1} \sum_{k=2}^{n} \bar{\Delta}_s(k) = 2.181\%.$$

在表 7.5.5 中, 下界序列的平均相对模拟百分误差为

$$\bar{\Delta}_u = \frac{1}{n-1} \sum_{k=2}^{n} \bar{\Delta}_u(k) = 10.1541\%.$$

根据 $\bar{\Delta}_s$ 及 $\bar{\Delta}_u$, 可计算 SO₂ 浓度区间灰数预测模型的综合模拟百分误差为

$$\bar{\Delta} = \frac{\bar{\Delta}_s + \bar{\Delta}_u}{2} = 6.1676\%.$$

北京市 SO_2 浓度区间灰数预测模型的综合模拟误差为 6.1676%, 查灰色预测模型误差等级参照表可知, 该模型性能接近 II 级, 可用于短期北京市 SO_2 浓度的区间预测, 结果如表 7.5.6 所示.

表 7.5.6 北京市 2019～2021 年 SO_2 浓度预测区间   (单位: mg/m^3)

年份	2019	2020	2021
SO_2 浓度预测区间	[0.0059, 0.0144]	[0.0021, 0.01453]	[0.0045, 0.0119]

根据表 7.5.6 可以发现, 2019～2020 年, 北京市 SO_2 浓度总体呈现下降趋势, 表明北京市政府治理污染措施得当. 为了进一步控制北京市 SO_2 及其他大气污染物浓度, 北京市政府部门按照新的尾气排放标准, 对不符合排放标准的汽车予以限制出行, 并提倡公交出行, 加强科普宣传, 提高公众环保意识.

7.6 本章小结

本章主要研究了区间灰数预测模型、灰色异构数据预测模型、灰色波动序列预测模型及灰色振荡序列预测模型. 实际上, 关于区间灰数预测模型的构建, 本章只是做了一些简单的尝试, 灰数带及灰数层只是实现区间灰数序列实数化转换的一种方式, 这种方式的科学性与合理性还有待进一步检验. 本章提出的基于核和灰度的灰色异构数据预测模型, 是基于灰度不减公理所做的简化处理, 以解决灰色异构数据之间的运算及建模问题, 整个建模过程还略显粗糙. 灰色波动序列预测模型, 主要对具有波峰波谷交替出现且总体趋势相对平缓的波动序列效果较好, 对上升或下降趋势明显的波动序列, 效果还有待提高. 基于包络线的灰色振荡序列预测模型, 首先对这种振荡序列 "包络" 建模的思想比较符合振荡序列变化趋势的随机性特征, 但是包络线的设计具有一定的主观性, 这在一定程度上增加了振荡序列预测结果的随意性.

总体而言, 在灰色系统理论中, 关于灰数 (区间灰数、离散灰数等) 预测模型及灰色异构数据预测模型的研究尚处于起步阶段; 而对灰色波动序列预测模型及灰色振荡序列预测模型的领域的有效研究成果还相对有限. 因此, 围绕上述灰色预测模型科学系统的研究, 还任重而道远, 这既是挑战也是机遇.

第8章 灰色预测模型优化方法

灰色预测模型参数是影响其模拟及预测性能的重要因素. 灰色模型按参数的不同功能, 可分为基本参数 (发展系数、灰作用量等) 及性能参数 (初始值、背景值、累加阶数等) 两类. 基本参数是通过最小二乘法进行估计得到的, 具体过程在前面几个章节已有介绍. 但是, 对如何优化灰色模型性能参数则尚未提及. 为此, 本章将对灰色预测模型性能参数的优化方法进行介绍, 以期构建性能更加优良的高精度灰色预测模型.

不管是单变量灰色预测模型还是多变量灰色预测模型, 均具有类似的模型性能参数. 本章以三参数离散灰色预测模型 TDGM(1, 1) 为例, 分别介绍灰色预测模型初始值、背景值及累加阶数的优化方法. 其他灰色预测模型性能参数的优化过程与此雷同, 不再赘述.

8.1 灰色预测模型初始值优化方法

灰色预测模型的初始值, 又称初始条件或迭代基值, 是推导 TDGM(1, 1) 模型时间响应函数的起点. 第 4 章所介绍的 TDGM(1, 1) 模型就是以 $x^{(0)}(1)$ 为初始值来推导 $\hat{x}^{(0)}(k)$ 的时间响应函数. 这样 TDGM(1, 1) 模型的拟合曲线在二维坐标平面上必然经过点 $(1, x^{(0)}(1))$. 而根据最小二乘原理, 初始值的选取应以模拟误差平方和最小为条件, 此时拟合曲线并不一定通过点 $(1, x^{(0)}(1))$. 因此, 灰色预测模型如何确定初始值这个重要的性能参数, 是本节将要讨论的内容.

定理 8.1.1 TDGM(1 ,1) 模型如定义 4.1.1 所述, 其时间响应函数如公式 (4.1.18) 所示, 则 TDGM(1, 1) 模型的最优初始值 Csz 如下,

$$Csz = \frac{\sum_{k=2}^{n}\left[P^{(k-2)}x^{(0)}(k)\right] - V\sum_{k=2}^{n}\left[P^{2(k-2)}\right] - H\sum_{k=2}^{n}\left[P^{(k-2)}\sum_{g=0}^{k-3}P^g\right] = 0}{U\sum_{k=2}^{n}\left[P^{2(k-2)}\right]},$$

$$(8.1.1)$$

其中

$$U = \frac{1-0.5a}{1+0.5a} - 1, \quad V = 2\cdot\frac{b}{1+0.5a} + \frac{c}{1+0.5a}, \quad P = \frac{1-0.5a}{1+0.5a}, \quad H = \frac{b}{1+0.5a}.$$

证明 最优初始值 Csz 应满足 TDGM(1, 1) 模型的模拟误差平方和最小, 即

$$S = \min \sum_{k=2}^{n} \left[x^{(0)}(k) - \hat{x}^{(0)}(k) \right]^2. \tag{8.1.2}$$

初始值的优化, 实际上就是用 Csz 来代替默认的初始值 $x^{(0)}(1)$, 即 $x^{(0)}(1) \to Csz$, 则公式 (4.1.18) 可变形为

$$\hat{x}^{(0)}(k) = \left[Csz \left(\frac{1-0.5a}{1+0.5a} - 1 \right) + \left(2 \cdot \frac{b}{1+0.5a} + \frac{c}{1+0.5a} \right) \right] \left(\frac{1-0.5a}{1+0.5a} \right)^{(k-2)}$$

$$+ \sum_{g=0}^{k-3} \frac{b}{1+0.5a} \left(\frac{1-0.5a}{1+0.5a} \right)^{(g)}. \tag{8.1.3}$$

根据公式 (8.1.2) 可知

$$S = \min \sum_{k=2}^{n} \left\{ x^{(0)}(k) - \left[Csz \left(\frac{1-0.5a}{1+0.5a} - 1 \right) + \left(2 \cdot \frac{b}{1+0.5a} + \frac{c}{1+0.5a} \right) \right] \right.$$

$$\left. \times \left(\frac{1-0.5a}{1+0.5a} \right)^{(k-2)} - \sum_{g=0}^{k-3} \frac{b}{1+0.5a} \left(\frac{1-0.5a}{1+0.5a} \right)^{(g)} \right\}^2, \quad k = 2, 3, \cdots. \tag{8.1.4}$$

对公式 (8.1.4) 进行简化, 得

$$S = \min \sum_{k=2}^{n} \left\{ x^{(0)}(k) - Csz \cdot UP^{(k-2)} - VP^{(k-2)} - \sum_{g=0}^{k-3} HP^g \right\}^2, \tag{8.1.5}$$

其中

$$U = \frac{1-0.5a}{1+0.5a} - 1, \quad V = 2 \cdot \frac{b}{1+0.5a} + \frac{c}{1+0.5a}, \quad P = \frac{1-0.5a}{1+0.5a}, \quad H = \frac{b}{1+0.5a}.$$

利用最小二乘法, 对公式 (8.1.5) 中的初始值 Csz 进行优化, 即

$$\frac{\mathrm{d}S}{\mathrm{d}Csz} = -2 \sum_{k=2}^{n} \left[x^{(0)}(k) - Csz \cdot U \cdot P^{(k-2)} - V \cdot P^{(k-2)} - \sum_{g=0}^{k-3} H \cdot P^g \right] \cdot UP^{(k-2)},$$

即

$$\sum_{k=2}^{n} \left[U \cdot P^{(k-2)} x^{(0)}(k) - Csz \cdot U^2 \cdot P^{2(k-2)} \right.$$

$$\left. - V \cdot U \cdot P^{2(k-2)} - U \cdot P^{(k-2)} \sum_{g=0}^{k-3} H \cdot P^g \right] = 0.$$

展开、整理得

$$Csz \cdot U^2 \sum_{k=2}^{n} \left[P^{2(k-2)} \right] = U \sum_{k=2}^{n} \left[P^{(k-2)} x^{(0)}(k) \right] - V \cdot U \sum_{k=2}^{n} \left[P^{2(k-2)} \right]$$

$$- U \cdot H \sum_{k=2}^{n} \left[P^{(k-2)} \sum_{g=0}^{k-3} P^g \right] = 0.$$

则 TDGM(1, 1) 模型的最优初始值 Csz 为

$$Csz = \frac{\sum_{k=2}^{n} \left[P^{(k-2)} x^{(0)}(k) \right] - V \sum_{k=2}^{n} \left[P^{2(k-2)} \right] - H \sum_{k=2}^{n} \left[P^{(k-2)} \sum_{g=0}^{k-3} P^g \right] = 0}{U \sum_{k=2}^{n} \left[P^{2(k-2)} \right]}.$$

(8.1.6)

证明结束.

　　灰色预测模型初始值的优化是建立在灰作用量 b 及发展系数 a 基础上的. 换言之, 灰色预测模型首先通过最小二乘法对参数 a 和 b 进行估计, 再根据参数 a 和 b 利用最小二乘法对 Csz 进行优化. 当 Csz 与 $x^{(0)}(1)$ 比较接近的时候, 初始值 Csz 对灰色模型的优化效果不明显; 反之, Csz 能显著提高灰色模型的模拟及预测精度.

8.2　灰色预测模型背景值优化方法

　　在灰色预测模型中, 紧邻均值生成是弱化 1-AGO 序列中极端值对灰色作用量大小影响的一种平滑措施, 而背景值系数则是在构造紧邻均值序列过程中相邻元素所占的权重. 在实际建模过程中, 通常将背景值系数设定为 0.5, 即 $z^{(1)}(k) = 0.5 \times [x^{(1)}(k) + x^{(1)}(k-1)]$ 作为背景值来构建灰色预测模型, 这实际上是一种简化处理. 背景值系数大小应该以模拟误差平方和最小为条件, 应用智能寻优算法 (粒子群算法、蚁群算法等) 进行优化.

　　定义 8.2.1　设原始序列 $X^{(0)} = \left(x^{(0)}(1), x^{(0)}(2), \cdots, x^{(0)}(n) \right)$, 其中 $x^{(0)}(k) \geqslant 0$, $k = 1, 2, \cdots, n$; $X^{(1)} = \left(x^{(1)}(1), x^{(1)}(2), \cdots, x^{(1)}(n) \right)$ 是 $X^{(0)}$ 的一次累加生成序列, 其中

$$x^{(1)}(k) = \sum_{i=1}^{k} x^{(0)}(i), \quad k = 1, 2, \cdots, n.$$

$Z^{(1)} = \left(z^{(1)}(2), z^{(1)}(3), \cdots, z^{(1)}(n) \right)$ 是背景值系数为 ξ 的紧邻生成序列, 其中

$$z^{(1)}(k) = \xi x^{(1)}(k) + (1 - \xi) x^{(1)}(k-1).$$

则称

$$x^{(0)}(k) + a\left(\xi x^{(1)}(k) + (1-\xi)x^{(1)}(k-1)\right) = kb + c \qquad (8.2.1)$$

是背景值系数为 $\xi\,(0 < \xi < 1)$ 的 TDGM(1, 1) 模型, 记作 TDGM(1, 1, ξ) 模型.

定理 8.2.1 序列 $X^{(0)}$ 和 $X^{(1)}$ 如定义 8.2.1 所示, $\hat{p} = (a, b, c)^{\mathrm{T}}$ 为参数列, 且

$$Y = \begin{bmatrix} x^{(0)}(2) \\ x^{(0)}(3) \\ \vdots \\ x^{(0)}(k) \end{bmatrix}, \quad B = \begin{bmatrix} -\left[\xi x^{(1)}(2) + (1-\xi)x^{(1)}(1)\right] & 2 & 1 \\ -\left[\xi x^{(1)}(3) + (1-\xi)x^{(1)}(2)\right] & 3 & 1 \\ \vdots & \vdots & \vdots \\ -\left[\xi x^{(1)}(n) + (1-\xi)x^{(1)}(n-1)\right] & n & 1 \end{bmatrix}.$$

则 TDGM(1, 1, ξ) 模型 $x^{(0)}(k) + a\left[\xi x^{(1)}(k) + (1-\xi)x^{(1)}(k-1)\right] = kb + c$ 的最小二乘估计参数列 $\hat{p} = (a, b, c)^{\mathrm{T}}$ 满足

$$\hat{p} = (a, b, c)^{\mathrm{T}} = \left(B^{\mathrm{T}}B\right)^{-1}B^{\mathrm{T}}Y.$$

证明过程略.

在定理 8.2.1 中, TDGM(1, 1, ξ) 模型参数列 $\hat{p} = (a, b, c)^{\mathrm{T}}$ 的估计依赖于矩阵 B 和 Y, 而矩阵 B 中存在待定背景值系数 ξ. 由于不同的背景值系数 ξ 对应不同的矩阵 B, 因此背景值系数 ξ 是影响 TDGM(1, 1, ξ) 模型参数列 $\hat{p} = (a, b, c)^{\mathrm{T}}$ 大小进而影响模型精度的重要参数.

背景值系数 ξ 的最优值应该满足 TDGM(1, 1, ξ) 模型的模拟误差平方和最小, 即

$$\min f(\xi) = \frac{1}{n-1}\sum_{k=2}^{n}\left[x^{(0)}(k) - \hat{x}^{(0)}(k)\right]^2, \quad 0 < \xi < 1. \qquad (8.2.2)$$

公式 (8.2.2) 中, $x^{(0)}(k)$ 是建模原始数据, 为已知信息; $\hat{x}^{(0)}(k)$ 是 TDGM(1, 1, ξ) 模型的模拟数据, 需要通过 TDGM(1, 1, ξ) 的时间响应函数进行计算.

定理 8.2.2 TDGM(1, 1, ξ) 模型如定义 8.2.1 所述, 则其时间响应函数为

$$\hat{x}^{(0)}(k) = \left[x^{(0)}(1)\cdot\frac{1-(1-\xi)a}{1+\xi a} + \left(2\cdot\frac{b}{1+\xi a} + \frac{c}{1+\xi a}\right)\right]\left[\frac{1-(1-\xi)a}{1+\xi a}\right]^{(k-2)}$$

$$+ \sum_{g=0}^{k-3}\frac{b}{1+\xi a}\left[\frac{1-(1-\xi)a}{1+\xi a}\right]^{g}.$$

证明 根据定义 8.2.1 知

$$x^{(1)}(k) - x^{(1)}(k-1) + a\times\left[\xi x^{(1)}(k) + (1-\xi)x^{(1)}(k-1)\right] = kb + c.$$

整理得

$$x^{(1)}(k) = \frac{1-(1-\xi)a}{1+\xi a}x^{(1)}(k-1) + \frac{b}{1+\xi a}k + \frac{c}{1+\xi a}. \tag{8.2.3}$$

在公式 (8.2.3) 中, 由于 $x^{(1)}(k-1)$ 是未知项, 故无法计算 $x^{(1)}(k)$. 因此, 需进一步分析当 $k = 2, 3, \cdots, n$ 时, 公式 (8.2.3) 的变化规律, 从而推导能直接计算 $x^{(1)}(k)$ 的时间响应函数.

根据公式 (8.2.3), 当 $k = 2, 3$ 时, 可得如下等式

$$\hat{x}^{(1)}(2) = \frac{1-(1-\xi)a}{1+\xi a}x^{(1)}(1) + 2 \cdot \frac{b}{1+\xi a} + \frac{c}{1+\xi a}, \tag{8.2.4}$$

$$\hat{x}^{(1)}(3) = \frac{1-(1-\xi)a}{1+\xi a}\hat{x}^{(1)}(2) + 3 \cdot \frac{b}{1+\xi a} + \frac{c}{1+\xi a}. \tag{8.2.5}$$

将公式 (8.2.4) 代入公式 (8.2.5), 整理得

$$\begin{aligned}\hat{x}^{(1)}(3) &= \left(\frac{1-(1-\xi)a}{1+\xi a}\right)^2 x^{(1)}(1) \\ &\quad + \frac{1-(1-\xi)a}{1+\xi a}\left(2 \cdot \frac{b}{1+\xi a} + \frac{c}{1+\xi a}\right) + \left(3 \cdot \frac{b}{1+\xi a} + \frac{c}{1+\xi a}\right).\end{aligned} \tag{8.2.6}$$

当 $k = 4$ 时,

$$\hat{x}^{(1)}(4) = \frac{1-(1-\xi)a}{1+\xi a}\hat{x}^{(1)}(3) + 4 \cdot \frac{b}{1+\xi a} + \frac{c}{1+\xi a}. \tag{8.2.7}$$

类似地, 公式 (8.2.6) 代入公式 (8.2.7), 整理得

$$\begin{aligned}\hat{x}^{(1)}(4) &= \left[\frac{1-(1-\xi)a}{1+\xi a}\right]^3 x^{(1)}(1) + \left[\frac{1-(1-\xi)a}{1+\xi a}\right]^2\left(2 \cdot \frac{b}{1+\xi a} + \frac{c}{1+\xi a}\right) \\ &\quad + \left[\frac{1-(1-\xi)a}{1+\xi a}\right]\left(3 \cdot \frac{b}{1+\xi a} + \frac{c}{1+\xi a}\right) + \left(4 \cdot \frac{b}{1+\xi a} + \frac{c}{1+\xi a}\right).\end{aligned} \tag{8.2.8}$$

$$\vdots$$

当 $k = u$ 时, 得

$$\begin{aligned}\hat{x}^{(1)}(u) &= \left[\frac{1-(1-\xi)a}{1+\xi a}\right]^{(u-1)} x^{(1)}(1) + \left[\frac{1-(1-\xi)a}{1+\xi a}\right]^{(u-2)}\left(2 \cdot \frac{b}{1+\xi a} + \frac{c}{1+\xi a}\right) \\ &\quad + \left[\frac{1-(1-\xi)a}{1+\xi a}\right]^{(u-3)}\left(3 \cdot \frac{b}{1+\xi a} + \frac{c}{1+\xi a}\right) + \cdots + \left[\frac{1-(1-\xi)a}{1+\xi a}\right]^{(1)} \\ &\quad \times \left[(u-1)\cdot\frac{b}{1+\xi a} + \frac{c}{1+\xi a}\right] + \left[\frac{1-(1-\xi)a}{1+\xi a}\right]^{(0)}\left(u\cdot\frac{b}{1+\xi a} + \frac{c}{1+\xi a}\right).\end{aligned} \tag{8.2.9}$$

令

$$\alpha = \frac{1-(1-\xi)\,a}{1+\xi a}, \quad \beta = \frac{b}{1+\xi a}, \quad \gamma = \frac{c}{1+\xi a}.$$

则公式 (8.2.9) 可简写为

$$\hat{x}^{(1)}(u) = x^{(1)}(1)\,\alpha^{(u-1)} + \sum_{g=0}^{u-2}\left[(u-g)\,\beta+\gamma\right]\alpha^g. \tag{8.2.10}$$

根据定义 8.2.1 可知 $\hat{x}^{(0)}(k) = \hat{x}^{(1)}(k) - \hat{x}^{(1)}(k-1)$, 故

$$\hat{x}^{(0)}(k) = x^{(1)}(1)\,\alpha^{(k-1)} + \sum_{g=0}^{k-2}\left[(k-g)\,\beta+\gamma\right]\alpha^g$$

$$- x^{(1)}(1)\,\alpha^{(k-2)} - \sum_{g=0}^{k-3}\left[(k-g-1)\,\beta+\gamma\right]\alpha^g. \tag{8.2.11}$$

整理公式 (8.2.11) 可得

$$\hat{x}^{(0)}(k) = \left[x^{(0)}(1)\,\alpha + (2\beta+\gamma)\right]\alpha^{(k-2)} + \sum_{g=0}^{k-3}\beta\alpha^g, \tag{8.2.12}$$

即

$$\hat{x}^{(0)}(k) = \left[x^{(0)}(1)\cdot\frac{1-(1-\xi)\,a}{1+\xi a} + \left(2\cdot\frac{b}{1+\xi a}+\frac{c}{1+\xi a}\right)\right]\left[\frac{1-(1-\xi)\,a}{1+\xi a}\right]^{(k-2)}$$

$$+ \sum_{g=0}^{k-3}\frac{b}{1+\xi a}\left[\frac{1-(1-\xi)\,a}{1+\xi a}\right]^g.$$

证明结束.

给定任意背景值系数 $\xi\,(0<\xi<1)$, 均可计算得到基于 TDGM$(1,1,\xi)$ 模型的一组模拟数据及其模拟误差. 而最优的背景值系数 ξ 则是在其取值范围 $0<\xi<1$ 内, 应使得 TDGM$(1,1,\xi)$ 模型的模拟误差平方和最小. 理论上, 我们可以为 ξ 设置一个足够小的初始值为循环起点和步长, 通过数亿次的循环, 并根据每一次循环迭代的 ξ 值计算和比较 TDGM$(1,1,\xi)$ 模型的模拟误差平方和, 选择满足相对最小模拟误差平方和条件下所对应的 ξ 值, 作为背景值系数的最优值.

显然, 上述背景值系数 ξ 的优化过程需要耗费大量时间并占用有限的计算机资源. 各种群体寻优法 (如粒子群算法、细菌觅食算法、萤火虫算法、人工鱼群算法、蚁群算法等) 的出现和日趋成熟为复杂分布式的寻优问题提供了良好的解决方案. 而粒子群算法具有易理解、易实现、全局搜索能力强等特点备受科学工程领域的关注.

粒子群优化算法 (particle swarm optimization, PSO) 是由 Eberhart 与 Kennedy 于 1995 年提出的一种全局优化进化算法, 其基本概念来源于对鸟群觅食行为的研究. PSO 算法具有概念较简单, 需要调整参数不多, 易于编程实现等优点, 已广泛应用于函数优化与神经网络训练等领域. 同时, 基于群体适应度方差自适应变异的粒子群优化算法有效解决了早熟收敛现象, 可显著提高全局收敛性能.

基于粒子群算法的 TDGM$(1, 1, \xi)$ 模型背景值系数 ξ 优化过程如下.

步骤 1   随机初始化粒子群中粒子的位置与速度, 可取 $pBest = 0.5$, 即 TDGM $(1, 1)$ 模型.

步骤 2   将粒子中的 $pBest$ 设置为当前位置, $gBest$ 设置为初始群体中最佳粒子的位置.

步骤 3   计算 TDGM$(1, 1, \xi)$ 模型当 $\xi = pBest$ 时的平均相对模拟误差.

步骤 3.1   计算原始序列 $X^{(0)}$ 的一阶累加生成序列 $X^{(1)}$.

步骤 3.2   计算背景值系数为 ξ 的紧邻生成序列 $Z^{(1)}$.

步骤 3.3   构造矩阵 B 和 Y, 求解模型参数 $\hat{p} = (a, b, c)^{\mathrm{T}}$.

步骤 3.4   计算原始数据 $X^{(0)}$ 的模拟值 $\hat{X}^{(0)}$.

步骤 3.5   计算 $\hat{X}^{(0)}$ 的平均相对模拟误差 $f(pBest)$.

步骤 3.6   判断 $|f(pBest) - f(gBest)|$ 是否小于给定的收敛值 δ, 如满足则转向步骤 9; 否则执行步骤 4.

步骤 4   对粒子群中的所有粒子, 执行如下操作.

步骤 4.1   更新粒子的位置与速度

$$V = \omega \times V + c_1 \times \mathrm{rand} \times (pBest - \mathrm{Present}) + c_2 \times \mathrm{rand} \times (gBest - \mathrm{Present}), \quad (8.2.13)$$

$$\mathrm{Present} = \mathrm{Present} + V, \quad (8.2.14)$$

$$\omega = \omega_{\max} - \mathrm{run} \times \frac{(\omega_{\max} - \omega_{\min})}{\mathrm{runMax}}. \quad (8.2.15)$$

步骤 4.2   如果粒子适应度优于 $pBest$ 的适应度, $pBest$ 设置为新位置.

步骤 4.3   如果粒子适应度优于 $gBest$ 的适应度, $gBest$ 设置为新位置.

步骤 5   计算群体适应度方差 σ^2, 并计算 $f(pBest)$

$$\sigma^2 = \sum_{i=1}^{n} \left(\frac{f_i - f_{\mathrm{avg}}}{f} \right)^2. \quad (8.2.16)$$

$$f = \begin{cases} \max\{|f_i - f_{\mathrm{avg}}|\}, & \max\{|f_i - f_{\mathrm{avg}}|\} > 1, \\ 1, & \text{其他}. \end{cases} \quad (8.2.17)$$

步骤 6 计算变异概率 p_m

$$p_m = \begin{cases} k, & \sigma^2 < \sigma_d^2 \text{ 且 } f(g\text{Best}) > f_d, \\ 0, & \text{其他}. \end{cases} \tag{8.2.18}$$

步骤 7 产生随机数 $\varepsilon \in [0,1]$, 如果 $\varepsilon < p_m$, 按执行变异操作; 否则, 转向步骤 8.

$$g\text{Best}_k = g\text{Best}_k \times (1 + 0.5 \times \eta). \tag{8.2.19}$$

步骤 8 判断算法收敛准则是否满足, 如满足则执行步骤 9; 否则转向步骤 3.

步骤 9 输出背景值系数 ξ 的最优取值 $g\text{Best}$ 及此时 TDGM$(1, 1, \xi)$ 模型的模拟及预测数据, 算法运行结束.

8.3 灰色预测模型累加阶数优化方法

本书第 2 章介绍了灰色累加生成算子与累减生成算子. 其中, 累加阶数按实际情况可分为一阶、二阶、三阶等. 吴利丰基于 "in between" 思想首先提出了分数阶灰色预测模型的建模思想, 实现了灰色预测模型累加阶数从整数到分数的跨越. 孟伟对分数阶累加生成与累减生成算子的解析表达式与系列性质 (互逆性、交换律、指数律等) 进行了系统研究, 并通过引入粒子群算法优化灰色预测模型阶数, 有效提高了灰色预测模型性能. 本节将对分数阶三参数离散灰色预测模型的建模方法与累加阶数的优化过程进行介绍.

8.3.1 Gamma 函数

Gamma 函数是研究分数阶灰色预测模型的数学工具, 本小节首先介绍 Gamma 函数基本概念. Gamma 函数的出现与阶乘从整数域到实数域的拓展密切相关.

当 n 属于正整数 ($n \in \mathbf{N}^+$) 时, n 的阶乘 $n!$ 定义为 $n! = n \times (n-1) \times (n-2) \times \cdots \times 2 \times 1$; 那么当 n 属于实数 ($n \in \mathbf{R}^+$) 时, 即 n 不一定是整数时, 如何定义 n 的阶乘 $n!$? 本小节给出 Gamma 函数的定义, 该函数实现了阶乘从整数到实数的拓展.

定义 8.3.1 设 $n \in \mathbf{R}^+$, 则称 $\Gamma(n)$ 为实数 n 的 Gamma 函数,

$$\Gamma(n) = \int_0^\infty \mathrm{e}^{-t} t^{n-1} \mathrm{d}t,$$

通过分部积分法, 可以推导出 Gamma 函数具有如下递归关系:

$$\Gamma(n+1) = n\Gamma(n). \tag{8.3.1}$$

公式 (8.3.1) 即为当 $n \in \mathbf{R}^+$ 时, 阶乘 $n!$ 的计算方法. 特别地, 当 $n \in \mathbf{N}^+$ 时,

$$\Gamma(n+1) = n!. \tag{8.3.2}$$

故 $\Gamma(1) = \Gamma(2) = 1$, $\Gamma(3) = 2!$, $\Gamma(n) = (n-1)!$.

8.3.2　分数阶累加生成序列与累减生成序列

定义 8.3.2　设 $X^{(0)} = \left(x^{(0)}(1), x^{(0)}(2), \cdots, x^{(0)}(n)\right)$ 为原始数据序列, $r \in \mathbf{R}^+$, 则称序列 $X^{(r)} = \left(x^{(r)}(1), x^{(r)}(2), \cdots, x^{(r)}(n)\right)$ 为 $X^{(0)}$ 的 r 阶累加生成序列, 其中

$$x^{(r)}(k) = \sum_{i=1}^{k} \frac{\Gamma(r+k-i)}{\Gamma(k-i+1)\Gamma(r)} x^{(0)}(i), \quad k = 1, 2, \cdots, n. \tag{8.3.3}$$

定义 8.3.3　设序列 $X^{(0)}$ 如定义 8.3.2 所述, 若 $r \in \mathbf{R}^+$, 则称 $X^{(-r)} = \left(x^{(-r)}(1), x^{(-r)}(2), \cdots, x^{(-r)}(n)\right)$ 为 $X^{(0)}$ 的 r 阶累减生成序列, 其中

$$x^{(-r)}(k) = \sum_{i=0}^{k-1} (-1)^i \frac{\Gamma(r+1)}{\Gamma(i+1)\Gamma(r-i+1)} x^{(0)}(k-i), \quad k = 1, 2, \cdots, n. \tag{8.3.4}$$

定理 8.3.1　设序列 $X^{(0)}$ 如定义 8.3.2 所述, $p \in \mathbf{R}^+$, $q \in \mathbf{R}^+$, $X^{(p)}$ 是 $X^{(0)}$ 的 p 阶累加生成序列, $X^{(q)}$ 是 $X^{(0)}$ 的 q 阶累加生成序列, $X^{(p+q)}$ 是 $X^{(0)}$ 的 $p+q$ 阶累加生成序列, $\left(X^{(p)}\right)^{(q)}$ 是 $X^{(p)}$ 的 q 阶累加生成序列, $\left(X^{(q)}\right)^{(p)}$ 是 $X^{(q)}$ 的 p 阶累加生成序列, 则多重累加生成算子满足交换律与指数律, 即

$$\left(X^{(p)}\right)^{(q)} = \left(X^{(q)}\right)^{(p)} = X^{(p+q)}. \tag{8.3.5}$$

证明过程略.

推论 8.3.1　根据定理 8.3.1 可推导得

$$X^{(0)} = \left(X^{(r)}\right)^{(-r)} = \left(X^{(-r)}\right)^{(r)}, \tag{8.3.6}$$

即 r 阶累加生成算子与 r 阶累减生成算子互为逆运算. 公式 (8.3.6) 主要用来推导分数阶灰色预测模型的累减生成式.

定义 8.3.4　设序列 $X^{(0)}$ 及 $X^{(r)}$ 分别如定义 8.3.2 及定义 8.3.3 所述, $r \in \mathbf{R}^+$, 则称序列 $Z^{(r)} = \left(z^{(r)}(2), z^{(r)}(3), \cdots, z^{(r)}(n)\right)$ 为 $X^{(r)}$ 的紧邻均值生成序列, 其中

$$z^{(r)}(k) = \frac{x^{(r)}(k) + x^{(r)}(k-1)}{2}, \quad k = 2, 3, \cdots, n.$$

8.3.3 分数阶三参数离散灰色预测模型

定义 8.3.5 设序列 $X^{(0)}$, $X^{(r)}$ 及 $Z^{(r)}$ 如定义 8.3.4 所述, $r \in \mathbf{R}^+$, 则称

$$x^{(r-1)}(k) + az^{(r)}(k) = kb + c \qquad (8.3.7)$$

为分数阶三参数离散灰色预测模型, 简称 TDGM$(1,1,r)$ 模型.

定理 8.3.2 设序列 $X^{(0)}$, $X^{(r)}$ 及 $Z^{(r)}$ 如定义 8.3.4 所示, $\hat{p} = (a,b,c)^{\mathrm{T}}$ 为参数列, 且

$$Y = \begin{bmatrix} x^{(r-1)}(2) \\ x^{(r-1)}(3) \\ \vdots \\ x^{(r-1)}(n) \end{bmatrix}, \quad B = \begin{bmatrix} -z^{(r)}(2) & 2 & 1 \\ -z^{(r)}(3) & 3 & 1 \\ \vdots & \vdots & \vdots \\ -z^{(r)}(n) & n & 1 \end{bmatrix}.$$

则 TDGM$(1,1,r)$ 模型 $x^{(r-1)}(k) + az^{(r)}(k) = kb + c$ 的最小二乘估计参数列满足

$$\hat{p} = (a,b,c)^{\mathrm{T}} = \left(B^{\mathrm{T}}B\right)^{-1} B^{\mathrm{T}}Y.$$

证明过程略.

参数估计是构建灰色预测模型的第一步. 显然, 仅根据 TDGM$(1,1,r)$ 模型的基本形式 $x^{(r-1)}(k) + az^{(r)}(k) = kb + c$ 尚无法实现对系统特征变量 $\hat{x}^{(0)}(k)$ 的模拟及预测, 还需进一步推导 TDGM$(1,1,r)$ 模型的时间响应函数, 即建立系统特征变量 $\hat{x}^{(0)}(k)$ 与时间 k 的函数关系, 才能实现在不同时点 k 对应 $\hat{x}^{(0)}(k)$ 大小的计算.

定理 8.3.3 TDGM$(1,1,r)$ 模型及其参数列 $\hat{p} = (a,b,c)^{\mathrm{T}}$ 分别如定义 8.3.5 及定理 8.3.2 所述, 则 TDGM$(1,1,r)$ 模型的累减生成式为

$$\hat{x}^{(0)}(k) = \left(\hat{x}^{(r)}\right)^{(-r)}(k) = \sum_{i=0}^{k-1} (-1)^i \frac{\Gamma(r+1)}{\Gamma(i+1)\Gamma(r-i+1)} \hat{x}^{(r)}(k-i), \quad k = 2,3\cdots,$$
$$(8.3.8)$$

其中

$$\hat{x}^{(r)}(k) = x^{(r)}(1) \cdot \alpha^{k-1} + \sum_{g=0}^{k-2} \left[(k-g)\cdot\beta + \gamma\right] \cdot \alpha^g, \qquad (8.3.9)$$

$$\alpha = \frac{1-0.5a}{1+0.5a}; \quad \beta = \frac{b}{1+0.5a}; \quad \gamma = \frac{c}{1+0.5a}.$$

证明过程略.

基于粒子群算法的 TDGM$(1,1,r)$ 模型累加阶数 r 优化过程如下.

步骤 1 随机初始化粒子群中粒子的位置与速度, 可取 $p\mathrm{Best} = 1$, 即均值 TDGM$(1,1)$ 模型.

步骤 2   将粒子中的 pBest 设置为当前位置, gBest 设置为初始群体中最佳粒子的位置.

步骤 3   计算分数阶 TDGM$(1,1,r)$ 模型中, 当 $r=p$Best 时的平均相对误差.

步骤 3.1   计算原始序列 $X^{(0)}$ 的 r 阶累加生成序列 $X^{(r)}$.

步骤 3.2   对 $X^{(r)}$ 作紧邻均值生成序列 $Z^{(r)}$.

步骤 3.3   计算 $X^{(r)}$ 的一阶累减生成序列 $X^{(r-1)}$.

步骤 3.4   构造矩阵 B 和 Y, 求解模型参数 $\hat{p}=(a,b,c)^{\mathrm{T}}$.

步骤 3.5   确定 $\hat{x}^{(0)}$ 的时间响应式, 计算模拟值 $\hat{X}^{(0)}$ 及平均相对模拟误差 $f(p\text{Best})$.

步骤 3.6   判断 $|f(p\text{Best})-f(g\text{Best})|$ 是否小于给定收敛值 δ, 如满足则转向步骤 9; 否则执行后续步骤.

步骤 4   对粒子群中的所有粒子, 执行如下操作.

步骤 4.1   更新粒子的位置与速度

$$V=\omega\times V+c_1\times\text{rand}\times(p\text{Best}-\text{Present})+c_2\times\text{rand}\times(g\text{Best}-\text{Present}),\quad(8.3.10)$$

$$\text{Present}=\text{Present}+V,\quad(8.3.11)$$

$$\omega=\omega_{\max}-\text{run}\times\frac{(\omega_{\max}-\omega_{\min})}{\text{runMax}}.\quad(8.3.12)$$

步骤 4.2   如果粒子适应度优于 pBest 的适应度, pBest 设置为新位置.

步骤 4.3   如果粒子适应度优于 gBest 的适应度, gBest 设置为新位置.

步骤 5   计算群体适应度方差 σ^2, 并计算 $f(p\text{Best})$

$$\sigma^2=\sum_{i=1}^{n}\left(\frac{f_i-f_{\text{avg}}}{f}\right)^2.\quad(8.3.13)$$

$$f=\begin{cases}\max\{|f_i-f_{\text{avg}}|\}, & \max\{|f_i-f_{\text{avg}}|\}>1,\\ 1, & \text{其他},\end{cases}\quad(8.3.14)$$

步骤 6   计算变异概率 p_m

$$p_m=\begin{cases}k, & \sigma^2<\sigma_d^2 \text{ 且 } f(g\text{Best})>f_d,\\ 0, & \text{其他}\end{cases}\quad(8.3.15)$$

步骤 7   产生随机数 $\varepsilon\in[0,1]$, 如果 $\varepsilon<p_m$, 按执行变异操作; 否则, 转向步骤 8.

$$g\text{Best}_k=g\text{Best}_k\times(1+0.5\times\eta).\quad(8.3.16)$$

步骤 8   判断算法收敛准则是否满足, 如满足则执行步骤 9; 否则转向步骤 3.

步骤 9   输出累加阶数 r 的最优取值 gBest 及此时 TDGM$(1,1,r)$ 模型的模拟及预测数据, 算法运行结束.

8.4 应用举例: 北京市生活能源消费总量预测

北京市是一个能源资源相对贫乏的地区, 能源供应以外地调入为主. 随着北京市人口急剧增加及人民生活水平不断提高, 北京市生活能源消费总量快速增长, 且其增长速度快于经济发展速度. 1998~2007 年北京人口年均增长 3.05%, 同期能源消耗总量年均增长 5.73%, 而生活能耗占能耗总量的比例由 1998 年的 12% 上升到 2007 年的 16%. 北京市面临较为严峻的能源短缺现状, 能源供需矛盾较为突出. 因此, 科学合理地预测北京市未来生活能源消费总量, 对北京市政府部门合理规划能源布局, 保障北京市生活用能的稳定供应, 促进居民的用能安全具有重要意义.

本小节构建北京市生活能源消费的 TDGM$(1,1,r)$ 模型, 通过 PSO 优化累加阶数 r, 比较 TDGM$(1,1,r)$ 模型的模拟及预测误差, 并对 2018~2025 年北京市生活能源消费总量进行预测. TDGM$(1,1,\xi)$ 模型的建模与优化过程与此类似, 不再举例.

1998~2017 年北京生活能源消费总量 (total living energy consumption in Beijing, TLECB) 如表 8.4.1 所示.

表 8.4.1 北京生活能源消费总量 (单位: 万吨标准煤)

年份	1998	1999	2000	2001	2002	2003	2004
TLECB	455.0	477.2	533.5	561.0	584.0	680.6	751.8
年份	2005	2006	2007	2008	2009	2010	2011
TLECB	829.0	924.2	1019.6	1081.1	1177.7	1242.5	1320.0
年份	2012	2013	2014	2015	2016	2017	
TLECB	1416.9	1438.3	1504.6	1552.7	1596.1	1697.3	

8.4.1 数据分组

表 8.4.1 中的数据可以划分为两组: 第一组数据 (1998~2012 年) 作为原始数据, 用于建立 TDGM$(1,1,r)$ 模型; 第二组数据 (2013~2017 年) 作为预留数据, 用于测试 TDGM $(1,1,r)$ 模型的预测误差. 故原始序列 $X^{(0)}$ 为

$$X^{(0)} = \left(x^{(0)}(1), x^{(0)}(2), x^{(0)}(3), x^{(0)}(4), x^{(0)}(5), \cdots, x^{(0)}(15) \right)$$
$$= (455.0, 477.2, 533.5, 561.0, 584.0, \cdots, 1416.9).$$

8.4.2 累加阶数优化与序列数据生成

建立序列 $X^{(0)}$ 的 TDGM$(1,1,r)$ 模型, 应用 PSO 求解最小模拟及预测综合模拟误差条件下原始序列的累加阶数 r.

　　原始序列累加阶数 r 的优化过程, 涉及两个 MATLAB 程序. 其一为 "TDGM11_ r.m", 该程序实际上是一个函数 (注: 函数名和程序名须一致), 其主要功能是根据待定阶数 r 构建 TDGM$(1,1,r)$ 模型, 并向调用该函数的程序返回该模型的综合模拟及预测误差. 其二为 "PSO_ r.m", 该程序就是通过调用 "TDGM11_ r.m" 程序, 应用粒子群算法实现对累加阶数 r 的优化过程. 具体运行时, 通过产生不同的阶数 r 去计算和比较 TDGM$(1,1,r)$ 模型的综合误差, 并根据 PSO 的收敛准则或终止条件确定相对最优的累加阶数 r.

　　根据上述过程, 可求解本案例 TDGM$(1,1,r)$ 模型的最优初始值 $r{=}0.01146266$. 根据 r 值, 可以计算得: ① 原始序列的 r 阶累加生成序列 $X^{(r)}$; ② 原始序列的 $(r-1)$ 阶累加生成序列 $X^{(r-1)}$, 主要用于构造矩阵 Y; ③ $X^{(r)}$ 的紧邻均值生成序列 $Z^{(r)}$, 主要用于构造矩阵 B. 序列 $X^{(r)}$, $X^{(r-1)}$ 及 $Z^{(r)}$ 分别如下:

$$
\begin{aligned}
X^{(r)} &= \left(x^{(r)}\left(1\right), x^{(r)}\left(2\right), x^{(r)}\left(3\right), x^{(r)}\left(4\right), x^{(r)}\left(5\right), \cdots, x^{(r)}\left(15\right) \right) \\
&= (455.0, 482.4, 541.6, 571.7, 596.7, \cdots, 1457.2), \\
X^{(r-1)} &= \left(x^{(r-1)}\left(1\right), x^{(r-1)}\left(2\right), x^{(r-1)}\left(3\right), x^{(r-1)}\left(4\right), x^{(r-1)}\left(5\right), \cdots, x^{(r-1)}\left(15\right) \right) \\
&= (455.0, 27.4, 59.2, 30.0, 25.1, \cdots, 100), \\
Z^{(r)} &= \left(z^{(r)}\left(2\right), z^{(r)}\left(3\right), z^{(r)}\left(4\right), z^{(r)}\left(5\right), \cdots, x^{(r)}\left(15\right) \right) \\
&= (468.7, 512.0, 556.6, 584.2, \cdots, 1407.2).
\end{aligned}
$$

8.4.3　矩阵构造与参数计算

　　根据序列 $X^{(r-1)}$ 及序列 $Z^{(r)}$, 可构造 TDGM$(1,1,r)$ 模型的参数矩阵 B 及矩阵 Y, 如下:

$$
B = \begin{bmatrix}
-468.7 & 2 & 1 \\
-512.0 & 3 & 1 \\
-556.6 & 4 & 1 \\
-584.2 & 5 & 1 \\
\vdots & \vdots & \vdots \\
-1407.2 & 15 & 1
\end{bmatrix}, \quad
Y = \begin{bmatrix}
27.4 \\
59.2 \\
30.0 \\
25.1 \\
\vdots \\
100.0
\end{bmatrix}.
$$

根据定理 8.3.2, 可计算 TDGM$(1,1,r)$ 模型的参数

$$
\hat{p} = (a,b,c)^{\mathrm{T}} = \left(B^{\mathrm{T}}B\right)^{-1} B^{\mathrm{T}}Y = \begin{bmatrix}
0.22107 \\
20.9761 \\
89.1457
\end{bmatrix}.
$$

8.4.4　模型构造与数据计算

　　根据最优阶数 r、参数列 $\hat{p} = (a,b,c)^{\mathrm{T}}$ 及定理 8.3.3, 可构造 TDGM$(1,1,r)$ 模型的累减生成式,

$$\hat{x}^{(0)}(k) = \sum_{i=0}^{k-1} (-1)^i \frac{\Gamma(r+1)}{\Gamma(i+1)\Gamma(r-i+1)} \hat{x}(0.01146266)(k-i), \quad k = 2, 3, \cdots,$$

$$(8.4.1)$$

其中

$$\hat{x}(0.01146266)(k)$$

$$= 455 \times 0.800937^{k-1} + \sum_{g=0}^{k-2} [18.888312(k-g) + 80.272914] \times 0.800937^g. \quad (8.4.2)$$

根据公式 (8.4.1) 及 (8.4.2) 可计算 TDGM$(1,1,r)$ 模型的模拟及预测值及相应的误差, 如表 8.4.2 所示. 为了考察不同参数优化方法对 TDGM$(1,1)$ 模型的模拟及预测效果, 表 8.4.2 中增加了 TDGM$(1,1,\xi)$ 模型的建模数据, 其中最优背景值系数 $\xi = 0.8494$.

表 8.4.2　北京生活能源消费总量的模拟及预测结果

年份	实际数据 $y^{(0)}(k)$	传统 TDGM$(1,1)$ 模型			TDGM$(1,1,r)$ 模型			TDGM$(1,1,\xi)$ 模型		
		$\hat{y}^{(0)}(k)$	$\varepsilon(k)$	$\Delta(k)$	$\hat{y}^{(0)}(k)$	$\varepsilon(k)$	$\hat{y}^{(0)}(k)$	$\hat{y}^{(0)}(k)$	$\varepsilon(k)$	$\hat{y}^{(0)}(k)$
模拟数据										
1999	477.2	452.04	−25.16	5.272	477.28	0.08	0.018	445.76	−31.44	6.587
2000	533.5	509.79	−23.71	4.445	515.27	−18.23	3.417	502.18	−31.32	5.871
2001	561.0	570.01	9.01	1.606	564.57	3.57	0.636	561.00	0.00	0.000
2002	584.0	632.8	48.8	8.357	622.61	38.61	6.611	622.33	38.33	6.564
2003	680.6	698.29	17.69	2.599	687.52	6.92	1.017	686.28	5.68	0.834
2004	751.8	766.57	14.77	1.965	757.86	6.06	0.806	752.96	1.16	0.154
2005	829.0	837.78	8.78	1.059	832.50	3.50	0.422	822.48	−6.52	0.787
2006	924.2	912.04	−12.16	1.316	910.55	−13.65	1.477	894.97	−29.23	3.163
2007	1019.6	989.47	−30.13	2.955	991.31	−28.29	2.775	970.55	−49.05	4.811
2008	1081.1	1070.22	−10.88	1.007	1074.21	−6.89	0.638	1049.35	−31.75	2.937
2009	1177.7	1154.42	−23.28	1.977	1158.80	−18.90	1.605	1131.52	−46.18	3.921
2010	1242.5	1242.22	−0.28	0.022	1244.74	2.24	0.180	1217.19	−25.31	2.037
2011	1320.0	1333.78	13.78	1.044	1331.74	11.74	0.889	1306.52	−13.48	1.021
2012	1416.9	1429.27	12.37	0.873	1419.57	2.67	0.189	1399.67	−17.23	1.216
平均相对模拟百分误差		$\bar{\Delta}_S = 2.46\%$			$\bar{\Delta}_S = 1.48\%$			$\bar{\Delta}_S = 2.85\%$		
预测数据										
2013	1438.3	1528.83	90.53	6.294	1508.06	69.76	4.850	1496.78	58.48	4.066
2014	1504.6	1632.66	128.06	8.511	1597.07	92.47	6.146	1598.04	93.44	6.210
2015	1552.7	1740.93	188.23	12.123	1686.47	133.77	8.615	1703.62	150.92	9.720
2016	1596.1	1853.83	257.73	16.148	1776.19	180.09	11.283	1813.71	217.61	13.634
2017	1697.3	1971.57	274.27	16.159	1866.15	168.85	9.948	1928.49	231.19	13.621
平均相对预测百分误差		$\bar{\Delta}_F = 11.85\%$			$\bar{\Delta}_F = 8.17\%$			$\bar{\Delta}_F = 9.45\%$		
模拟及预测综合百分误差		$\Delta = 4.93\%$			$\Delta = 3.24\%$			$\Delta = 4.59\%$		

TDGM$(1,1,\xi)$ 模型的建模过程与 TDGM$(1,1,r)$ 模型类似, 此处不再赘述. 另外表 8.4.2 中, $\bar{\Delta}_S$, $\bar{\Delta}_F$ 及 Δ 的计算公式, 可参考第 3 章定义 3.3.1. 根据表 8.4.2 可

以看出, 不管是优化背景值系数还是原始序列累加阶数, 都能在不同程度上提高传统 TDGM(1,1) 模型的综合性能. 就本案例而言, TDGM(1,1,r) 模型的综合性能优于 TDGM(1,1,ξ) 模型. 但这并不能说明 TDGM(1,1,r) 模型一定比 TDGM(1,1,ξ) 模型性能优良. 因为面向不同的建模数据基于不同的优化模型可能会得到不同的建模结果.

本案例并未对 TDGM(1,1) 模型的初始值优化方法进行应用. 相对于 TDGM(1,1,ξ) 模型及 TDGM(1,1,r) 模型, TDGM(1,1) 模型的初始值优化过程相对简单, 只需要简单应用最小二乘法即可实现 TDGM(1,1) 模型的最优初始值 Csz 的求解, 所以此处不再赘述, 有兴趣的同学可以尝试最优初始值 Csz 对 TDGM(1,1) 模型性能的改善效果.

8.5　本章小结

灰色预测模型的初始值、背景值及累加阶数, 在本书中统称为 "性能参数". 换言之, 上述三个参数能在不同程度上影响灰色预测模型性能.

灰色预测模型的性能参数按照其建模过程具有不同的优化顺序. 序列累加是构建灰色预测模型的第一步, 所以累加阶数是最先被优化的灰色预测模型性能参数. 背景值系数的优化是建立在累加序列基础之上. 所以, 背景值系数是第二个被优化的灰色预测模型参数. 灰色预测模型的最优初始值是通过最小二乘法求解的, 该过程建立在灰色预测模型基本参数 a 和 b 基础之上. 换言之, 现有灰色模型基本参数 a 和 b, 然后才能求解灰色预测模型的最优初始值.

灰色预测模型基本参数 a 和 b 是影响模型模拟及预测性能的重要参数, 而累加阶数 r 和背景值系数 ξ 对参数 a 和 b 的大小有直接影响. 因此, 累加阶数 r 和背景值系数 ξ 能在较大程度上改善灰色预测模型性能. 初始值 Csz 的大小只是建立在基本参数 a 和 b 基础上的二次优化. 因此, 初始值 Csz 对灰色预测模型的优化效果通常弱于累加阶数 r 和背景值系数 ξ.

另外, 不管是单变量灰色预测模型还是多变量灰色预测模型, 均具有类似的模型性能参数. 因此, 对于其他灰色预测模型初始值、背景值及累加阶数的优化过程, 均与 TDGM(1,1) 模型类似, 本书不再一一介绍.

灰色预测模型性能参数的优化能在一定程度上改善模型性能. 然而, 本质上影响模型性能的最主要因素是模型结构. 模型结构是否适合建模数据的趋势特征是影响模型性能的关键. 简单地说, 我们无法用一个结构参数及性能参数堪称完美的 TDGM(1,1) 模型去实现对一个波动序列的模拟和预测, 因为前者具有波动性, 而后者具有波动特征. 关于灰色预测模型的参数问题, 有兴趣的读者可以查阅相关参考文献.

第9章 灰色预测模型的 MATLAB 程序实现

灰色预测模型建模过程涉及大量的数学运算, 如数据累加、矩阵计算、指数运算等. 正如数量经济模型可以用 SPSS 或 Eviews 软件来辅助建模一样, 灰色预测模型也有独立的建模软件. 实际上, 灰色建模软件随着灰色预测模型的发展及软件开发新技术的大量涌现而不断得到优化和升级, 从而大大减轻了灰色模型的建模工作量, 推动了灰色预测理论的发展、完善与普及.

9.1 灰色系统软件发展历史

1986 年, 山西省农业科学院的王学盟及罗建军运用 BASIC 语言编写了第一套灰色系统建模软件, 同年在科学普及出版社出版专著《灰色系统预测决策建模程序集》. 1991 年, 李秀丽与杨岭分别应用 GWBASIC 和 Turbo C 开发了灰色系统建模软件. 2001 年, 王学盟等在总结灰色系统研究成果的基础上, 对灰色模型的数学原理、计算方法、建模步骤、软件结构及程序代码等内容做了系统介绍, 并在华中科技大学出版社出版专著《灰色系统分析及实用计算程序》. 上述软件的编制与计算机程序集的相继出版, 大大减轻了人们灰色建模的计算负担, 推动了灰色预测模型的大规模应用.

然而, 上述软件都是基于 DOS 平台进行开发的, 不便于实际操作, 特别是随着 Windows 系统的大量普及与可视化视窗软件的迅速兴起, 传统基于 DOS 平台的灰色预测建模软件已难以适应人们对软件操作日趋可视化、智能化的实际要求. 在这样的背景下, 2003 年, 刘斌博士应用 Visual Basic 6.0 开发了第一套基于 Windows 视窗界面的灰色系统建模软件. 该软件一经问世就得到灰界专家的广泛好评, 成为灰色系统建模领域的首选软件. 然而, 随着软件开发技术的日新月异、人们操作习惯的不断变化及灰色理论本身的不断发展完善, 人们发现该软件存在模块分类欠科学、数据输入过程较繁琐、计算过程无法完整显示等缺点. 另外, Visual Basic 6.0 是以 Basic 为基础的 IDE(集成开发环境), 而 Basic 是一门典型的弱类型语言, 它不支持继承, 异常处理不完善, 对变量类型要求不严格 (如变量在使用之前可以不声明) 等缺点, 限制了其在精度要求较高的科学计算软件领域的应用, 所以选择 Visual Basic 6.0 开发的灰色系统系统建模软件具有一定的局限性.

2009 年, 曾波在刘思峰教授的指导下, 以《灰色系统理论及其引用》第 3 版中的灰色系统模型为基础, 开发了一套基于 Visual C# 的灰色系统建模软件 (软件著作权编号 2011SR025167). 该软件在充分分析灰色系统软件各个时期版本的优点与缺点基础上, 在设计时注重系统的可靠性、实用性、兼容性、扩充性、精确性以及操作界面的易用性及美观性, 具有模块分类科学、数据录入方便、运算过程可导出、计算结果精度可设置、系统操作简便, 易于应用等优点. 另外, Visual C#是微软开发的一种面向对象的编程语言, 是微软.NET 开发环境的重要组成部分, 具有功能强大、类型安全, 面向对象等优点, 是目前桌面软件开发的主流工具. 该软件目前用户量数以万计, 是当前灰色系统建模领域的主流应用软件之一.

　　然而, 基于集成开发环境所编制的应用软件, 包括开发环境部署、程序编制、系统打包、软件安装等过程. 其最大优点是操作简便, 最大缺点是灵活性差、模型扩展不方便. 在这样的情况下, 2010 年, 孟伟博士在刘思峰教授的指导下, 同样以《灰色系统理论及其引用》第 3 版中的灰色系统模型为基础, 基于 MATLAB 工具开发了一套全新的灰色系统建模软件 (软件著作权编号 2010SR015134). 该软件在操作的简便性方面可能不如 Windows 桌面软件, 但其最大的优点是模型扩展方便. 该软件提供了若干灰色系统模型的 ".m" 程序, 可以根据模型优化与实际引用对 m 程序进行动态修改以实现模型扩展之目的, 同时也不存在 Windows 桌面软件更新所必需的系统打包及软件安装等过程, 因此备受青睐.

　　灰色系统模型的桌面软件与基于 MATLAB 的灰色建模软件各有优缺点. 前者操作简单、易学易用, 但模型拓展性差、升级困难, 主要适用于对灰色理论了解不多, 仅将灰色模型作为应用工具的研究人员使用. 后者具有模型拓展与升级方便的优点, 但是该过程涉及 MATLAB 程序的修改, 要求用户具有一定的程序阅读与编制能力, 适用于具有一定软件开发基础且对灰色模型具有深入研究的专业人员使用.

9.2　本书 MATLAB 程序特点

　　灰色建模软件对用户而言, 不仅是灰色系统建模的工具, 还是深入学习和了解灰色系统模型建模机理的最好途径. 灰色模型主要体现为一系列数学符号和公式, 这些公式形式上复杂, 但本质上并不难理解. 通过灰色建模软件程序的编制、测试与应用, 能加深对灰色模型建模过程及模型中每个数学符号内涵及其作用的理解.

　　本书为大部分灰色预测模型开发和编制了完整的 MATLAB 程序. 总体而言, 这些 MATLAB 程序具有如下六大特点.

　　(1) 数据输入方便. 数据输入是构建灰色预测模型的第一步, 数据输入方便与否是影响 MATLAB 软件使用效率的关键环节. 本书所开发的 MATLAB 程序, 均提供了方便快捷的数据输入接口, 使用时只需将建模原始数据复制粘贴到对应的变量即可, 操作起来十分方便 (注意: 所有输入内容均只能为半角的数字或符号).

(2) 参数设置简单. 灰色预测模型建模时需要对相关参数进行设置才能正常运行, 这些参数包括: 输入数据中用于建模的数据个数以及用于测试预测误差的数据个数、需要预测未来数据的步长等. 本书所开发的 MATLAB 程序, 集中提供了用于参数设置的若干变量, 用户可以非常方便地对相关参数进行集中设置.

(3) 模型功能齐全. 传统灰色软件通常只包括建模、模拟及预测三项功能, 而忽略了模型预测数据的计算与预测误差的检验. 本书所开发的 MATLAB 程序, 就同时具备了系统建模、数据模拟、预测误差测试及系统未来预测四项功能. 具体应用时, 只需对相关参数进行设置即可完成上述四项功能.

(4) 结果分区显示. 本书所开发的 MATLAB 程序, 按照功能与类别对建模结果的输出进行了分区. 这些分区主要包括五个部分: 输入信息显示区、参数计算结果显示区、模拟值与残差及相对误差显示区、预测值与残差及相对误差显示区、系统预测结果显示区. 这些分区的设置使得 MATLAB 运行结果清晰、易读.

(5) 程序备注清晰. 本书所开发的 MATLAB 程序, 对主要变量的含义进行了详细注释, 对程序中每个关键步骤的建模过程与程序编制思路进行了说明.

(6) 程序易于拓展. 本书所开发的 MATLAB 程序, 尽管都是针对具体的灰色预测模型而展开, 但是在程序编制过程中, 注重程序算法的独立性、模块化与公用性. 这有助于用户根据新的灰色预测模型程序编制的实际需要, 通过模块组合与程序差异性修改, 即可实现新灰色预测模型 MATLAB 程序的编制.

9.3 MATLAB 程序应用：中国粮食产量预测

粮食生产在我国国民经济发展中占有举足轻重的地位. 在新常态背景下我国经济下行压力加大的情况下, 稳定粮食生产, 提升粮食产量预测的准确性, 有利于实现稳定经济增长的基本面. 但由于粮食生产受到复杂多变的气候、地理环境及农业技术等多种因素变量的影响, 我国粮食产量呈现复杂多变、波动发展的形态特征. 因此, 如何准确预测我国未来粮食产量成为学界比较关心的话题.

本书应用第 6 章所介绍的新结构多变量灰色预测模型 NSGM(1, N) 来对中国粮食产量进行建模和预测, 并借助该案例来演示应用 MATLAB 程序构建 NSGM(1, N) 模型的具体过程. 该模型对应的 MATLAB 程序名称为 "NSGM_1N.m".

首先, 对表 9.3.1 中的变量和数据做以下三点说明.

(i) 中国粮食产量为因变量 (X_1); 灌溉面积 (X_2)、机械总动力 (X_3)、化肥施用量 (X_4) 及播种面积 (X_5) 为自变量.

(ii) 2003~2015 年所有因变量和自变量所对应的数据均来自《中国统计年鉴》, 为实测数据; 而 2016~2018 年的所有自变量的数据都是通过对应的 GM(1, 1) 模型预测得到, 为推演数据, 其目的是作为已知数据预测 2016~2018 年中国粮食产量.

(iii) 2003~2012 年的数据作为建模数据以构建 NSGM(1, 5) 模型; 2013~2015 年的数据作为预留数据以测试 NSGM(1, 5) 模型的预测误差; 2016~2018 年自变量的数据用来预测 2018~2020 年中国的粮食产量 (因变量).

表 9.3.1　2003~2015 年我国粮食产量及影响因素

年份	粮食产量 X_1/万吨	灌溉面积 X_2/千公顷	机械总动力 X_3/万千瓦·时	化肥施用量 X_4/万吨	播种面积 X_5/千公顷
2003	43069.50	54014.23	60386.54	4411.56	99410.37
2004	46946.90	54478.42	64027.91	4636.58	101606.03
2005	48402.20	55029.34	68397.85	4766.22	104278.38
2006	49804.20	55750.50	72522.12	4927.69	104958.00
2007	50160.28	56518.34	76589.56	5107.83	105638.36
2008	52870.92	58471.68	82190.41	5239.02	106792.65
2009	53082.08	59261.40	87496.10	5404.40	108985.75
2010	54647.71	60347.70	92780.48	5561.68	109876.09
2011	57120.80	61681.56	97734.66	5704.24	110573.02
2012	58957.97	62490.52	102558.96	5838.85	111204.59
2013	60193.84	63473.30	103906.75	5911.86	111955.56
2014	60702.60	64540.00	108056.02	5995.90	112723.00
2015	62143.90	65873.00	111728.10	6022.60	113343.00
2016	—	67064.93	121198.04	6340.32	115298.74
2017	—	68274.06	127371.11	6497.50	116392.32
2018	—	69504.98	133858.60	6658.59	117496.27

为了避免不同指标数据数量级差异带来的模型误差以及模型计算过程中可能出现奇异矩阵的风险, 在建模前首先对表 9.3.1 中每个变量所对应的序列数据进行初值化处理 (每个数据分别除以对应变量的第一个数据), 处理结果如表 9.3.2 所示. 所有建模数据均采用变换后的新数据, 通过模型计算后, 再通过初值化处理的逆过程, 对数据进行还原处理.

表 9.3.2 中的所有数据都将作为原始数据输入 MATLAB 程序 NSGM_1N.m, 而且这些程序是通过矩阵的形式保存的. 为了确保矩阵列因变量和自变量个数相等, 因此, 这里用 "0" 来补充自变量中相应的空位.

接下来, 将通过 NSGM_1N.m 程序来构建 NSGM(1, 5) 模型, 并实现模型参数计算、数据模拟及误差检验、数据预测及预测误差测试、数据预测等过程.

步骤 1　数据输入.

在 NSGM_1N.m 的 "Xs" 变量位置输入对应的因变量和自变量. 这里需注意: ①不管是因变量还是自变量, 均独占一行, 且行尾不用添加任何用于分割的逗号或分号; ②所有数字的输入均只能在半角模式下进行.

表 9.3.2 2003~2015 年我国粮食产量及影响因素的初值化处理结果

年份	粮食产量 初值化 X_1'	灌溉面积 初值化 X_2'	机械总动力 初值化 X_3'	化肥施用量 初值化 X_4'	播种面积 初值化 X_5'
2003	1.0000	1.0000	1.0000	1.0000	1.0000
2004	1.0900	1.0086	1.0603	1.0510	1.0221
2005	1.1238	1.0188	1.1327	1.0804	1.0490
2006	1.1564	1.0321	1.2010	1.1170	1.0558
2007	1.1646	1.0464	1.2683	1.1578	1.0626
2008	1.2276	1.0825	1.3611	1.1876	1.0743
2009	1.2325	1.0971	1.4489	1.2251	1.0963
2010	1.2688	1.1173	1.5364	1.2607	1.1053
2011	1.3262	1.1420	1.6185	1.2930	1.1123
2012	1.3689	1.1569	1.6984	1.3235	1.1186
2013	1.3976	1.1751	1.7207	1.3401	1.1262
2014	1.4094	1.1949	1.7894	1.3591	1.1339
2015	1.4429	1.2195	1.8502	1.3652	1.1402
2016	0	1.2416	2.0070	1.4372	1.1598
2017	0	1.2640	2.1092	1.4728	1.1708
2018	0	1.2868	2.2167	1.5093	1.1819

（用'0'补充空位，以确保矩阵列数相等）

```
Xs=[1,1.0900,1.1238,1.1564,1.1646,1.2276,1.2325,1.2688,1.3262,1.3689,1.3976,1.4094,1.4429, 0.0000,0.0000,0.0000
自   1,1.0086,1.0188,1.0321,1.0464,1.0825,1.0971,1.1173,1.1420,1.1569,1.1751,1.1949,1.2195,1.2416,1.2640,1.2868
变   1,1.0603,1.1327,1.2010,1.2683,1.3611,1.4489,1.5364,1.6185,1.6984,1.7207,1.7894,1.8502,2.0070,2.1093,2.2167
量   1,1.0510,1.0804,1.1170,1.1578,1.1876,1.2251,1.2607,1.2930,1.3235,1.3401,1.3591,1.3652,1.4372,1.4728,1.5094
     1,1.0221,1.0490,1.0558,1.0626,1.0743,1.0963,1.1053,1.1123,1.1186,1.1262,1.1339,1.1402,1.1598,1.1708,1.1819
   ];
```

图 9.3.1 多变量灰色预测模型 MATLAB 程序数据输入 (以表 9.3.1 中数据为例)

步骤 2 参数设置.

NSGM_1N.m 程序参数的设置主要包括三部分内容, 分别为:

参数 1 (Sim_len): 用来设置建立 NSGM(1, N) 的数据长度 (Xs 第一部分);

参数 2 (Pre_len): 用来设置测试 NSGM(1, N) 预测误差的数据长度 (Xs 第二部分, 为可选项. 当不需测试预测误差时, 可以设置为 "0");

参数 3 (Steps): 用来设置预测未来的步长 (Xs 第三部分, 为可选项. 当不需预测未来因变量的值时, 可以设置为 "0").

就本例而言, 2003~2012 年的数据用来构建 NSGM(1, 5); 2013~2015 年的数据用来测试预测误差; 2016~2018 年自变量的数据用来预测未来中国粮食产量. 故

```
Sim_len=10;
Pre_len=3;
Steps=3;
```

步骤 3　程序运行.

确认数据输入正确及参数设置无误后, 单击 MATLAB 工具 "运行" 按钮, 即可实现 NSGM(1,5) 模型参数计算、数据模拟、误差计算与系统预测. 结果如图 9.3.2 所示.

```
  一种新结构的多变量灰色预测模型, NSGM(1, N)
————————————————【数据输入】————————————————
因 变 量：1, 1.09, 1.1238, 1.1564, 1.1646, 1.2276, 1.2325, 1.2688, 1.3262, 1.3689, 1.3976, 1.4094, 1.4429, 0, 0, 0,
自变量[1]：1, 1.0086, 1.0188, 1.0321, 1.0464, 1.0825, 1.0971, 1.1173, 1.142, 1.1569, 1.1751, 1.1949, 1.2195, 1.2416, 1.264, 1.2868,
自变量[2]：1, 1.0603, 1.1327, 1.201, 1.2683, 1.3611, 1.4489, 1.5364, 1.6185, 1.6984, 1.7207, 1.7894, 1.8502, 2.007, 2.1093, 2.2167,
自变量[3]：1, 1.051, 1.0804, 1.117, 1.1578, 1.1876, 1.2251, 1.2607, 1.293, 1.3235, 1.3401, 1.3591, 1.3652, 1.4372, 1.4728, 1.5094,
自变量[4]：1, 1.0221, 1.049, 1.0558, 1.0626, 1.0743, 1.0963, 1.1053, 1.1123, 1.1186, 1.1262, 1.1339, 1.1402, 1.1598, 1.1708, 1.1819,
————————————————【数据信息与功能划分】————————————————
变量及数据个数：输入数据中共[5]个变量, 每个变量中共[16]个数据
建模数据子矩阵：矩阵前[10]组数据
预测误差子矩阵：矩阵第[11]到第[13]之间的数据
数据预测子矩阵：矩阵后[3]组数据, 即矩阵第[14]到第[16]之间的数据
————————————————【参数计算】————————————————
NSGM(1, N) 模型参数b2, b3,..., bn, a, h1, h2:
Ps =

      1.76640039199719
      1.54178651906931
     -2.00680276148456
     -4.48395856806591
      1.28640572223037
      4.79053238682662
      4.74359670606216

————————————————【计算模拟值、残差及相对误差】————————————————
Simulation =

  No   Raw_data    Simulated_data        Residual_error          Percentage_error

   2   1.09        1.08890564963917     -0.00109435036083139     0.100399115672604
   3   1.1238      1.12780893892989      0.00400893892989251     0.356730639783993
   4   1.1564      1.15138352510038     -0.00501647489962198     0.433801011727947
   5   1.1646      1.16663704789824      0.00203704789824144     0.174913953137682
   6   1.2276      1.22750732827642     -9.26717235787411e-05     0.00754901625763613
   7   1.2325      1.23296888882914      0.000468888829137759     0.0380437183884592
   8   1.2688      1.26993235422457      0.00113235422457136     0.0892460769681087
   9   1.3262      1.32299444685184     -0.00320555314816029     0.241709632646681
  10   1.3689      1.37106160289935      0.00216160289934519     0.157908020990956

平均相对模拟百分误差: 0.17781%
————————————————【计算预测值、残差及相对误差】————————————————
Prediction =

  No   Raw_data    Predicted_data        Residual_error          Percentage_error

  11   1.3976      1.38097488852537     -0.0166251114746268      1.18954718622115
  12   1.4094      1.42465589823277      0.0152558982327682      1.08243921049866
  13   1.4429      1.49299127916661      0.050091279166613       3.47156969759603

平均相对预测百分误差: 1.9145%
————————————————【应用NSGM(1, N) 模型进行预测】————————————————
Prediction_steps =

  No   Predicted_data

  14   1.53729259960408
  15   1.59348346543678
  16   1.65597703972415

————————————————【建模结束】————————————————
>>
```

图 9.3.2　NSGM(1, 5) 模型运行结果图

根据前面的分析, NSGM(1,5) 模型是建立在因变量和自变量初值化处理基础上的无量纲化数据 (表 9.3.2). 因此, 还需要通过初值化处理的逆过程对 NSGM(1,5) 模型的运行结果进行还原, 从而得到中国粮食产量的模拟及预测数据, 如表 9.3.3 所示.

表 9.3.3 我国粮食产量 NSGM(1,5) 模型的模拟及预测结果

功能分区	年份	实际值	粮食产量初值化 $\hat{X}_1'$	粮食产量还原值 $\hat{X}_1$	模拟或预测残差	相对误差/%
模拟区	2003	43069.50	—	—		
	2004	46946.90	1.0889	46898.62	−48.28	0.1028
	2005	48402.20	1.1278	48574.17	171.97	0.3553
	2006	49804.20	1.1514	49589.51	−214.69	0.4311
	2007	50160.28	1.1666	50246.47	86.19	0.1718
	2008	52870.92	1.2275	52868.13	−2.79	0.0053
	2009	53082.08	1.2330	53103.35	21.27	0.0401
	2010	54647.71	1.2699	54695.35	47.64	0.0872
	2011	57120.80	1.3230	56980.71	−140.09	0.2453
	2012	58957.97	1.3711	59050.94	92.97	0.1577
			平均相对模拟误差: 0.1774%			
预测误差测试区	2013	60193.84	1.3810	59477.90	−715.94	1.1894
	2014	60702.60	1.4247	61359.22	656.62	1.0817
	2015	62143.90	1.4930	64302.39	2158.49	3.4734
			平均相对预测误差: 1.9148%			
粮食产量预测值	2016	—	1.5373	66210.42	—	—
	2017	—	1.5935	68630.54	—	—
	2018	—	1.6560	71322.10	—	—

9.4 本章小结

本章首先介绍了灰色系统建模软件的发展历史, 然后重点介绍了实现本书主要灰色预测模型 MATLAB 程序的特点. 最后通过中国粮食产量的预测, 详细介绍了如何应用 MATLAB 程序来构建灰色预测模型.

MATLAB 是当前模型计算和仿真的主流建模工具, 具有函数多、功能强、空间占用大等特点. 但就灰色预测模型的 MATLAB 程序编制过程来看, 所涉及的运算主要包括矩阵计算、指数函数计算及散点折线图的绘图函数等, 即使对初学者入门也较为容易.

参 考 文 献

陈芳, 魏勇. 2013. 近非齐次指数序列 GM(1, 1) 模型灰导数的优化. 系统工程理论与实践 33(11): 2874-2878.

陈鹏宇, 段新胜. 2010. 近似非齐次指数序列的离散 GM(1, 1) 模型的建立及其优化. 西华大学学报 (自然科学版), 29(1): 89-92.

崔杰, 党耀国, 刘思峰. 2009. 一种新的灰色预测模型及其建模机理. 控制与决策, 24(11): 1702-1706.

崔杰, 刘思峰, 谢乃明, 曾波. 2014. 灰色 Verhulst 预测模型的病态特性. 系统工程理论与实践, 34(2): 416-420.

崔杰, 刘思峰, 曾波, 等. 2013. 灰色 Verhulst 预测模型的数乘特性. 控制与决策, 28(4): 605-608.

崔立志, 刘思峰, 李致平. 2011. 灰色离散 Verhulst 模型. 系统工程与电子技术, 33(3)：590-593.

崔立志, 刘思峰, 吴正朋. 2010. 新的强化缓冲算子的构造及其应用. 系统工程理论与实践, 30(3): 484-489.

崔立志, 刘思峰. 2010. 基于数据变换技术的灰色预测模型. 系统工程, 28(5): 104-107.

戴文战, 苏永. 2014. 缓冲算子调节度与光滑度的关系. 控制与决策, 29(1): 158-162.

戴文战, 熊伟, 杨爱萍. 2010. 基于函数 $\cot(xa)$ 变换及背景值优化的灰色建模. 浙江大学学报 (工学版), 44(7): 1368-1372.

戴勇, 范明, 姚胜. 2007. 引入三参数区间数的组合预测方法研究. 西华大学学报 (自然科学版), 26(1): 88-90.

党耀国, 刘斌, 关叶青. 2005. 关于强化缓冲算子的研究. 控制与决策, 20(12): 1332-1336.

党耀国, 刘思峰, 刘斌, 等. 2004. 关于弱化缓冲算子的研究. 中国管理科学, 12(2): 108-111.

党耀国, 刘震, 叶璟. 2017. 无偏非齐次灰色预测模型的直接建模法. 控制与决策, 32(5). 823-828.

党耀国, 王俊杰, 康文芳. 2015. 灰色预测技术研究进展综述. 上海电机学院学报, 18(1): 1-7,18.

党耀国, 王正新, 刘思峰. 2008. 灰色模型的病态问题研究. 系统工程理论与实践, (1): 156-160.

党耀国, 魏龙, 丁松. 2017. 基于驱动信息控制项的灰色多变量离散时滞模型及其应用. 控制与决策, 32(9): 1672-1680.

党耀国, 朱晓月, 丁松, 王俊杰. 2017. 基于灰关联度的面板数据聚类方法及在空气污染分析中的应用. 控制与决策, 32(12): 2227-2232.

邓聚龙. 1982. 灰色控制系统. 华中工学院学报, 10(3): 9-18.

邓聚龙. 1987. 累加生成灰指数律. 华中工学院学报, 15(5): 7-12.

邓聚龙. 1990. 灰色系统理论教程. 武汉: 华中理工大学出版社.

邓聚龙. 2002. 灰理论基础. 武汉: 华中科技大学出版社: 282-283.

丁明, 刘志, 毕锐, 等. 2015. 基于灰色系统校正–小波神经网络的光伏功率预测. 电网技术, 39(9): 2438-2443.

丁松, 党耀国, 徐宁, 崔杰. 2015. 灰色 Verhulst 模型背景值优化及其应用. 控制与决策, 30(10): 1835-1840.

丁松, 党耀国, 徐宁, 王俊杰, 耿率帅. 2018. 多变量离散灰色幂模型构建及其优化研究. 系统工程与电子技术, 40(6): 1302-1309.

丁松, 党耀国, 徐宁, 王俊杰. 2018. 基于交互作用的多变量灰色预测模型及其应用. 系统工程与电子技术, 40(3): 595-602.

丁松, 党耀国, 徐宁, 魏龙, 叶璟. 2017. 基于时滞效应的多变量离散灰色预测模型. 控制与决策, 32(11). 1997-2004.

丁松, 党耀国, 徐宁, 魏龙. 2017. 近似非齐次指数递减序列 NGOM(1, 1) 模型的构建与优化. 控制与决策, 32(8): 1457-1464.

丁松, 党耀国, 徐宁, 朱晓月. 2018. 基于驱动因素控制的 DFCGM(1, N) 及其拓展模型构建与应用. 控制与决策, 33(4): 712-718.

董奋义, 田军. 2007. 背景值和初始条件同时优化的 GM(1, 1) 模型. 系统工程与电子技术, 29(3): 464-466.

董奋义, 肖美丹, 刘斌, 韩颖. 2010. 灰色系统教学中白化权函数的构造方法分析. 华北水利水电学院学报, 31(3): 97-99.

方志耕, 刘思峰, 陆芳, 等. 2005. 区间灰数表征与算法改进及其 GM(1, 1) 模型应用研究. 中国工程科学, 7(2): 57-61.

高明. 2010. 一种适用于非齐次指数增长序列的直接型离散灰色模型. 统计与信息论坛, 25(4): 30-32.

关叶青, 刘思峰. 2008. 基于函数 $\cot(x \sim \alpha)$ 变换的灰色 GM(1, 1) 建模方法. 系统工程, 26(9): 89-93.

关叶青, 刘思峰. 2008. 线性缓冲算子矩阵及其应用研究. 高校应用数学学报, 23(3): 357-362.

郭金海, 肖新平, 杨锦伟. 2015. 函数变换对灰色模型光滑度和精度的影响. 控制与决策, 30(7): 1251-1256.

郭晓君, 刘思峰, 杨英杰. 2015. 基于自忆性原理的多变量 MGM(1, m) 耦合系统模型构建及应用. 中国管理科学, 133(11):112-118.

何斌, 蒙清. 2002. 灰色预测模型拓广方法研究. 系统工程理论与实践, 22(9): 137-140.

胡大红, 魏勇. 2008. 灰模型对单调递减序列的适应性与参数估计. 系统工程与电子技术, 30(11): 2199-2203.

华颖. 2013. GM(1, 1) 预测模型中原始数据的函数变换研究. 价值工程, 32(1): 288-289.

黄继, 种晓丽. 2009. 广义累加灰色预测控制模型及其优化算法. 系统工程理论与实践, 29(6): 147-156.

黄山松, 曾波. 2010. 基于数据增量变化率的邓氏关联度模型的优化. 统计与决策, (22): 4-7.

吉培荣, 黄巍松, 胡翔勇. 2000. 无偏灰色预测模型. 系统工程与电子技术, 22(6): 6-7.

江南, 刘小洋. 2008. 基于 Gauss 公式的 GM(1, 1) 模型的背景值构造新方法与应用. 数学的
实践与认识, 38(7): 90-94.

蒋诗泉, 刘思峰, 刘中侠, 方志耕. 2016. 三次时变参数离散灰色预测模型及其性质. 控制与决
策, 31(2): 279-286.

蒋诗泉, 刘思峰, 周兴才. 2014. 基于复化梯形公式的 GM(1, 1) 模型背景值的优化. 控制与
决策, 29(12): 2221-2225.

李玻, 方玲. 2009. 函数变换提高灰色预测模型精度的条件. 后勤工程学院学报, 25(4): 86-90.

李玻, 魏勇. 2009. 优化灰导数后的新的 GM(1, 1) 模型. 系统工程理论与实践, 29(2): 100-
104.

李翠凤, 戴文战. 2005. 基于函数 cot x 变换的灰色建模方法. 系统工程, 23(3): 110-114.

李翠凤, 戴文战. 2007. 非等间距 GM(1, 1) 模型背景值构造方法及应用. 清华大学学报 (自
然科学版), 47(S2): 1729-1732.

李福琴, 刘建国. 2008. 数据变换提高灰色预测模型精度的研究. 统计与决策, (6): 15-17.

李军亮, 肖新平, 廖锐全. 2010. 非等间隔 GM(1, 1) 幂模型及应用. 系统工程理论与实践,
30(3): 490-495.

李军亮, 肖新平. 2008. 基于粒子群算法的 GM(1, 1) 幂模型及应用. 计算机工程与应用,
44(32): 15-18.

李君伟, 陈绵云, 董鹏宇. 2000. SCGM(1, 1) 简化模型及应用. 武汉交通科技大学学报, 24(6):
615-618.

李梦婉, 沙秀艳. 2016. 基于 GM(1, 1) 灰色预测模型的改进与应用. 计算机工程与应用,
52(4): 24-30.

李全中. 2012. 我国财政收入的灰色区间预测及精度检验. 统计与决策, 12: 82-84.

李树良, 曾波, 孟伟. 2018. 基于克莱姆法则的无偏区间灰数预测模型及其应用. 控制与决策,
33(12): 2258-2262.

李夏培. 2017. 基于灰色线性组合模型的农产品物流需求预测. 北京交通大学学报 (社会科
学版), 16(1): 120-126.

李相荣, 李汶广, 王彩, 孙玉凤, 汤榕. 2018. 基于灰色 GM(1, 1) 模型的我国孕产妇死亡率预
测分析. 中国药物经济学, 13(12): 10-13.

李雪梅, 党耀国, 王俊杰. 2015. 基于灰色准指数律的灰色生成速率关联模型的构建及应用.
控制与决策, 30(7): 1245-1250.

练郑伟, 党耀国, 王正新. 2013. 反向累加生成的特性及 GOM(1, 1) 模型的优化. 系统工程
理论与实践, 33(9): 2306-2312.

刘斌, 刘思峰, 党耀国, 等. 2003. 基于 VB 6.0 的灰色建模系统开发及其应用. 微机发展,
13(7): 17-19.

刘斌, 刘思峰, 翟振杰, 党耀国, 等. 2003. GM(1, 1) 模型时间响应函数的最优化. 中国管理
科学, 24(4): 54-57.

刘宏珠. 2017. 灰色系统 GM(1, 1) 在煤矿巷道围岩变形预测中的应用. 煤炭与化工, 40(11): 75-77.

刘解放, 刘思峰, 方志耕. 2013. 基于核与灰半径的连续区间灰数预测模型. 系统工程, 31(2): 61-64.

刘解放, 刘思峰, 方志耕. 2015. 基于新型数据变换技术的灰色预测模型及应用. 数学的实践与认识, 45(1): 197-202.

刘解放, 刘思峰, 吴利丰, 方志耕. 2016. 分数阶反向累加离散灰色模型及其应用研究. 系统工程与电子技术, 438(3): 719-724.

刘思峰, 福雷斯特 J. 2011. 不确定性系统与模型精细化误区. 系统工程理论与实践, 31(10): 1960-1965.

刘思峰, 党耀国, 方志耕, 谢乃明. 2010. 灰色系统理论及其应用. 5 版. 北京: 科学出版社.

刘思峰, 邓聚龙. 2000. GM(1, 1) 模型的适用范围. 系统工程理论与实践, (5): 121-124.

刘思峰, 方志耕, 谢乃明. 2010. 基于核和灰度的区间灰数运算法则. 系统工程与电子技术, 32(2): 313-316.

刘思峰, 方志耕, 杨英杰. 2014. 两阶段灰色综合测度决策模型与三角白化权函数的改进. 控制与决策, 29(7): 1232-1238.

刘思峰, 李庆胜, 赵妮. 2016. 灰色犹豫模糊集的核与灰度的灰关联决策方法. 南京航空航天大学学报, 48(5): 683-688.

刘思峰, 林益. 2004. 灰数灰度的一种公理化定义. 中国工程科学, 6(8): 91-94.

刘思峰, 杨英杰. 2015. 灰色系统研究进展 (2004—2014). 南京航空航天大学学报, 47(1): 1-18.

刘思峰, 曾波, 刘解放, 谢乃明. 2014. GM(1, 1) 模型的几种基本形式及其适用范围研究. 系统工程与电子技术, 36(3): 501-508.

刘思峰, 张红阳, 杨英杰. 2018. "最大值准则" 决策悖论及其求解模型. 系统工程理论与实践, 38(7): 1830-1835.

刘思峰. 1997. 冲击扰动系统预测陷阱与缓冲算子. 华中理工大学学报, 25(1): 26-28.

刘思峰. 2004. 灰色系统理论的产生与发展. 南京航空航天大学学报, 36(2): 267-272.

刘思峰. 2017. 灰色系统理论及其应用. 8 版. 北京: 科学出版社.

刘卫锋, 范贺花, 王战伟. 2012. 基于心态指标的区间灰数预测模型. 四川理工学院学报 (自然科学版), 25(1): 97-100.

刘以安, 陈松灿, 张明俊, 马秀芳, 等. 2006. 缓冲算子及数据融合技术在目标跟踪中的应用. 应用科学学报, 24(2): 154-158.

刘震, 党耀国, 魏龙. 2016. NGM(1, 1, k) 模型的背景值及时间响应函数优化. 控制与决策, 31(12): 2225-2231.

卢俊岚, 王明辉. 2019. 基于灰色预测法对广东省地区生产总值的预测分析. 高师理科学刊, 39(1): 10-12, 17.

吕振肃, 侯志荣. 2004. 自适应变异的粒子群优化算法. 电子学报, 32(3): 416-420.

罗党, 刘思峰, 党耀国. 2003. 灰色模型 GM(1, 1) 优化. 中国工程科学, 5(8): 50-53.

罗党, 韦保磊, 李海涛, 王洁方. 2016. 灰色区间预测模型及其性质. 控制与决策, 31(12): 2293-2298.

马新. 2016. 基于灰色系统与核方法的油藏动态预测方法研究. 成都: 西南石油大学.

马雪莹, 蔡如华, 宁巧娇, 吴孙勇. 2019. 基于辅助粒子滤波与灰色预测的时间序列 NAR 模型状态估计. 统计与决策, 35(4): 25-29.

毛树华, 高明远, 肖新平. 2015. 分数阶累加时滞 GM(1, N, τ) 模型及其应用. 系统工程理论与实践, 35(2): 430-436.

孟伟, 刘思峰, 方志耕, 曾波. 2016. 基于互逆分数阶算子的 GM(1, 1) 阶数优化模型. 控制与决策, 31(4): 661-666.

孟伟, 刘思峰, 曾波, 方志耕. 2016. 分数阶灰色累加生成算子与累减生成算子及互逆性. 应用泛函分析学报, 18(3): 274-283.

孟伟, 刘思峰, 曾波. 2012. 区间灰数的标准化及其预测模型的构建与应用研究. 控制与决策, 27(5): 773-776.

孟伟, 曾波. 2009. 灰色绝对关联度中空穴数据构造的新方法. 统计与决策, (20): 18-19.

孟伟, 曾波. 2009. 居民消费价格指数影响因素的灰色关联分析. 统计与决策, (24): 90-91.

孟伟, 曾波. 2015. 分数阶算子与灰色预测模型研究. 北京: 科学出版社.

孟伟, 曾波. 2016. 基于互逆分数阶算子的离散灰色模型及阶数优化. 控制与决策, 31(10): 1903-1907.

孟伟, 贺可强, 张朋, 信校阳, 王世通. 2017. 基于灰色关联理论的钻孔灌注桩孔壁致塌因素分析. 工程建设, 49(11): 11-14.

孟伟. 2015. 基于分数阶拓展算子的灰色预测模型. 南京: 南京航空航天大学.

孟伟. 2019. 分数阶灰色累加生成算子性质研究. 重庆工商大学学报 (自然科学版), 36(4): 55-62.

穆勇. 2002. 一种新的灰色无偏 GM(1, 1) 模型建模方法. 济南大学学报 (自然科学版), 16(4): 367-369.

穆勇. 2003. 无偏灰色 GM(1, 1) 模型的直接建模法. 系统工程与电子技术, 25(9): 1094-1095.

钱和平, 周根宝. 2009. 基于对数变换的灰色 GM(1, 1) 改进模型. 内蒙古农业大学学报 (自然科学版), 30(2): 257-259.

钱吴永, 党耀国, 刘思峰. 2012. 含时间幂次项的灰色 GM(1, 1, $t \sim \alpha$) 模型及其应用. 系统工程理论与实践, 32(10): 2247-2252.

钱吴永, 党耀国, 王叶梅. 2009. 加权累加生成的 GM(1, 1) 模型及其应用. 数学的实践与认识, 15: 47-51.

钱吴永, 党耀国. 2009. 基于振荡序列的 GM(1, 1) 模型. 系统工程理论与实践, 29(3): 93-98.

钱吴永, 党耀国. 2009. 一种新型数据变换技术及其在 GM(1, 1) 模型中的应用. 系统工程与电子技术, 31(12): 2879-2881, 2908.

钱吴永, 党耀国. 2011. 基于平均增长率的弱化变权缓冲算子及其性质. 系统工程, 29(1): 105-110.

钱吴永, 党耀国. 2009. 一种新型数据变换技术及其在 GM(1, 1) 模型中的应用. 系统工程与电子技术, 31(12): 2879-2881, 2908.

石世云. 1998. 多变量灰色模型 MGM(1, n) 在变形预测中的应用. 测绘通报, 10: 9-12.

舒服华, 宋良美. 2018. 基于改进 GM(1, 1, k) 的上海市社会消费品零售额预测. 上海商学院学报, 19(4): 15-21.

舒服华. 2018. 基于无偏差非齐次灰色模型的河北省 GDP 预测. 衡水学院学报, 20(3): 38-43.

宋晓震, 施式亮, 曹建. 2019. 基于灰色马尔科夫模型的煤炭产量预测. 矿业工程研究, 34(2): 29-34.

宋中民, 邓聚龙. 2001. 反向累加生成及灰色 GOM(1, 1) 模型. 系统工程, 19(1): 66-69.

宋中民, 同小军, 肖新平. 2001. 中心逼近式灰色 GM(1, 1) 模型. 系统工程理论与实践, 21(5): 110-113.

宋中民. 2002. 灰色区间预测的新方法. 武汉理工大学学报 (交通科学与工程版), 22(6): 796-799.

索瑞霞, 王翔宇, 沈剑. 2019. 基于动态无偏灰色马尔科夫模型的煤炭需求量预测. 数学的实践与认识, 49(13): 179-186.

谭冠军, 檀甲友, 王加阳. 2015. 灰色系统预测模型 GM(1, 1) 背景值重构研究. 数学的实践与认识, 45(15): 267-273.

谭冠军. 2000. GM(1, 1) 模型的背景值构造方法和应用 (I). 系统工程理论与实践, 20(4): 98-103.

谭冠军. 2000. GM(1, 1) 模型的背景值构造方法和应用 (II). 系统工程理论与实践, 20(5): 125-128.

谭冠军. 2000. GM(1, 1) 模型的背景值构造方法和应用 (III). 系统工程理论与实践, 20(6): 70-75.

汤旻安, 李滢. 2015. 基于数据变换的优化 GM(1, 1) 模型. 数学杂志, 35(4): 957-962.

田瑶, 潘越凌. 2017. 基于灰色马尔可夫模型的西安市商品房销售均价预测. 知识经济, (9): 76-77.

同小军, 陈绵云, 周龙. 2002. 关于灰色模型的累加生成效果. 系统工程理论与实践, 22(11): 121-125.

童明余, 周孝华, 黄辉. 2014. 基于区间灰数与离散灰数双重异构序列的预测建模方法研究. 统计与信息论坛, 169(10): 3-8.

童明余, 周孝华, 曾波. 2015. 基于信息域和认知程度的改进区间灰数预测模型. 统计与决策, (18): 66-68.

童明余, 周孝华, 曾波. 2015. 基于直接估计法的 NGM(1,1) 模型拓展. 控制与决策, 30(10): 1841-1846.

童明余, 周孝华, 曾波. 2017. 灰色 NGM(1, 1, k) 模型背景值优化方法. 控制与决策, 32(3): 507-514.

王大鹏, 汪秉文. 2013. 基于变权缓冲灰色模型的中长期负荷预测. 电网技术, 37(1): 167-171.

王芳. 2014. 基于改进 GM(1,1) 灰色模型的煤炭产量预测与分析. 煤炭技术, 33(1): 84-86.

王宏智, 高学东. 2016. 一种改进的近似非齐次指数增长离散灰色预测方法. 统计与决策,

(10): 72-74.

王虹, 王勋, 袁东学. 2009. 北京生活能源消费状况及影响因素分析. 数据, (5): 59-61.

王明东, 刘宪林, 于继来. 2014. 基于灰色预测技术和可拓控制方法的电力系统稳定器. 电力
　　自动化设备, 34(4): 8-12.

王清印. 1992. 区间型灰数矩阵及其运算. 华中理工大学学报, 20(1): 165-168.

王守相, 张娜. 2012. 基于灰色神经网络组合模型的光伏短期出力预测. 电力系统自动化,
　　36(19). 37-41.

王伟民, 宫俊峰, 魏景刚. 2008. 梯形重心及应用. 物理教师, 29(7): 23-24.

王文平, 邓聚龙. 1997. 灰色系统中 GM(1, 1) 模型的混沌特性研究. 系统工程, 15(2): 13-16.

王晓文, 熊小庆, 施勇, 方继. 2017. 灰色序列模型 GM(1, 1) 在江西省流感发病趋势预测中的
　　应用. 江西医药, 52(7): 702-703.

王新普, 周想凌, 邢杰, 杨军. 2016. 一种基于改进灰色 BP 神经网络组合的光伏出力预测方
　　法. 电力系统保护与控制, 44(18): 81-87.

王学盟, 罗建军. 1986. 灰色系统预测决策建模程序集. 北京: 科学出版社.

王学盟, 张继忠, 王荣. 2001. 灰色系统分析及实用计算程序. 武汉: 华中科技大学出版社.

王叶梅, 党耀国, 王正新. 2008. 非等间距 GM(1, 1) 模型背景值的优化. 中国管理科学, 16(4):
　　159-162.

王义闹, 李万庆, 王本玉, 陈绵云, 等. 2002. 一种逐步优化灰导数白化值的 GM(1, 1) 建模方
　　法. 系统工程理论与实践, 22(9): 128-131.

王义闹, 吴利丰. 2009. 基于平均相对误差绝对值最小的 GM(1, 1) 建模. 华中科技大学学报
　　(自然科学版), 37(10): 29-31.

王义闹. 1988. GM(1, 1) 的直接建模方法及性质. 系统工程理论与实践, 8(1): 27-31.

王义闹. 2003. GM(1, 1) 逐步优化直接建模方法的推广. 系统工程理论与实践, 23(2): 120-
　　124.

王正新, 党耀国, 刘思峰. 2007. 无偏 GM(1, 1) 模型的混沌特性分析. 系统工程理论与实践,
　　27(11): 153-158.

王正新, 党耀国, 刘思峰. 2008. 基于离散指数函数优化的 GM(1, 1) 模型. 系统工程理论与
　　实践, 28(2): 61-67.

王正新, 党耀国, 刘思峰. 2009. 无偏灰色 Verhulst 模型及其应用. 系统工程理论与实践,
　　29(10): 138-144.

王正新, 党耀国, 刘思峰. 2011. 基于白化权函数分类区分度的变权灰色聚类. 统计与信息论
　　坛, 26(6): 23-27.

王正新, 党耀国, 刘思峰, 练郑国. 2009. GM(1, 1) 幂模型求解方法及其解的性质. 系统工程
　　与电子技术, 31(10): 2380-2383.

王正新, 党耀国, 裴玲玲. 2010. 缓冲算子的光滑性. 系统工程理论与实践, 30(9): 1643-1649.

王正新, 党耀国, 赵洁珏. 2012. 优化的 GM(1, 1) 幂模型及其应用. 系统工程理论与实践,
　　32(9): 1973-1977.

王正新. 2013. GM(1, 1) 幂模型的派生模型. 系统工程理论与实践, 33(11): 2894-2902.

王正新. 2014. 灰色多变量 GM(1, N) 幂模型及其应用. 系统工程理论与实践, 34(9): 2357-2363.

王正新. 2014. 基于傅立叶级数的小样本振荡序列灰色预测方法. 控制与决策, 29(2): 270-274.

王正新. 2014. 时变参数 GM(1, 1) 幂模型及其应用. 控制与决策, 29(10): 1828-1832.

王正新. 2015. 多变量时滞 GM(1, N) 模型及其应用. 控制与决策, 30(12): 2298-2304.

王正新. 2017. 具有交互效应的多变量 GM(1, N) 模型. 控制与决策, 32(3): 515-520.

韦保磊, 谢乃明. 2019. 广义灰色关联分析模型的统一表述及性质. 系统工程理论与实践, 39(1): 226-235.

魏勇, 孔新海. 2010. 几类强弱缓冲算子的构造方法及其内在联系. 控制与决策, 25(2): 196-202.

邬丽云, 吴正朋, 李梅. 2013. 二次时变参数离散灰色模型. 系统工程理论与实践, 33(11): 2887-2893.

吴华安, 曾波, 彭友, 周猛. 2018. 基于多维灰色系统模型的城市人口密度预测. 统计与信息论坛, 33(8): 60-67.

吴惠荣. 1994. 灰色预测模型的进一步拓广. 系统工程理论与实践, 14(8): 31-34.

吴利丰, 刘思峰, 刘健. 2014. 灰色 GM(1,1) 分数阶累积模型及其稳定性. 控制与决策, 29(5): 919-924.

吴利丰, 刘思峰, 姚立根. 2015. 含 Caputo 型分数阶导数的灰色预测模型. 系统工程理论与实践, 35(5): 1311-1316.

吴利丰, 刘思峰, 姚立根. 2015. 缓冲算子是否新信息优先的判别方法. 系统工程理论与实践, 35(4): 991-996.

吴琳, 何凡, 周标. 2019. 应用灰色模型预测浙江省基层卫生专业技术人员配置. 预防医学, 31(5): 530-533.

吴潇雨, 和敬涵, 张沛, 胡骏. 2015. 基于灰色投影改进随机森林算法的电力系统短期负荷预测. 电力系统自动化, 39(12): 50-55.

鲜敏, 苗娇娜. 2017. 基于灰色模型的铁路客流预测方法. 山东交通学院学报, 25(1): 29-33.

向跃霖. 1998. 灰色摆动序列的 GM(1, 1) 拟合建模法及其应用. 化工环保, 18(5): 299-302.

向跃霖. 2002. SO$_2$ 排放量灰色区间预测. 四川环境, 21(4): 80-82.

向跃霖. 2004. 灰色摆动序列建模方法研究. 贵州环保科技, 10(1): 5-8.

肖怀硕, 李清泉, 施亚林, 张同乔, 张纪伟. 2017. 灰色理论–变分模态分解和 NSGA-II 优化的支持向量机在变压器油中气体预测中的应用. 中国电机工程学报, 37(12): 3643-3653, 3694.

肖新平, 邓聚龙. 2000. 数乘变换下 GM(0, N) 模型中的参数特征. 系统工程与电子技术, 22(10): 1-3.

肖新平, 刘军, 郭欢. 2014. 广义累加灰色预测控制模型的性质及优化. 系统工程理论与实践, 34(6): 1547-1556.

肖新平, 毛树华. 2013. 灰预测与决策方法. 北京: 科学出版社: 202-271.

肖新平, 宋中民, 李峰. 2005. 灰技术基础及其应用. 北京: 科学出版社.

肖新平, 王欢欢. 2014. GM(1, 1, α) 模型背景值的变化对相对误差的影响. 系统工程理论与实践, 34(2): 408-415.

谢开贵, 李春燕, 周家启. 2000. 基于遗传算法的 GM(1, 1, λ) 模型. 系统工程学报, 15(2): 168-172.

谢乃明, 刘思峰. 2005. 离散 GM(1, 1) 模型与灰色预测模型建模机理系统工程理论与实践, 25(1): 93-99.

谢乃明, 刘思峰. 2006. 离散灰色模型的拓展及其最优化求解. 系统工程理论与实践, 26(6): 108-112.

谢乃明, 刘思峰. 2006. 一类离散灰色模型及其预测效果研究. 系统工程学报, 21(5): 520-523.

谢乃明, 刘思峰. 2007. 改进的离散灰色预测模型. 系统工程理论与实践, 25(6): 103-106.

谢乃明, 刘思峰. 2008. 多变量离散灰色模型及其性质. 系统工程理论与实践, 2008(6): 143-150, 165.

谢乃明, 刘思峰. 2008. 近似非齐次指数序列的离散灰色模型特性研究. 系统工程与电子技术, 30(5): 863-867.

谢乃明, 刘思峰. 2008. 离散灰色模型的仿射特性研究. 控制与决策, 23(2): 200-203.

熊萍萍, 党耀国. 2012. 灰色 Verhulst 模型背景值优化的建模方法研究. 中国管理科学, 20(6): 154-158.

熊萍萍, 门可佩, 吴香华. 2009. 以 $x(1)(n)$ 为初始条件的无偏 GM(1, 1) 模型. 南京信息工程大学学报, 1(3): 258-263.

熊萍萍, 张悦, 姚天祥, 曾波. 2018. 基于区间灰数序列的多变量灰色预测模型. 数学的实践与认识, 48(9): 181-188.

熊遥, 曾波. 2015. 基于 GM(1, 1) 模型的重庆市城镇化率预测研究. 河北工业科技, 32(3): 208-213.

熊鹰飞, 陈绵云, 熊和金. 1999. 系统云 SCGM(1, h) 模型仿真及应用. 武汉交通科技大学学报, 23(3): 230-233.

徐海燕, 张丽, 刘永强. 2017. 灰色模型在大庆市 HIV 流行趋势预测中的应用. 疾病监测与控制, 11(10): 786-787, 782.

徐名, 方洋洋, 杨鹏. 2018. 基于灰色模型算法的电力变压器油温预测. 电力学报, 33(5): 359-364, 382.

徐涛, 冷淑霞. 1999. 灰色系统模型初始条件的改进及应用. 山东工程学院学报, 13(1): 15-19.

徐伟宣, 李建平. 2008. 我国管理科学与工程学科的新进展. 中国科学院院刊, 23(2): 162-167.

徐永高. 2004. 采油工程中灰色预测模型的病态性诊断. 武汉理工大学学报 (交通科学与工程版), 28(5): 702-705.

许秀莉, 罗键. 2002. GM(1, 1) 模型的改进方法及其应用. 系统工程与电子技术, 24(4): 61-63.

闫晨光, 阮仁俊, 王海燕. 2008. 基于 GM(1, 2) 的中长期负荷区间预测模型. 四川电力技术, 31(4): 50-53.

闫永权. 2007. 基于频繁的 Markov 链预测模型. 计算机应用研究, 24(3): 41-46.

颜康康, 淮明生. 2018. 灰色 GM(1, 1) 模型在我国医疗费用预测研究中的应用. 医学与社会, 31(8): 37-39.

杨德岭, 刘思峰, 曾波. 2013. 基于核和信息域的区间灰数 Verhulst 模型. 控制与决策, 28(2): 264-268.

杨润生. 1989. 梯形的重心定理及中线长公式. 数学通报, (6): 4-7.

杨孝良, 周猛, 曾波. 2018. 灰色预测模型背景值构造的新方法. 统计与决策, 34(19): 14-18.

杨秀文, 付诗禄, 顾又川, 吴松林, 许川容. 2010. 两类白化权函数的比较. 后勤工程学院学报, 26(1): 88-91.

杨印生, 李长虹, 李树根, 张德骏. 1995. 灰色 DEA 模型及其白化方法. 吉林工业大学学报, 25(1): 34-40.

杨知, 任鹏, 党耀国. 2009. 反向累加生成与灰色 GOM(1, 1) 模型的优化. 系统工程理论与实践, 29(8): 160-164.

姚天祥, 刘思峰, 党耀国. 2009. 初始值优化的离散灰色预测模型. 系统工程与电子技, 31(10): 2394-2398.

姚天祥, 刘思峰. 2007. 改进的离散灰色预测模型. 系统工程, 25(9): 103-106.

叶璟, 党耀国, 刘震. 2017. 基于余切函数变换的区间灰数预测模型. 控制与决策, 32(4): 688-694.

尹春华, 顾培亮. 2003. 基于灰色序列生成中缓冲算子的能源预测. 系统工程学报, 18(2): 189-192.

游中胜, 曾波. 2012. 基于灰色定权聚类的我国自然科学基金资助地区的聚类分析. 西南师范大学学报 (自然科学版), 37(3): 124-127.

于志军, 杨善林, 章政, 焦健. 2015. 基于误差校正的灰色神经网络股票收益率预测. 中国管理科学, 23(12): 20-26.

于仲安, 赵凯贤. 2019. 基于灰色多变量模型锂离子电池荷电状态预测. 计算机仿真, 36(1): 138-140.

喻文雅, 李怡秋, 齐蕊. 2018. 基于灰色数列模型 GM(1, 1) 的麻疹流行趋势研究. 白求恩医学杂志, 16(1): 23-25.

袁潮清, 刘思峰, 张可. 2011. 基于发展趋势和认知程度的区间灰数预测. 控制与决策, 26(2): 313-315.

袁潮清, 刘思峰. 2007. 一种基于灰色白化权函数的灰数灰度. 江南大学学报 (自然科学版), 6(4): 494-496.

曾波, 崔学海, 刘岱, 邓琳, 谢玉凤. 2017. 广义灰色面积关联评价模型及其在科技创新能力评价中的应用. 统计与信息论坛, 32(12): 10-15.

曾波, 李丽丽. 2012. 基于灰色系统模型的城市就业容量预测研究. 世界科技研究与发展, 312(5): 848-850, 856.

曾波, 刘思峰, 方志耕. 2009. 灰色组合预测模型及其应用. 中国管理科学, 17(5): 150-155.

曾波, 孟伟, 刘思峰, 等. 2015. 面向灾害应急物资需求的灰色异构数据预测建模方法. 中国管理科学, 23(8): 84-91.

曾波, 刘思峰, 李川, 等. 2013. 基于蛛网面积的区间灰数灰靶决策模型. 系统工程与电子技术, 35(11): 2329-2334.

曾波, 刘思峰, 孟伟, 陈久梅. 2012. 具有主观取值倾向的离散灰数预测模型及其应用. 控制与决策, 27(9): 1359-1364.

曾波, 刘思峰, 孟伟, 张军. 2010. 基于空间映射的区间灰数关联度模型. 系统工程, 28(8): 122-126.

曾波, 刘思峰, 孟伟. 2011. 基于核和面积的离散灰数预测模型. 控制与决策, 26(9): 1421-1424.

曾波, 刘思峰, 曲学鑫. 2017. 一种强兼容性的灰色通用预测模型及其性质研究. 中国管理科学, 25(5): 150-156.

曾波, 刘思峰, 谢乃明, 等. 2010. 基于灰数带及灰数层的区间灰数预测模型. 控制与决策, 25(10): 1585-1588.

曾波, 刘思峰. 2009. 基于灰色关联度的小样本预测模型. 统计与信息论坛, 24(12): 22-26.

曾波, 刘思峰. 2010. 白化权函数已知的区间灰数预测模型. 控制与决策, 25(10): 1815-1820.

曾波, 刘思峰. 2010. 基于 Visual C#的灰色理论建模系统及其应用. 第 19 届灰色系统全国会议论文集, 268-271.

曾波, 刘思峰. 2010. 近似非齐次指数增长序列的间接 DGM(1, 1) 模型分析. 统计与信息论坛, 25(8): 30-33.

曾波, 刘思峰. 2011. 近似非齐次指数序列的 DGM(1, 1) 直接建模法. 系统工程理论与实践, 31(2): 297-301.

曾波, 刘思峰. 2011. 一种基于区间灰数几何特征的灰数预测模型. 系统工程学报, 26(2): 122-126.

曾波, 刘思峰. 2012. 基于振幅压缩的随机振荡序列预测模型. 系统工程理论与实践, 32(11): 2493-2497.

曾波, 孟伟, 刘思峰, 李川, 崔杰. 2015. 面向灾害应急物资需求的灰色异构数据预测建模方法. 中国管理科学, 23(8): 84-91.

曾波, 孟伟, 熊遥. 2014. 基于核和灰度的灰色异构数据代数运算法则及其应用. 统计与信息论坛, 29(4): 18-23.

曾波, 孟伟. 2016. 基于灰色理论的小样本振荡序列区间预测建模方法. 控制与决策, 31(7): 1311-1316.

曾波, 石娟娟, 周雪玉. 2015. 基于 Cramer 法则的区间灰数预测模型参数优化方法研究. 统计与信息论坛, 30(8): 9-15.

曾波, 张德海, 孟伟. 2013. 基于累加生成的灰色关联分析模型拓展研究. 世界科技研究与发展, 35(1): 146-149.

曾波. 2011. 基于核和灰度的区间灰数预测模型. 系统工程与电子技术, 33(4): 821-824.

曾波. 2012. 基于改进灰色预测模型的电力需求预测研究 (英文). 重庆师范大学学报 (自然科学版), 29(6): 99-104.

曾波. 2013. 基于核和灰度的双重异构数据序列预测建模方法研究. 统计与信息论坛, 157(10):

3-7.

曾波. 2013. 基于缓冲算子的高速公路经济效益后评价模型研究. 重庆师范大学学报 (自然科学版), 30(1): 63-66.

战立青, 施化吉. 2013. 近似非齐次指数数据的灰色建模方法与模型. 系统工程理论与实践, 33(3): 659-694.

张冬青, 韩玉兵, 宁宣熙. 2008. 基于小波域隐马尔可夫模型的时间序列分析 —— 平滑、插值和预测. 中国管理科学, 16(2): 122-127.

张冬青, 宁宣熙, 刘雪妮. 2007. 考虑影响因素的隐马尔可夫模型在经济预测中的应用. 中国管理科学, 15(4): 105-110.

张军, 曾波, 孟伟. 2014. 区间灰数预测模型误差的检验方法. 统计与决策, (16): 17-19.

张军, 曾波. 2012. 区间灰数序列的白化方法及其性质研究. 统计与信息论坛, 27(8): 32-36.

张军, 张侃谕. 2013. 温室温度控制系统不确定性与干扰的灰色预测补偿算法. 农业工程学报, 29(10). 225-233.

张可, 刘思峰. 2010. 线性时变参数离散灰色预测模型. 系统工程理论与实践, 30(9): 1650-1657.

张可, 曲品品, 张隐桃. 2015. 时滞多变量离散灰色模型及其应用. 系统工程理论与实践, 35(8): 2092-2103.

张丽, 相晓妹, 米白冰, 宋晖, 张水平, 党少农. 2019. 灰色模型 GM(1, 1) 在出生缺陷预测中的应用研究. 西安交通大学学报 (医学版), 40(1): 138-143.

张岐山. 2007. 提高灰色 GM(1, 1) 模型精度的微粒群方法. 中国管理科学, 15(5): 126-129.

张睿兴, 陶彩霞, 谭星. 2014. 灰色预测模糊控制在列车自动运行系统中的应用. 城市轨道交通研究, 17(1): 30-32, 38.

张文泉, 赵凯, 张贵彬, 董毅. 2015. 基于灰色关联度分析理论的底板破坏深度预测. 煤炭学报, 40(S1): 53-59.

张喜才, 李海玲. 2019. 基于灰色与马尔科夫链模型的京津冀农产品冷链需求预测. 商业经济研究, (15): 109-111.

张颜, 苏天照. 2016. 灰色系统 GM(1, 1) 模型在我国艾滋病发病率预测研究中的应用. 社区医学杂志, 14(7): 30-32.

张颖, 高倩倩. 2015. 基于灰色模型和模糊神经网络的综合水质预测模型研究. 环境工程学报, 9(2): 537-545.

张云河. 2015. 基于灰色系统理论的我国第三产业就业水平预测. 对外经贸, (11): 106-108, 140.

张兆宁, 郭爽. 2007. 首都机场飞行流量的灰色区间预测. 中国民航大学学报, 25(6): 1-4.

张正虎, 袁孟科, 邓建辉, 薛守宁. 2014. 基于改进灰色–时序分析时变模型的边坡位移预测. 岩石力学与工程学报, 33(S2): 3791-3797.

张忠林, 石皓尹, 闫光辉. 2015. 灰色 Markov 模型动态关联规则趋势度挖掘方法. 计算机工程与应用, 51(7): 154-159.

赵江平, 丁佳丽. 2015. 基于小波分析的灰色 GM(1, 1) 模型道路交通事故预测. 数学的实践与认识, 45(12): 119-124.

赵雪花, 黄强, 吴建华. 2008. 基于灰色马尔可夫链的径流序列模式挖掘. 武汉大学学报 (工学版), 41(1): 1-4.

郑树清, 马靖忠, 关军. 2006. 多变量灰色模型在预测中的应用. 河北大学学报 (自然科学版), 26(4): 9-12.

郑双忠, 陈宝智, 刘艳军, 等. 2001. 综合事故率灰色区间预测. 辽宁工程技术大学学报 (自然科学版), 20(6): 844-846.

郑照宁, 武玉英, 包涵龄. 2001. GM 模型的病态性问题. 中国管理科学, 9(5): 38-44.

钟洪燕. 2014. 基于灰色系统理论的宏观经济运行机制及预测. 统计与决策, (1):145-148.

钟珞, 江琼, 张诚, 等. 2004. 基于最优初始条件和动态辨识参数的灰色时程数据预测. 武汉理工大学学报 (交通科学与工程版), 28(5): 685-691.

钟琦, 田宇, 沈党云. 2019. 基于灰色预测模型的高速公路经济影响后评价. 公路, 64(8): 327-329.

周步祥, 罗燕萍, 张百甫, 董申. 2019. 基于分数阶灰色 Elman 组合模型的中长期负荷预测. 水电能源科学, 37(2): 192-195.

周慧, 王晓光. 2008. 倒数累加生成灰色 GRM(1, 1) 模型的改进. 沈阳理工大学学报, 27(4): 84-86.

周命端, 郭际明, 文鸿雁, 等. 2008. 基于优化初始值的 GM(1, 1) 模型及其在大坝监测中的应用. 水电自动化与大坝监测, 32(2): 52-54.

周荣, 刘鹏. 2019. 基于灰色预测模型的土地生态安全评价. 中国环境管理干部学院学报, 29(4): 36-40.

周伟杰, 张宏如, 党耀国, 王正新. 2017. 新息优先累加灰色离散模型的构建及应用. 中国管理科学, 25(8): 140-148.

朱旭光. 2002. 田赛成绩的灰色区间预测方法的研究. 商丘师范学院学报, 18(2): 120-122.

邹红波, 吉培荣. 2006. 无偏 GM(1, 1) 模型的动态特性分析. 三峡大学学报 (自然科学版), 28(4): 334-336.

左小雨, 黄先军. 2016. 基于灰色预测模型对我国铁路货运量的预测. 物流科技, 39(8): 82-84.

Ai D B, Chen R Q. 2001. Frame of AGO generating space. The Journal of Grey System, 13(1): 13-16.

Andrew A M. 2011. Why the world is grey. Grey Systems: Theory and Application, 1(2): 112-116.

Bai Y, Sun Z Z, Zeng B, Deng J, Li C. 2017. A multi-pattern deep fusion model for short-term bus passenger flow forecasting. Applied Soft Computing, 58: 669-680.

Bai Y, Sun Z Z, Zeng B, et al. 2018. A comparison of dimension reduction techniques for support vector machine modeling of multi-parameter manufacturing quality prediction. Journal of Intelligent Manufacturing, 2245-2256.

Bai Y, Zeng B, Li C, Zhang J. 2019. An ensemble long short-term memory neural network for hourly PM$_{2.5}$ concentration forecasting. Chemosphere, 222: 286-294.

Chen C I, Chen H L, Chen S P. 2008. Forecasting of foreign exchange rates of Taiwan's major trading partners by novel nonlinear Grey Bernoulli model NGBM(1,1). Communications in Nonlinear Science and Numerical Simulation, 13:119.

Chen C I. 2008. Application of the novel nonlinear grey Bernoulli model for forecasting unemployment rate. Chaos, Solitons and Fractals, 37: 278-287.

Chen C K, Tien T L. 1997. A new forecasting method of discrete dynamic system. Applied Mathematics and Computation, 86(1): 61-84.

Chen C K, Tien T L. 1997. The indirect measurement of tensile strength by the deterministic grey dynamic model DGDM(1, 1, 1). International Journal of Systems Science, 28(7): 683-690.

Chen Y S, Chen B Y. 2011. Applying DEA, MPI, and grey model to explore the operation performance of the Taiwanese wafer fabrication industry, Technological Forecasting and Social Change, 78(3): 536-546.

Cui J, Liu S F, Zeng B, Xie N M. 2013. A novel grey forecasting model and its optimization. Applied Mathematical Modelling, 37(6): 4399-4406.

Cui J, Ma H Y, Yuan C Q. 2015. Novel grey Verhulst model and its prediction accuracy. Journal of Grey System, 27(2): 47-53.

Dang Y G, Liu S F, Chen K J. 2004. The models that be taken as initial value. Kybernetes, 33(2): 247-254.

Dang Y G, Liu S F. 2004. The GM models that $x(n)$ be taken as initial value. The International Journal of Systems & Cyberntics, 33(2): 247-255.

Deng J L. 1982. The Control problems of grey systems. Systems & Control Letters, 1(5): 288-294.

Deng J L. 1988. Generating space of grey system. Grey System. China Ocean Press, 79-90.

Deng J L. 1999. Moving operator in grey theory. The Journal of Grey System, 11(1): 1-4.

Deng J L. 1999. The law of grey cause and white effect in GM(1,1). The Journal of Grey System, 11(3): 224-227.

Deng J L. 2001. Negative power AGO in grey theory. Journal of Grey System, 13(3):1-6.

Deng J L. 2001. Undulating grey model GM(1, 1|tan(k$-\tau$)p, sin(k$-\tau$)p). Journal of Grey System, 13(3): 201-204.

Duan H M, Xiao X P, Yang J W, Zeng B. 2018. Elliott wave theory and the Fibonacci sequence-gray model and their application in Chinese stock market. Journal of Intelligent & Fuzzy Systems, 34: 1813-1825.

Duan H M, Zeng B, Jin L Y. 2016. On connected $m - K - 2$-residual graphs. Ars Combinatoria, (125): 23-32.

Fan J L, Wu L F, Zhang F C, Ma X, et al. 2019. Evaluation and development of empirical models for estimating daily and monthly mean daily diffuse horizontal solar radiation for different climatic regions of China. Renewable& Sustainable Energy Reviews, 105:

168-186.

Feng Z J, Zeng B, Ming Q. 2018. Environmental Regulation, Two-Way Foreign Direct Investment, and Green Innovation Efficiency in China's Manufacturing Industry. International Journal of Environmental Research and Public Health, 15:2292-2313.

Guo J H, Xiao X P, Forrest J. 2013. A research on a comprehensive adaptive grey prediction model CAGM(1,N). Applied Mathematics and Computation, (225): 216-227.

Guo J H, Xiao X P, Liu J. 2015. Stability of GM(1, 1) power model on vector transformation. Journal of Systems Engineering and Electronics, 26(1): 103-109.

Guo X J, Liu S F, Wu L F, et al. 2015. A multi-variable grey model with a self-memory component and its application on engineering prediction. Engineering Applications of Artificial Intelligence, (42): 82-93.

Hao Y H, Cao B B, Chen X, et al. 2013. A piecewise grey system model for study the effects of anthropogenic activities on karst hydrological processes. Water Resources Management, 27(5): 1207-1220.

He X J, Sun G Z. 2001. A non-equigap grey model NGM(1, 1). Journal of Grey System, 13(2): 217-222.

Hsu K T. 2011. Using GM(1, N) to assess the effects of economic variables on bank failure. Journal of Grey System, 23(4): 355-368.

Hsu L C. 2010. A genetic algorithm based nonlinear grey Bernoulli model for output forecasting in integrated circuit industry. Expert Systems with Applications, 37(6): 4318-4323.

Huang G M, Wu L F, Ma X. 2019. Evaluation of CatBoost method for prediction of reference evapotranspiration in humid regions. Journal of Hydrology, 574: 1029-1041.

Huang W C, Kuo M S, et al. 2004. Application of GM(1, 1|τ, r) to analyze the ports for putting in resources. Journal of Grey System, 16(6): 211-220.

Jiang H, He W W. 2012. Grey relational grade in local support vector regression for financial time series prediction. Expert Systems with Applications, (39): 2256-2262.

Jiang X, Wang B W, Chen F X. 1996. Based GM(1, 1|τ, r)-moving object segmentation. Journal of Grey System, 2003, 15(2): 101-106.

Jin F Y, Hung C L. 1996. On some of the basic features of GM(1, 1) model(I). The Journal of Grey System, 8(1): 19-36.

Kong Z, Wang L F, Wu Z X. 2011. Application of fuzzy soft set in decision making problems based on grey theory. Journal of Computational and Applied Mathematics, 236: 1521-1530.

Kuang Y H, Chuen J J. 2009. A hybrid model for stock market forecasting and portfolio selection based on ARX, grey system and RS theories. Expert Systems with Applications, 36: 5387-5392.

Khuman A S, Yang Y J, John R. 2019. The quantification of subjectivity: The R-fuzzy grey analysis framework. Expert Systems with Applications, 136: 201-216.

Kuo C Y, Ching T L, Yen T H. 2000. Generalized admissible region of class ratio for GM(1, 1). The Journal of Grey System, 12(2): 153-156.

Kuo C Y, Ching T L. 2000. Fourier modified non-equigap GM(1, 1). The Journal of Grey Systems, 12(2): 139-142.

Hsu L C. 2003. Applying the Grey prediction model to the global integrated circuit industry. Technological Forecasting and Social Change, 70(6): 563-574.

Li C, Bai Y, Zeng B. 2016. Deep feature learning architectures for daily reservoir inflow forecasting. Water Resources Management, 30(14) : 5145-5161.

Li G D, Daisuke Y, Masatake N. 2007. A GM(1, 1)-Markov chain combined model with an application to predict the number of Chinese international airlined. Technological Forecasting and Social Change, 74(8): 1465-1481.

Li G D, Yamaguchi D, Nagai M. 2005. New methods and accuracy improvement of GM according to Laplace Transform. The Journal of Grey System, 8(1): 13-24.

Li Q F, Dang Y G, Wang Z X. 2012. An extended GM(1, 1) power model for non-equidistant Series. Journal of Grey System, 24(3): 269-274.

Li S Y, Wang Q. 2019. India's dependence on foreign oil will exceed 90% around 2025-The forecasting results based on two hybridized NMGM-ARIMA and NMGM-BP models. Journal of Cleaner Production, 232: 137-153.

Li X C. 1998. On parameters in grey model GM(1, 1). The Journal of Grey System, 10(2): 155-162.

Li X L, Li Y J, Zhang K. 2010. Improved grey forecasting model of fault prediction in missile applications. Computer Simulation, 27(8): 33-36.

Lin Y H, Lee P C. 2007. Novel high-precision grey forecasting model. Automation in Construction, (16): 771-777.

Lin Y, Liu S F. 2000. A systemic analysis with data (I). International Journal of General Systems (UK), 29 (6): 989-999.

Liu S F, Deng J L. 1996. The range suitable for GM(1, 1). The Journal of Grey System, 11(1): 131-138.

Liu S F, Forrest J, Yang Y J. 2012. A brief introduction to grey systems theory. Grey Systems: Theory and Application, 2(2): 89-104.

Liu S F, Li B J, Dang Y G. 2004. The G-C-D model and technical advance. Kybernetes: The International Journal of Systems & Cybernetics, 33(2): 303-309.

Liu S F, Lin Y. 2010. Grey Systems Theory and Applications. Berlin, Heidelberg: Springer-Verlag.

Liu S F, Zhu Y D. 1996. Grey-econometrics combined model. Journal of Grey System, 8(1): 103-110.

Liu S F. 1991. The three axioms of buffer operator and their application. The Journal of

Grey System, 3(1): 39-48.

Liu S F. 1995. On measure of grey information. The Journal of Grey System, 7(2): 97-101.

Liu S F. Forrest J, Yang Y J. 2012. A brief introduction to grey systems theory. Grey Systems: Theory and Application, 2(2): 89-104.

Liu X M, Xie N M. 2019. A nonlinear grey forecasting model with double shape parameters and its application. Applied Mathematics and Computation, 360: 203-212.

Liu Y R, Hu Y, Hou M L. 2011. A fractional order grey prediction algorithm. Journal of Grey System (TW), 14(4): 139-144.

Long X J, Huang N J. 2014. Optimality conditions for efficiency on nonsmooth multiobjective programming problems. Taiwanese Journal of Mathematics, 18(3): 687-699.

Ma X, Hu Y S, LIU Z B. 2017. A novel kernel regularized non-homogeneous grey model and its applications. Communications in Nonlinear Science and Numerical Simulation, 48: 51-62.

Ma X, Liu Z B, Wang Y. 2019. Application of a novel nonlinear multivariate grey Bernoulli model to predict the tourist income of China. Journal of Computational and Applied Mathematics, 347: 84-94.

Ma X, Liu Z B, Wei Y, et al. A novel kernel regularized nonlinear $GMC(1, n)$ model and its application. Journal of Grey System, 28(3): 97-109.

Ma X, Liu Z B. 2015. Predicting the oil field production using the novel discrete $GM(1, N)$ model. Journal of Grey System, 27(4): 63-73.

Ma X, Liu Z B. 2016. Research on the novel recursive discrete multivariate grey prediction model and its applications. Applied Mathematical Modelling, 40: 4876-4890.

Ma X, Liu Z B. 2017. The $GMC(1, n)$ model with optimized parameters and its application. Journal of Grey System, 29(4): 122-138.

Ma X, Liu Z B. 2017. Application of a novel time-delayed polynomial grey model to predict the natural gas consumption in China. Journal of Computational and Applied Mathematics, 324: 17-24.

Ma X, Liu Z B. 2018. Predicting the oil production using the novel multivariate nonlinear model based on Arps decline model and kernel method. Neural Computing & Applications, 29(2): 579-591.

Ma X, Liu Z B. 2018. The kernel-based nonlinear multivariate grey model. Applied Mathematical Modelling, 56: 217-238.

Ma X, Mei X, Wu W Q, et al. 2019. A novel fractional time delayed grey model with Grey Wolf Optimizer and its applications in forecasting the natural gas and coal consumption in Chongqing China. Energy, 178: 487-507.

Ma X, Xie M, Wu W Q, Zeng B, Wang Y, Wu X X. 2019. The novel fractional discrete multivariate grey system model and its applications. Applied Mathematical Modelling, 70: 402-424.

Ma X. 2016. Research on a novel kernel based grey prediction model and its applications. Mathematical Problems in Engineering, 3(1): 1-9.

Ma X. 2019. A brief introduction to the grey machine learning. Journal of Grey System, 31: 1-12.

Meng W, Liu, S F, Zeng B, Xie, N M, Li Q. 2014. Multi-indicators Comprehensive Evaluation for Air Quality Based on Grey Incidence Analysis, Journal of Grey System, 26(1): 26-33.

Mohammed M, Watanabe K, Takeuchi S. 2010. Grey model for prediction of pore pressure change. Environmental Earth Sciences, 60(7): 1523-1534.

Pawlak Z. 1991. Rough Sets: Theoretical Aspects of Reasoning about Data. Dordrecht: Kluwer Academic Publisher.

Pei L L, Chen W M, Bai J H. 2015. The improved GM (1, N) models with optimal background values: a case study of Chinese High-tech Industry. Journal of Grey System, 27(3): 223-233.

Quan J, Zeng B, Liu D. 2018. Green supplier selection for process industries using weighted grey incidence decision model. Complexity: 1-12.

Quan J, Zeng B, Wang L Y. 2018. Maximum entropy methods for weighted grey incidence analysis and applications. Grey Systems: Theory and Application, 8(2): 144-155.

Ren X W, Tang Y Q, Li J, et al. 2012. A prediction method using grey model for cumulative plastic deformation under cyclic loads. Natural Hazards, 64(1): 441-457.

Seguí X, Pujolasus E, Betrò S, et al. 2013. Fuzzy model for risk assessment of persistent organic pollutants in aquatic ecosystems. Environmental Pollution, 178: 23-32.

Shi B Z. 1993. Modeling of non-equigap GM(1, 1). The Journal of Grey Systems, 5(2): 105-114.

Song Ding, Dang Y G, Xu N. 2015. The Optimization of grey Verhulst model and its application. Journal of Grey System, 27(2): 1-12.

Song Z M, Wang Z D, Tong X J. 2001. Grey Generating space on opposite accurnulation. The Journal of Grey System, 13(4): 305-308.

Song Z M, Xiao X P, Deng J L. 2002. The character of opposite direction AGO and class ratio. The Journal of Grey System, 14(1): 9-14.

Taormina R, Chau K W. 2015. Data-driven input variable selection for rainfall-runoff modeling using binary-coded particle swarm optimization and Extreme Learning Machines. Journal of Hydrology, 529 (3): 1617-1632.

Tien T L. 2012. A research on the grey prediction model GM(1, n). Applied Mathematics and Computation, 218(9): 4903-4916.

Tong J, Fu J H, Wang Q, et al. 2011. A grey estimation method for the seismic intensity, Journal of Grey System. 23(3): 251-256.

Wang C H, Hsu L C. 2008. Using genetic algorithms grey theory to forecast high technology industrial output. Applied Mathematics and Computation, 195: 256-263.

Wang W C, Chau K W, Xu D M, et al. 2015. Improving forecasting accuracy of annual runoff time series using ARIMA based on EEMD decomposition. Water Resources Management, 29 (8): 2655-2675.

Wang Y H, Dang Y G, Li Y Q, et al. 2010. An approach to increase prediction precision of GM(1,1) model based on optimization of the initial condition. Expert Systems with Applications, 37(8): 5640-5644.

Wang Y H, Dang Y G, Liu S F.2010. Reliability growth prediction based on an improved grey prediction model. International Journal of Computational Intelligence Systems, 3(3): 266-273.

Wang Y H, Dang Y G, Pu X J. 2011. Improved unequal interval grey model and its applications. Journal of Systems Engineering and Electronics, 22(3): 445-451.

Wang Z X, Dang Y G, Liu S F. 2007. The optimization of background value in GM (1, 1) model. The Journal of Grey System, 10(2): 69-74.

Wang Z X. 2013. An optimized Nash nonlinear grey Bernoulli model for forecasting the main economic indices of high technology enterprises in China. Computers & Industrial Engineering, 64(3): 780-787.

Wang Z X. 2014. A GM(1, N)-based economic cybernetics model for the high-tech industries in China. Kybernetes, 43(5): 672-685.

Wang Z X. 2105. Multivariable time-delayed GM(1, N) model and its application. Control and Decision, 30(12): 2298-2304.

Wei M, Liu S F, Zeng B. 2012. Standard triangular whitenization weight function and its application in grey clustering evaluation. The Journal of Grey System, 25(1): 39-48.

Wei N, Li C J, Peng X L, Zeng F H, Lu X Q. 2019. Conventional models and artificial intelligence-based models for energy consumption forecasting: A review. Journal of Petroleum Science and Engineering, 181.

Wei Y, Zhang Y. 2007. A Criterion of Comparing the Function Transformations to Raise the Smooth Degree of Grey Modeling Data. The Journal of Grey System, 19 (1): 91-98.

Wen K L, John H W. 1998. AGO for invariant series. The Journal of Grey System, 10(1): 17-21.

Wu C L, Chau K W, Li Y S. 2009. Methods to improve neural network performance in daily flows prediction. Journal of Hydrology, 372 (1-4): 80-93.

Wu H A, Zeng B, Zhou M. 2017. Forecasting the water demand in Chongqing, China using a grey prediction model and recommendations for the sustainable development of urban water consumption. Environmental Research and Public Health, 14: 1-12.

Wu L F, Liu S F, Chen D, et al. 2014. Using gray model with fractional order accumulation to predict gas emission. Natural Hazards, 71(3): 2231-2236.

Wu L F, Liu S F, Cui W, et al. 2014. Non-homogenous discrete grey model with fractionalorder accumulation. Neural Computing and Applications, 25(5): 1215-1221.

Wu L F, Liu S F, Fang Z G, et al. 2015. Properties of the GM(1, 1) with fractional order accumulation. Applied Mathematics and Computation, 252(1): 287-293.

Wu L F, Liu S F, Liu D L, et al. 2015. Modelling and forecasting CO_2 emissions in the BRICS (Brazil, Russia, India, China, and South Africa) countries using a novel multi-variable grey model. Energy, (79): 489-495.

Wu L F, Liu S F, Yao L G. 2013. Grey system model with the fractional order accumulation. Communications in Nonlinear Science and Numerical Simulation, 18(7): 1775-1785.

Wu L F, Liu S F, Yao L G. 2014. Using fractional order accumulation to reduce errors from inverse accumulated generating operator of grey model. Soft Computing, 19(2): 483-488.

Wu W Q, Ma X, Zeng B, Wang Y, Cai W. 2018. Application of the novel fractional grey model FAGMO(1, 1, k) to predict China's nuclear energy consumption. Energy, 165: 223-234.

Wu W Q, Ma X, Zeng B, Wang Y, Cai W. 2019. Forecasting short-term renewable energy consumption of China using a novel fractional nonlinear grey Bernoulli model. Renewable Energy, 140: 70-87.

Xiao X P, Guo H, Mao S H. 2014. The modeling mechanism, extension and optimization of grey GM(1,1) model. Applied Mathematical Modelling, 38(5-6): 1896-1910.

Xiao X P, Qin L F. 2015. A new type solution and bifurcation of grey Verhulst model. Journal of Grey System, 24(2): 165-174.

Xiao X P. 2000. On parameters in grey models. Journal of Grey System, 11(4): 73-78.

Xie N M, Liu S F, Yang Y J, et al. 2013. On novel grey forecasting model based on non-homogeneous index sequence. Applied Mathematical Modelling, 37(7): 5059-5068.

Xie N M, Liu S F, Yuan, C Q. 2014. Grey number sequence forecasting approach for interval analysis: A case of China's gross domestic product prediction. The Journal of Grey System, 26(1): 45-58.

Xie N M, Liu S F. 2009. Discrete grey forecasting model and its optimization. Applied Mathematical Modelling, 33: 1173-1186.

Xiong P P, Dang Y G, Wang Z X. 2011. Optimization of background value in MGM(1, M) model. Control and Decision, 26(6): 806-810.

Xiong P P, Dang Y G, Zhu H. 2011. Research of modelling of multi-variable non-equidistant MGM(1, m) model. Control and Decision, 26(1): 49-53.

Xiong P P, Zhang Y, Zeng B, Yao T X. 2017. MGM(1, m) model based on interval grey number sequence and its applications. Grey Systems: Theory and Application, 7(3): 1-10.

You Z S, Zeng B. 2012. Calculation method's extension of grey degree based on the area approach. The Journal of Grey System, 24(1): 89-94.

Yu Q Z, Li F. 2002. Digital watermarking via undulating grey model GM(1, 1| tan(k-τ)p, sin(k-τ)p). Journal of Grey System, 14(3): 217-222.

Zadeh L A., 1994. Soft computing and fuzzy logic. IEEE Software, 11(6): 48-56.

Zeng B, Chen G, Liu S F. 2013. A novel interval grey prediction model considering uncertain information. Journal of the Franklin Institute, 350 (10): 3400-3416.

Zeng B, Duan H M, Bai Y, Meng W. Forecasting the output of shale gas in China using an unbiased grey model and weakening buffer operator. Energy, 151: 238-249.

Zeng B, Li C, Chen G, Long X J. 2015. Equivalency and unbiasedness of grey prediction models. Journal of Systems Engineering and Electronics, 26(1): 110-118.

Zeng B, Li C, Liu S F. 2016. A novel grey target decision-making model based on cobweb area and its application for choosing the software development pattern. Scientia Iranica, 23(1): 361-373.

Zeng B, Li C, Long X J. 2014. A novel interval grey number prediction model given kernel and grey number band. Journal of Grey System, 26(3): 69-84.

Zeng B, Li C. 2016. Forecasting the natural gas demand in China using a self-adapting intelligent grey model. Energy, (112): 810-825.

Zeng B, Li C. 2018. Improved multi-variable grey forecasting model with a dynamic background-value coefficient and its application. Computers & Industrial Engineering, 118: 278-290.

Zeng B, Liu S F, Meng W. 2011. Development and application of MSGT6.0 (Modeling System of Grey Theory6.0) based on Visual C# and XML. Journal of Grey System, 23(2): 145-154.

Zeng B, Liu S F, Xie N M. 2010. Prediction model of interval grey number based on DGM(1,1). Journal of Systems Engineering and Electronics, 21(4): 598–603.

Zeng B, Liu S F. 2010. Development mode's selection of software project based on twi-weighted grey target decision model. Journal of Grey System, 22(4): 367-374.

Zeng B, Liu S F. 2013. Calculation for Kernel of interval grey number based on barycenter approach. Transactions of Nanjing University of Aeronautics & Astronautics, 30(2): 216-220.

Zeng B, Liu S F. 2016. A self-adaptive intelligence gray prediction model with the optimal fractional order accumulating operator and its application. Mathematical Methods in the Applied Sciences, 1-15.

Zeng B, Luo C M, Li C, et al. 2016. A novel multi-variable grey forecasting model and its application in forecasting the amount of motor vehicles in Beijing. Computers & Industrial Engineering, (101): 479-489.

Zeng B, Luo C M, Liu S F, et al. 2016. Development of an optimization method for the GM(1, N) model. Engineering Applications of Artificial Intelligence, (55): 353-362.

Zeng B, Luo C M. 2017. Forecasting the total energy consumption in China using a newstructure grey system model. Grey Systems: Theory and Application, 7(2): 194-217.

Zeng B, Meng W, Liu S F. 2013. Research on prediction model of oscillatory sequence based on GM(1, 1) and its application in electricity demand prediction. Journal of Grey System, 25(4): 31-40.

Zeng B, Meng W, Tong M Y. 2016. A self-adaptive intelligence grey predictive model with alterable structure and its application. Engineering Applications of Artificial Intelligence, (50): 236-244.

Zeng B, Tan Y T, Xu H, Quan J, et al. 2018. Forecasting the electricity consumption of commercial sector in Hong Kong using a novel grey dynamic prediction model. The Journal of Grey System, 30(1): 157-172.

Zeng B, Zhou M, Zhang J. 2017. Forecasting the energy consumption of China's manufacturing using a homologous grey prediction model. Sustainability, 9: 1-16.

Zeng B. 2017. Forecasting the relation of supply and demand of natural gas in China during 2015-2020 using a novel grey model. Journal of Intelligent & Fuzzy Systems, 32: 141-155.

Zhang H N, Xu A J, Cui J. 2012. Establishment of neural network prediction model for terminative temperature based on grey theory in hot metal pretreatment. Journal of Iron and Steel Research International, 19(6): 25-29.

Zhang J, Chau K W. 2009. Multilayer ensemble pruning via Novel Multi-sub-swarm particle swarm optimization. Journal of Universal Computer Science, 15(4): 840-858.

Zhang J, Chen C S, Zeng B. 2015. Demand forecasting of emergency medicines after the massive earthquake - a grey discrete Verhulst model approach. Journal of Grey System, 27(3): 234-248.

Zhang Q S. 2001. Difference information entropy in grey theory. Journal of Grey System, 13(2): 2.

Zhang S W, Chau K W. 2009. Dimension reduction using semi-supervised locally linear embedding for plant leaf classification. Lecture Notes in Computer Science, 5754: 948-955.

Zhou J Z, Fang R C, Li Y H, et al. 2009. Parameter optimization of nonlinear grey Bernoulli model using particle swarm optimization. Applied Mathematics and Computation, 207: 292-299.

Zhou W, He J M. 2013. Generalized GM (1, 1) model and its application in forecasting of fuel production. Applied Mathematical Modelling, 37(9): 6234-6243.

后　　记

2006年6月，我硕士毕业进入重庆工商大学．面对科研年度考评以及职称晋升压力，我感受到的不仅是压力更多的是恐惧，同时也让我对高校工作坊间传言的舒适性产生了怀疑．我大学毕业工作五年后才考研，"起步晚、起点低、基础差"是对我当时基本情况的最好描述．在这样的情况下，如何选择适合自己的研究方向，以实现科研自救甚至异军突起，是我当时做梦都在思考的问题和寻找的答案．

感谢硕士导师王崇举教授，他根据我的工科背景以及多年软件公司程序开发的工作经历，认为我非常适合从事"系统建模与仿真"领域的研究，并彻底否定了我打算从事"区域经济研究"的科研梦想．尽管当时我对"系统建模与仿真"这个领域知之甚少，但是鉴于对导师的崇拜和高度信任，我开始尝试接触这个领域的专业书籍和研究文献．

图书馆一本名叫《灰色系统理论及其应用》的专业书籍，让我有种似曾相识的感觉．在我硕士专业"系统理论"前面加上"灰色"二字，这岂不是在否定我硕士专业的纯洁性吗？随着对灰色系统理论的进一步了解，我明白了"灰色系统理论"不是"灰色"与"系统理论"的简单组合．这是一种研究"小数据、贫信息"不确定性复杂系统问题的自成体系的数学建模新理论与新方法．

《灰色系统理论及其应用》附带了软件光盘．但当我把光盘插入新购买的笔记本电脑准备安装的时候，笔记本电脑很诡异地自动重启，如此反复多次．笔记本电脑重启，这个过程就相当于一辆在高速公路上以160公里/小时急速行驶的轿车被紧急刹车至停止状态，再猛轰油门加速到160公里/小时，这个过程持续多次，而且还是面对的一辆新车．我非常心疼我节衣缩食来之不易的笔记本电脑被这样摧残，同时也让自称多年IT从业者的我感受到了耻辱．连安装软件这么简单的事情都搞不定，还好意思吹？

根据书和光盘封面上的线索我联系到了书的作者，然后是一通不太礼貌的抱怨．对方很坦然，承认软件在功能上尚有待改进之处，但是对软件安装过程中笔记本电脑重启这个问题表示"闻所未闻"．我很委屈，并且撂下狠话："我能开发比这套软件更好的灰色系统建模软件."想不到对方很开心，说原来开发这套软件的同学毕业了，假如我愿意开发，他们愿意支付开发费用，而且我还享有版权……

想不到对方正是南京航空航天大学刘思峰教授．刘教授是灰色系统理论创始人邓聚龙先生的博士弟子，是灰色系统理论的集大成者和领军人物．因为软件我和刘思峰教授结识，并有幸受邀参加了2008年在南航举办的暑期灰色系统理论讲习班

(全程免费). 也就是在这次讲习班上, 我对灰色系统理论的产生和发展有了基本的
了解和认识, 并且下定决心报考刘思峰教授的博士研究生, 如愿以偿. 刘思峰老师
带领我进入灰色系统理论研究的大门, 并在研究方向凝练、论文选题与撰写、项目
申报与研究、国际交流与合作等领域给予了我很多实质性的指导和帮助, 让我用两
年多时间取得了博士学位.

　　王崇举老师让我接受了科学研究的系统教育, 并结合我自身实际情况从宏观上
为我规划了未来的研究方向和发展思路, 使我实现了从一个软件程序员到科研工作
者的角色转变. 刘思峰老师引领我进入了灰色系统理论研究的大门, 让我站在灰色
巨人的肩膀上快步前行, 并在该过程中真正感受到了 "灰色" 的魅力和科研的乐趣.

　　在《灰色预测理论及其应用》入围科学出版社 "十三五" 普通高等教育本科规
划教材并即将出版之际, 我衷心感谢王崇举老师和刘思峰老师, 你们让我在科学研
究的道路上, 少走了弯路、取得了进步、发展到了今天.

2019 年 10 月 5 日于重庆

彩　　图

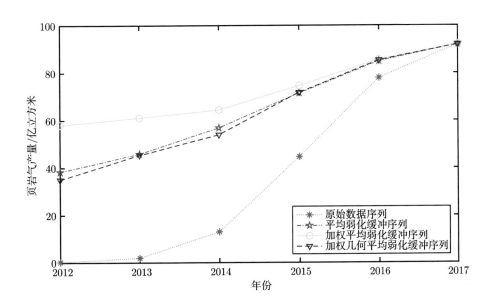

图 2.2.1　中国页岩气序列 $X^{(0)}$ 与三种新序列的散点折线图

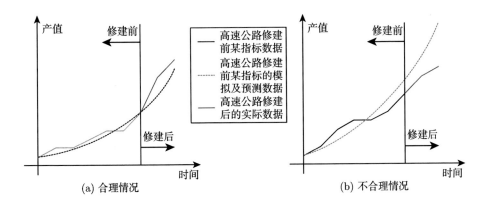

图 3.4.1　基于灰色系统模型的高速公路项目后评价方法

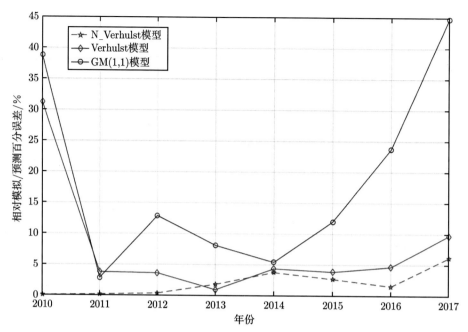

图 5.3.6 三个灰色模型相对模拟及预测百分残差对比图

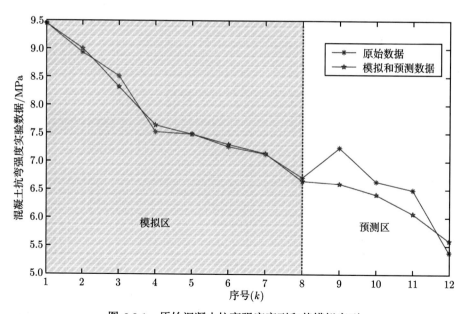

图 6.3.1 原始混凝土抗弯强度序列和其模拟序列